高等职业教育"十三五"规划教材

电工普训

主　编　贺小艳　王　璇

中国水利水电出版社
www.waterpub.com.cn

内 容 提 要

本书主要内容包括：安全用电知识、电工基本操作、常用电工仪表的使用、家庭照明线路的安装和设计、变压器与电动机、继电器控制线路的安装与调试，附录部分为电工考证试题库。

本书以培养学生的电工基本操作能力为目的，使学生在掌握电工安全常识和必备基本知识的基础上，强化基本技能训练，掌握处理紧急事故的能力，并能运用所学知识完成简单电工操作，培养学生的职业素质、安全意识、合作精神，为在今后生活、工作中正确运用电工知识打下基础。

本书是为高职高专计算机应用、网络技术、工业设计、模具制造等近电类专业学生的电工技能实训而编写的教材，也可作为初、中级电工技能鉴定的培训教材。

本书配有电子教案，读者可以到中国水利水电出版社网站和万水书苑上免费下载，网址：http://www.waterpub.com.cn/softdown 和 http://www.wsbookshow.com。

图书在版编目（CIP）数据

电工普训 / 贺小艳，王璇主编. -- 北京：中国水利水电出版社，2016.8
 高等职业教育"十三五"规划教材
 ISBN 978-7-5170-4462-8

Ⅰ. ①电… Ⅱ. ①贺… ②王… Ⅲ. ①电工技术－高等职业教育－教材 Ⅳ. ①TM

中国版本图书馆CIP数据核字(2016)第142174号

策划编辑：陈宏华　　责任编辑：李 炎　　封面设计：李 佳

书　　名	高等职业教育"十三五"规划教材 电工普训
作　　者	主 编 贺小艳　王 璇
出版发行	中国水利水电出版社 （北京市海淀区玉渊潭南路1号D座　100038） 网址：www.waterpub.com.cn E-mail：mchannel@263.net（万水） 　　　　sales@waterpub.com.cn 电话：（010）68367658（发行部）、82562819（万水）
经　　售	北京科水图书销售中心（零售） 电话：（010）88383994、63202643、68545874 全国各地新华书店和相关出版物销售网点
排　　版	北京万水电子信息有限公司
印　　刷	北京瑞斯通印务发展有限公司
规　　格	184mm×260mm　16开本　19印张　465千字
版　　次	2016年8月第1版　2016年8月第1次印刷
印　　数	0001—3000册
定　　价	38.00元

凡购买我社图书，如有缺页、倒页、脱页的，本社发行部负责调换

版权所有·侵权必究

前　　言

本书是为高职高专计算机应用、网络技术、工业设计、模具制造等近电类专业学生的电工技能实训而编写的教材，也可作为初、中级电工技能鉴定的培训教材。本书以培养学生的电工基本操作能力为目的，使学生在掌握电工安全常识和必备基本知识的基础上，强化基本技能训练，掌握处理紧急事故的能力，并能运用所学知识完成简单电工操作，培养学生的职业素质、安全意识、合作精神，为今后生活、工作中正确运用电工知识打下基础。

本书以培养学生实践技能为主线，以安装、操作、维修电工等职业岗位的技能需求为依据，以初级维修电工的职业资格标准为参照，对内容进行整合，共设计了"安全用电知识""电工基本操作""常用电工仪表的使用""家庭照明线路的安装和设计""变压器与电动机""继电器控制线路的安装与调试"六个反映工作和认知过程的项目，并将项目内容任务化，项目任务又细分为若干个技能训练，以强化基本技能，同时配有相应的学生任务单卡，以利于学生学习。

本书由广东省河源职业技术学院贺小艳、王璇主编。贺小艳编写了项目一、项目二、项目三、项目四，王璇编写了项目五、项目六及附录。在本书的编写过程中，编者得到了河源职业技术学院的各级领导和黄志忠老师等同事的大力支持与帮助，在此表示诚挚的谢意。

由于编者水平有限、时间紧迫，书中的疏漏和错误在所难免，欢迎读者对本书提出批评和建议。

编者

2016 年 5 月

目　录

前言

项目一　安全用电知识 1
　学习目标 1
　任务一　电气火灾的应急处理 1
　　能力目标 1
　　知识目标 1
　　技能训练　电气火灾的处理 1
　学习任务单卡 3
　　知识链接Ⅰ　电气火灾原因及预防措施 5
　　知识链接Ⅱ　电气火灾的扑救 7
　任务二　触电现场的急救 12
　　能力目标 12
　　知识目标 12
　　技能训练　触电急救 12
　学习任务单卡 13
　　知识链接　触电急救及预防措施 15
　任务三　电力系统的认识 31
　　能力目标 31
　　知识目标 31
　　技能训练　电力系统的认识 31
　学习任务单卡 33
　　知识链接　低压供配电系统 35

项目二　电工基本操作 41
　学习目标 41
　任务一　导线的基本操作 41
　　能力目标 41
　　知识目标 41
　　技能训练　导线的连接与恢复 41
　学习任务单卡 43
　　知识链接Ⅰ　常用电工材料 45
　　知识链接Ⅱ　绝缘导线的连接与恢复 56
　任务二　电工焊接技术 67

　　能力目标 67
　　知识目标 67
　　技能训练　电工基本焊接练习 67
　学习任务单卡 69
　　知识链接　电工焊接技术 71

项目三　常用电工仪表的使用 79
　学习目标 79
　任务一　万用表的使用及维护 79
　　能力目标 79
　　知识目标 79
　　技能训练　万用表的使用 79
　学习任务单卡 81
　　知识链接Ⅰ　电工测量及测量误差的处理 83
　　知识链接Ⅱ　万用表 90
　任务二　兆欧表、钳形电流表的使用及维护 96
　　能力目标 96
　　知识目标 96
　　技能训练　兆欧表、钳形电流表的使用 96
　学习任务单卡 97
　　知识链接　兆欧表、钳形电流表的使用及
　　　　　　　维护 99
　任务三　直流单臂电桥的使用及维护 105
　　能力目标 105
　　知识目标 105
　　技能训练　直流单臂电桥的使用 105
　学习任务单卡 107
　　知识链接　直流电桥的使用及维护 109

项目四　家庭照明线路的安装和设计 117
　学习目标 117
　任务一　带单相电度表的白炽灯线路安装
　　　　　与调试 117

能力目标……………………………………117
　　知识目标……………………………………117
　　技能训练　带单相电度表的白炽灯线路安装
　　　　　　　与调试……………………………117
　学习任务单卡……………………………………119
　　知识链接Ⅰ　单相电度表的工作原理………121
　　知识链接Ⅱ　电气照明的基本知识…………123
任务二　日光灯异地控制线路的安装与调试…129
　　能力目标……………………………………129
　　知识目标……………………………………129
　　技能训练　日光灯异地控制线路的安装
　　　　　　　与调试……………………………130
　学习任务单卡……………………………………131
　　知识链接Ⅰ　日光灯………………………133
　　知识链接Ⅱ　室内配电线路布线……………136
任务三　照明电气平面电路图的绘制…………139
　　能力目标……………………………………139
　　知识目标……………………………………139
　　技能训练　照明电气平面系统图及平面图的
　　　　　　　绘制………………………………139
　学习任务单卡……………………………………141
　　知识链接Ⅰ　室内照明电气施工图…………143
　　知识链接Ⅱ　家庭照明电气工程设计………151
任务四　照明电气工程项目预算………………153
　　能力目标……………………………………153
　　知识目标……………………………………153
　　技能训练1　家庭照明电气工程材料预算…153
　学习任务单卡……………………………………155
　　知识链接　电气照明工程量计算及
　　　　　　　定额应用…………………………157
　　技能训练2　家庭照明电气工程量的预算…170
　学习任务单卡……………………………………171
　　知识链接　电气照明工程施工图的
　　　　　　　预算实例分析……………………173
任务五　二室一厅家庭照明线路的安装
　　　　与调试……………………………………179
　　能力目标……………………………………179

　　知识目标……………………………………180
　　技能训练　家庭照明电气工程材料预算……180
　学习任务单卡……………………………………181
　　知识链接　照明电路常见故障及排除方法…183

项目五　变压器与电动机………………………185
　学习目标…………………………………………185
任务一　变压器的检测…………………………185
　　能力目标……………………………………185
　　知识目标……………………………………185
　　技能训练1　变压器的拆装…………………185
　学习任务单卡……………………………………187
　　知识链接　变压器的拆装……………………189
　　技能训练2　变压器的检测…………………191
　学习任务单卡……………………………………193
　　知识链接Ⅰ　变压器的原理、检测…………195
　　知识链接Ⅱ　其他变压器……………………197
任务二　三相交流异步电动机的拆装…………199
　　能力目标……………………………………199
　　知识目标……………………………………199
　　技能训练1　三相交流异步电动机的拆装…199
　学习任务单卡……………………………………201
　　知识链接　三相交流异步电动机的拆装……203
　　技能训练2　三相交流异步电动机的测试…207
　学习任务单卡……………………………………209
　　知识链接　三相交流异步电动机的原理、
　　　　　　　结构………………………………211

项目六　继电器控制线路的安装与调试…………219
　学习目标…………………………………………219
任务一　常用低压电器…………………………219
　　能力目标……………………………………219
　　知识目标……………………………………219
　　技能训练　常用低压电器的检测……………219
　学习任务单卡……………………………………221
　　知识链接　几种常用的低压电器……………223
任务二　基本控制线路的安装与调试…………231
　　能力目标……………………………………231
　　知识目标……………………………………231

技能训练1　单向连续运行控制电路……… 231
　学习任务单卡……………………………… 233
　　知识链接　电动机电气控制原理图的识读· 235
　　技能训练2　电动机两地控制电路的安装
　　　　　　　　与调试…………………… 238
　学习任务单卡……………………………… 239
　　知识链接　电动机两地控制电路………… 241
　　技能训练3　电动机顺序控制电路的安装
　　　　　　　　与调试…………………… 245
　学习任务单卡……………………………… 247
　　知识链接　电动机顺序控制电路………… 249
　　技能训练4　电动机正反转控制电路的安装
　　　　　　　　与调试…………………… 249
　学习任务单卡……………………………… 251
　　知识链接　电动机正反转控制电路……… 253
附录　电工考证试题库……………………… 255
　一、数字电路部分………………………… 255

　二、电工电子部分………………………… 259
　三、X62W 铣床电气控制电路……………… 259
　四、T68 镗床电气控制………………………… 261
　五、步进电动机…………………………… 263
　六、测速发电机…………………………… 264
　七、交直流调速…………………………… 265
　八、20/5t 桥式起重机……………………… 269
　九、PLC 部分……………………………… 270
　十、电机部分……………………………… 281
　十一、三相半控桥式整流电路……………… 282
　十二、职业道德…………………………… 284
　十三、电工常用工具……………………… 287
　十四、电工原理…………………………… 288
　十五、三相交流异步电动机……………… 291
　十六、电工安全知识……………………… 292
　十七、电工仪表…………………………… 294
参考文献…………………………………… 295

项目一　安全用电知识

学习目标

电是促进社会发展的重要动力之一，它推动生产、方便大众。要求掌握电力系统的概念、组成；掌握电力系统各部分、发电厂、变电站、输电线路及用户的实际情况；掌握电力线路的结构及其在电力系统中的作用、类型及型号的意义。正确使用、支配电，避免触电事故发生是非常重要的。要求掌握安全用电的基本知识，保证电气安全，防止电气事故发生，防止人身触电事故发生，保证生命安全，减少财产损失。触电的危害非常大，一旦发生触电事故就应该及时采取急救方法进行救助。要求掌握触电急救的方法，了解触电急救的要点。

任务一　电气火灾的应急处理

能力目标

1. 会使用室内消防栓设备扑灭火灾；
2. 会使用 CO_2 灭火器扑灭火灾；
3. 会使用干粉灭火器扑灭火灾。

知识目标

1. 了解电气火灾扑救的消防知识；
2. 了解室内消防栓、水带与喷雾水枪的使用方法；
3. 了解 CO_2 灭火器和干粉灭火器的使用方法。

技能训练　电气火灾的处理

一、实训前的准备工作

1. 知识准备
（1）了解电气火灾的发生原因；
（2）了解扑灭电气火灾的知识；
（3）掌握常用灭火器的使用方法。
2. 材料准备
（1）模拟的电气火灾现场（在有确切安全保障和防止污染的前提下点燃一盆明火）；
（2）本实训楼的室内消防栓（使用前要征得消防主管部门的同意）、水带和水枪；
（3）干粉灭火器和 CO_2 灭火器。

二、实训过程

请同学们按照实训任务单卡要求完成实训内容，完成后将任务单卡沿着虚线撕下上交。

三、实训注意事项

（1）实训分组进行，实训期间，请学生严格执行安全操作规程。

（2）在实训操作前，请认真学习实训任务内容，明确实训目的、实训步骤和安全注意事项。应认真检查本组仪器、设备及电子元器件状况，若发现缺损或异常现象，应立即报告指导教师或实训室管理人员处理。

（3）发生电气火灾时，应尽可能先切断电源，而后再灭火，以防人身触电。

学 习 任 务 单 卡

班级：　　　　　组别：　　　　　学号：　　　　　姓名：　　　　　实训日期：

课程信息	课程名称	教学单元	本次课训练任务	学时	实训地点
	电工普训	安全用电知识	任务　电气火灾的处理	2 节	
任务描述	在模拟的电气火灾现场，让学生分别使用水枪、灭火器来扑灭火灾。					
学做过程记录	<p style="text-align:center">任务　电气火灾的处理</p>**实训内容及步骤** 1．使用水枪扑灭电气火灾 （1）点燃模拟的电气火场，学生按 3 人/组分好组； 组长：　　　　，组员： （2）断开模拟电源，要求学生注意安全； （3）穿上绝缘靴，戴好绝缘手套； （4）跑到本实训楼的室内消防栓及设备前（使用前应先征得消防主管部门的同意），将消防栓门打开，将水带按要求展开至火场，正确接驳消防栓与水枪，将水枪喷嘴可靠接地； （5）持水枪到安全距离，然后打开消防栓水龙头将火扑灭。 【教师现场评价：完成□，未完成□】 2．使用 CO_2 灭火器和干粉灭火器扑灭电气火灾 （1）点燃模拟的电气火场，学生按 3 人/组分好组； （2）用手握住灭火器的提把，平稳、快捷地提往火场； （3）在距离燃烧物 5 米左右地方，拔出保险销； （4）一手握住开启压把，另一手握住喷射喇叭筒，喷嘴对准火源根部，喷射时，应采取由近而远、由外而里的方法，直到把火扑灭； （5）清理现场。 【教师现场评价：完成□，未完成□】				
	<p style="text-align:center">思考题</p>1．在用 CO_2 灭火器灭火时应注意哪些事项？				

项目一　安全用电知识　　3

学做过程记录	2．在商场购物时，如果发生火灾，应该如何逃生？ 3．实训现场起火，应该如何处理？
教师评价	A□　　B□　　C□　　D□　　教师签名：
学生建议	

知识链接 I　电气火灾原因及预防措施

一、电气火灾

为了抑制电气火灾的产生而采取的各种技术措施和安全管理措施，称之为电气防火。由于电气方面原因（如过载、短路、漏电、电火花或电弧等）产生火源而引起的火灾，称之为电气火灾。

二、电气火灾原因分析

电流通过导体总要克服一些阻力，消耗一些电能，这些电能主要转化为热能。即电流通过导体的热效应。除了电器以外，这些热能都是无益的，而且不利于安全输配电、安全用电。为了减少电能的损耗、防止导体发热，人们采取多种办法，如高电压、地电流送电；电气设备上采用散热措施，也有采取强制冷却措施的。在正常情况下，其发热量被控制在允许的范围内，一般不会引起火灾事故。只有在异常情况下，发热量才会迅速增加，从而导致火灾。电气火灾是多种多样的，例如过载、短路、接触不良、电火花与电弧、漏电、雷电或静电等都能引起火灾。从电气角度看，电气火灾大都是因电气工程、电器产品质量以及管理等问题造成的。还有安装、维修不当、使用不慎以及麻痹大意也是发生电气火灾的主要原因之一。

1. 过载

过载是指电气设备或导线的功率或电流超过其额定值。当电流超过电气的最大值时，即为过载。过载有线路过载和设备过载。一定材质、一定切面、一定绝缘层的导线所能通过的电流是有限度的。这个限度就叫做安全载流量。在这个安全载流量的范围内用电就比较安全，超过这个安全载流量就是过载（超负荷）。过载的结果将导致导线发热，

超过越多，发热量越多。一般情况，过载不会立即燃烧，不易为人们所发觉。而长期过载，会促使绝缘层老化，到一定的时候就会引起火灾。严重过载时，发生火灾的时间也会缩短。

造成过载的原因有以下几个方面：

（1）设计、安装时选型不正确，使电气设备的额定容量小于实际负载容量。

（2）设备或导线随意安接，增加负荷，造成超载运行。

（3）检修、维护不及时，使设备或导线长期处于带病运行状态。

电气设备或导线的绝缘材料，大都是可燃的绝缘材料，如油、纸、麻、丝和棉的纺织品、树脂、沥青、漆、塑料、橡胶等，只有少数属于无机材料，如陶瓷、云母和石棉等。过载使导体中的电能转变成为热能，当导体和绝缘物局部过热，达到一定温度时，就会引起火灾。

总之，导线过载的原因，一是导线过细；二是在同一线路上使用过多电气，或接装功率过多的用电设备。

电气设备过载原因。每一电气设备的容量、功率也是额定的，例如，变压器有一定容量，用电量超过了，就是过载；电动机缺相运行要带动超过它的能量和机械，也是过载。过载的结果也是发热，烧毁机组；如果附近有可燃物，则会引燃或扩大成灾。

变压器过载，主要是用电量增加而没能及时调换大容量的变压器；电动机过载的原因则有多种，带动的机械设备超过它的功率；三相电动缺相运行（成为电动机单向运行）；轴承磨损、润滑不足；电压过低，以及设备故障等。

2. 短路、电弧和火花

短路是电气设备最严重的一种事故状态，短路的主要原因是载流部分绝缘破坏造成火线与火线、火线与地线相连等。

造成短路的原因：

（1）电气设备的选用和安装与使用环境不符，致使其绝缘在高温、潮湿、酸碱环境条件下受到破坏。绝缘导线由于拖拉、摩擦、挤压、长期接触硬物体等，绝缘层造成机械损伤。

（2）电气设备使用时间过长，绝缘老化，耐压与机械强度下降。

对于有绝缘层的电线来说，一方面，当绝缘层使用一段时间后，会自然老化；另一方面，在高温、潮湿、有腐蚀气体的场所没有选择相应型号的电缆，容易使绝缘层受到损害；拖拉、摩擦、挤压、长期接触硬物体等，对绝缘造成的机械损坏。而乱拉乱接，接错线路，均会直接导致短路。导线的绝缘能力下降，在一定条件下（如下雨、潮湿）会发生"漏电"现象，而绝缘损坏，导体间直接接触，则立即发生短路。对于裸体导线来说，主要是安装太低，过分松弛，弧垂太大，或者线间距离太近，风吹时使两线相碰，风雨中与树枝接触；车辆装运物件过高，碰到电线随便在高处抛金属物坠落在电线上；小动物跨接在两根电线上。此外，绝缘子污染，产生"污闪"事故，也可能引起短路。

（3）使用维护不当，长期带病运行，扩大了事故范围。

（4）过电压使绝缘击穿，发生短路起火事故。

（5）错误操作、接线错误等或把电源投向故障线路，通电时发生短路。

（6）恶劣天气，如大风暴雨造成线路金属性连接。

短路时，在短路点或导线连接松动的电气接头处，会产生电弧或火花。电弧温度很高，可达 6000℃以上，不但可引燃它本身的绝缘材料，还可将它附近的可燃材料、蒸气和粉尘引燃。电弧还可能是接地装置不良或电气设备与接地装置间距过小，过电压时击穿空气引起。切断或接通大电流电路时，或大截面熔断器熔断时，也能产生电弧。

（7）雷击造成电气设备或电气线路短路。

3. 接触不良。

接触不良，实际上是接触电阻过大，会形成局部过热，也会出现电弧、电火花，造成潜在点火源。接触电阻过大的基本原因是连接质量不好。接触不良主要发生在导线与导线或导线与电气设备连接处，由于电阻增加，发热量也增加，产生局部高温，如连接松动，甚至若接若离，就有可能出现电弧、电火花，易引起附近可燃物燃烧。

常见的原因有：

（1）电气接头表面污损，接触电阻增加。

（2）电气接头长期运行，产生导电的氧化膜，未及时清除。

（3）电气接头因振动或由于热的作用，使连接处发生松动，氧化。

（4）铜铝连接处未按规定方法处理，发生电化学腐蚀，也会使接触电阻增大。

（5）接头没有按规定方法连接、连接不牢。

4. 摩擦

发电机和电动机等旋转型电气设备，转子与定子相碰或轴承出现润滑不良、干枯产生干磨发热或虽润滑正常，但出现高速旋转时，都会引起火灾。

5. 雷电

雷电是自然界的一种大气放电现象。

三、电气火灾的预防措施

预防电气火灾的发生要从以下四个方面入手：

1. 加强用电安全宣传，提高用电安全意识

要向各单位和广大居民广泛宣传安全用电规范，普及安全用电常识，提高其安全用电意识，扭转"只用不管"的用电状况。对电气防火设计、施工、安装人员进行必要的消防安全培训，学习电气防火常识及有关规定、标准，做到持证上岗，责任到人，严禁违章操作，提高电气防火设计、安装施工队伍的整体技术水平。一些从事电工作业人员素质较低，有的甚至未经过有关部门专业培训，无证上岗作业，他们缺乏基本的电气安装知识，留下许多隐患。在新建、改建、扩建过程中，要严格执行设计规范，把好设计关，对老住宅建筑应按目前的住宅建筑电气设计标准加以彻底改造，新住宅电气设计应有超前意识，充分考虑居民用电量的增长因素，留有足够的设计裕度，对不符合质量安全要求的，坚决改正或予以更换，以减少电气火灾发生的可能。

2. 安装电气火灾监控系统

电气火灾监控系统通俗理解就是监控预防电气火灾的装置，提前报警。

3. 不违章用电

违章用电火灾，主要是乱拉乱接，超负荷用电，电线老化、电器设备带故障运行和违章使用电炉、电热褥、热得快等电热器造成，在实际操作中许多人只考虑到自身方便。熔断器保险丝用铜丝、铝丝、铁丝代替。随意增加用电设备，导致用电负荷超过设计容量，从而引发火灾。一些单位在对电气线路安装和施工时，没有按照操作规程和要求，有的甚至无证操作。须要特别注意电视机的防火，电视机走进了千家万户，因此要特别注意。电视机的防火要注意防热、防潮、防雷电、防灰尘，严格按照电线路操作规程，保证电视机的安全用电。

4. 定期进行检查，整改电气火灾隐患

定期检查线路熔断器，检查线路上所连接点是否牢固可靠，附近不要存放易燃可燃物品。特别是一些新建的公众聚集场所在开业前必须经检查合格后方可允许开业。这样，以及时发现电气线路老化、损坏、乱拉乱接等现象，对发现的隐患要求受检查单位采取措施及时予以排除，从而防范和减少电气火灾的发生。有关部门要认真开展安全用电监督检查，督促用电单位及个人严格遵守用电安全规程，各地要制定相应的电气消防安全检查规定，督促各消防安全重点单位和公众聚集场所定期进行并采取积极的措施予以整改，确保安全。

知识链接Ⅱ　电气火灾的扑救

一、电气火灾的扑救方法

电气设备发生火灾时，为了防止触电事故，一般都在切断电源后才进行扑救。

1. 断电灭火

电气设备发生火灾或引燃附近可燃物时，首先要切断电源。

（1）电气设备发生火灾后，要立即切断电源，如果要切断整车间或整个建筑物的电源时，可在变电所、配电室断开主开关。在自动空气开关或油断路器等主开关没有断开前，不能随便拉隔离开关，以免产生电弧发生危险。

（2）发生火灾后，用闸刀开关切断电源时，由于闸刀开关在发生火灾时受潮或烟熏，其绝缘强度会降低，切断电源时，最好用绝缘的工具操作。

（3）切断用磁力起动器控制的电动机时，应先用按钮开关停电，然后再断开闸刀开关，防止带负荷操作产生电弧伤人。

（4）在动力配电盘上，只用作隔离电源而不用作切断负荷电流的闸刀开关或瓷插式熔断

器,叫总开关或电源开关。切断电源时,应先用电动机的控制开关切断电动机回路的负荷电流,停止各个电动机的运转,然后再用总开关切断配电盘的总电源。

(5)当进入建筑物内,用各种电气开关切断电源已经比较困难,或者已经不可能时,可以在上一级变配电所切断电源。这样要影响较大范围供电时,或由生活居住区的杆架式变电台供电时,有时需要采取剪断电气线路的方法来切断电源。如需剪断对地电压在250伏以下的线路时,可穿戴绝缘靴和绝缘手套,用断电剪将电线剪断。切断电源的地点要选择适当,剪断的位置应在电源方向即来电方向的支持物附近,防止导线剪断后掉落在地上造成接地短路触电伤人。对三相线路的非同相电线应在不同部位剪断。在剪断扭缠在一起的合股线时,要防止两股以上合剪,否则会造成短路事故。

(6)城市生活居住区的杆架式变电台上的变压器和农村小型变压器的高压侧,多用跌落式熔断器保护。如果需要切断变压器的电源时,可以用电工专用的绝缘杆捅跌落式熔断器的鸭嘴,熔丝管就会跌落下来,达到断电的目的。

(7)电容器和电缆在切断电源后,仍可能有残余电压,因此,即使可以确定电容器或电缆已经切断电源,但是为了安全起见,仍不能直接接触或搬动电缆和电容器,以防发生触电事故。电源切断后,扑救方法与一般火灾扑救相同。

2. 几种电气设备的火灾扑救方法

(1)发电机和电动机的火灾扑救方法。发电机和电动机等电气设备都属于旋转电机类,这类设备的特点是绝缘材料比较少,这是和其他电气设备比较而言的,而且有比较坚固的外壳,如果附近没有其他可燃易燃物质,且扑救及时,就可防止火灾扩大蔓延。由于可燃物质数量比较少,就可用二氧化碳、1211等灭火器扑救。大型旋转电机燃烧猛烈时,可用水蒸汽和喷雾水扑救。实践证明,用喷雾水扑救的效果更好。对于旋转电机有一个共同的特点,就是不要用砂土扑救,以防硬性杂质落入电机内,使电机的绝缘和轴承等受到损坏而造成严重后果。

(2)变压器和油断路器火灾扑救方法。变压器和油断路器等充油电气设备发生燃烧时,切断电源后的扑救方法与扑救可燃液体火灾相同。如果油箱没有破损,可以用干粉、1211、二氧化碳灭火器等进行扑救。如果油箱已经破裂,大量变压器的油燃烧,火势凶猛时,切断电源后可用喷雾水或泡沫扑救。流散的油火,可喷雾水或泡沫扑救。流散的油量不多时,也可用砂土压埋。

(3)变、配电设备火灾扑救方法。变配电设备,有许多瓷质绝缘套管,这些套管在高温状态遇急冷或不均匀冷却时,容易爆裂而损坏设备,可能造成一些不应有的使火势进一步扩大蔓延。所以遇这种情况最好用喷雾水灭火,并注意均匀冷却设备。

(4)封闭式电烘干箱内被烘干物质燃烧时的扑救方法封闭式。电烘干箱内的被烘干物质燃烧时,切断电源后,由于烘干箱内的空气不足,燃烧不能继续,温度下降,燃烧会逐渐被窒息。因此,发现电烘箱冒烟时,应立即切断烘干箱的电源,并且不要打开烘干箱。不然,由于进入空气,反而会使火势扩大,如果错误地往烘干箱内泼水,会使电炉丝、隔热板等遭受损坏而造成不应有的损失。

如果是车间内的大型电烘干室内发生燃烧,应尽快切断电源。当可燃物质的数量比较多,且有蔓延扩大的危险时,应根据烘干物质的情况,采用喷雾水枪或直流水枪扑救,但在没有做好灭火准备工作时,不应把烘干室的门打开,以防火势扩大。

3. 带电灭火

有时在危急的情况下,如等待切断电源后再进行扑救,就会有使火势蔓延扩大的危险,或者断电后会严重影响生产。这时为了取得扑救的主动权,扑救就需要在带电的情况下进行,带电灭火时应注意以下几点：

（1）必须在确保安全的前提下进行，应用不导电的灭火剂如二氧化碳、1211、1301、干粉等进行灭火。不能直接用导电的灭火剂如直射水流、泡沫等进行喷射，否则会造成触电事故。

（2）使用小型二氧化碳、1211、1301、干粉灭火器灭火时由于其射程较近，要注意保持一定的安全距离。

（3）在灭火人员穿戴绝缘手套和绝缘靴、水枪喷嘴安装接地线情况下，可以采用喷雾水灭火。

（4）如遇带电导线落于地面，则要防止跨步电压触电，扑救人员需要进入灭火时，必须穿上绝缘鞋。

此外，有油的电气设备如变压器、油开关着火时，也可用干燥的黄砂盖住火焰，使火熄灭。

二、灭火的基本机理

物质燃烧必须同时备三个条件：可燃物、助燃物、引火源，当其中一个条件被去掉时，就不能发生燃烧。由此归纳出四种基本的灭火原理。

1. 冷却灭火

冷却灭火主要是喷水或使用其他有冷却作用的灭火剂。由于可燃物质着火必须具备一定的温度和足够的热量，灭火时，将具有冷却降温和吸热作用的灭火剂直接喷射到燃烧物体上，以降低燃烧物质的温度。当其温度降到燃烧所需最低温度以下时，火就熄灭了。也可将水喷洒在火源附近的可燃物质上，使其温度降低，防止将火源附近的可燃物质烤着起火。

冷却灭火方法是灭火的常用方法，主要用水来冷却降温。一般物质如木材、纸张、棉花、布匹、家具、麦草等起火，都可以用水来冷却灭火。

2. 窒息灭火

窒息灭火就是阻止空气进入燃烧区不让火接触到空气，让氧气与燃烧物隔绝使火熄灭。根据着火时需要大量空气这个条件，灭火时采用捂盖的方式，使空气不能进入燃烧区或进入很少。常用方法：

（1）向燃烧区充入大量的氮气、二氧化碳等不助燃的惰性气体，减少空气量。

（2）封堵建筑物的门窗，燃烧区的氧一旦被耗尽，又不能补充新鲜空气，火就会自行熄灭。

（3）用石棉毯、湿棉被、湿麻袋、砂土、泡沫等不燃烧或难燃烧的物品覆盖在燃烧物体上，以隔绝空气使火熄灭。

3. 隔离灭火

隔离灭火就是将燃烧物与附近有可能被引燃的可燃物分隔开，燃烧就会因缺少可燃物而熄灭。这也是一种常用的灭火方法。

（1）灭火时迅速将着火部位周围的可燃物移到安全地方。

（2）将着火物移到没有可燃物质的地方。

（3）关闭可燃气体、液体管道的阀门，减少和中止可燃物质进入燃烧区域。

（4）拆除与火源相毗连的易燃建筑，形成阻止火势蔓延的空间地带。

4. 抑制灭火

抑制灭火是将化学灭火药剂喷入到燃烧区，使之参与燃烧的化学反应，而使燃烧反应停止。一般用于扑救计算机等精密仪器设备、家用电器、档案资料和各种可燃气体火灾。但灭火后要采取降温措施，防止发生复燃。

三、常用灭火器

灭火器是一种可由人力移动的轻便灭火器具，它能在其内部压力作用下，将所充装的灭火剂喷出，用来扑救火灾。灭火器种类繁多，其适用范围也有所不同，只有正确选择灭火器的类型，才能有效地扑救不同种类的火灾，达到预期的效果。我国现行的国家标准将灭火器分为手提式灭火器（总重量不大于20kg）和车推式灭火器（总重量不大于40kg以上）。

按所充装的灭火剂则又可分为：泡沫、干粉、卤代烷、二氧化碳、酸碱、清水灭火器。常用的手提式灭火器有三种：干粉灭火器、二氧化碳灭火器和手提式卤代烷灭火器，其中卤代烷灭火器由于对环境保护有影响，已不提倡使用。种类不同，其性能、使用方法和保管检查方法也有差异，下面分别予以介绍。

1. 干粉灭火器

干粉灭火器内充装的是磷酸铵盐干粉灭火剂。干粉灭火剂是用于灭火的干燥且易于流动的微细固体粉末，由具有灭火效能的无机盐和少量的添加剂经干燥、粉碎、混合而成。它是一种在消防中得到广泛应用的灭火剂，且主要用于灭火器中。干粉灭火剂一般分为BC干粉（碳酸氢钠等）和ABC干粉（磷酸铵盐等）灭火剂两大类。

一是靠干粉中的无机盐的挥发性分解物，与燃烧过程中燃料所产生的自由基或活性基团发生化学抑制和负催化作用，使燃烧的链反应中断而灭火；

二是靠干粉的粉末落在可燃物表面外，发生化学反应，并在高温作用下形成一层玻璃状覆盖层，从而隔绝氧，进而窒息灭火。另外，还有部分稀释氧和冷却作用。

干粉灭火器的适用范围：可扑灭一般火灾，还可扑灭油、气等燃烧引起的失火。干粉灭火器是利用二氧化碳气体或氮气气体作动力，将筒内的干粉喷出灭火的。干粉是一种干燥的、易于流动的微细固体粉末，由能灭火的基料和防潮剂、流动促进剂、结块防止剂等添加剂组成。主要用于扑救石油、有机溶剂等易燃液体、可燃气体和电气设备的初起火灾。

在使用手提式干粉灭火器时，应手提灭火器的提把，迅速赶到着火处，在距离起火点5米左右处，放下灭火器。在室外使用时，应占据上风方向，使用前，先把灭火器上下颠倒几次，使筒内干粉松动。使用内装式或贮压式干粉灭火器时，应先拔下保险销，一只手握住喷嘴，另一只手用力压下压把，干粉便会从喷嘴喷射出来，用干粉灭火器扑救流散液体火灾时，应从火焰侧面，对准火焰根部喷射，并由近而远，左右扫射，快速推进，直至把火焰全部扑灭，用干粉灭火器扑救容器内可燃液体火灾时，亦应从火焰侧面对准火焰根部，左右扫射。当火焰被赶出容器时，应迅速向前，将余火全部扑灭。灭火时应注意不要把喷嘴直接对准液面喷射，以防干粉气流的冲击力使油液飞溅，引起火势扩大，造成灭火困难。用干粉灭火器扑救固体物质火灾时，应使灭火器嘴对准燃烧最猛烈处左右扫射，并应尽量使干粉灭火剂均匀地喷洒在燃烧物的表面，直至把火全部扑灭，如图1-1所示。使用干粉灭火器应注意灭火过程中始终保持直立状态，不得横卧或颠倒使用，否则不能喷粉；同时注意防止干粉灭火器灭火后复燃，因为干粉灭火器的冷却作用甚微，在着火点存在着炽热物的条件下，灭火后易产生复燃。

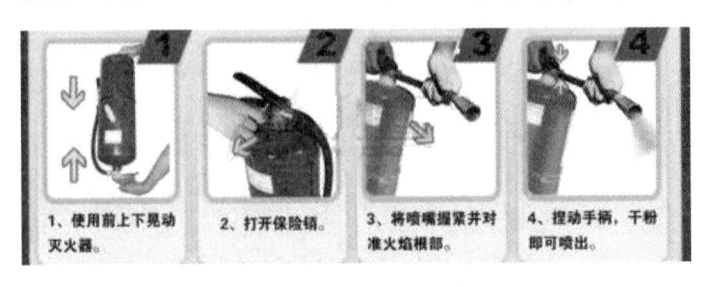

图1-1 干粉灭火器的使用

2. 二氧化碳灭火器

二氧化碳灭火器是一种具有一百多年历史的灭火剂，价格低廉，获取、制备容易，其主要依靠窒息作用和部分冷却作用灭火。二氧化碳具有较高的密度，约为空气的1.5倍。在常压下，液态的二氧化碳会立即汽化，一般1kg的液态二氧化碳可产生约0.5立方米的气体。因而，灭火时，二氧化碳气体可以排出空气而包围在燃烧物体的表面或分布于较密闭的空间中，降低可燃物周围或防护空间内的氧浓度，产生窒息作用而灭火。另外，二氧化碳从储存容器中喷出时，会由液体迅速汽化成气体，而从周围吸收部分热量，起到冷却的作用。一般二氧化碳灭火器按充装量分为2kg、3kg、5kg、7kg等四种手提式的规格和20kg、25kg等两种推车式规格，如表1-1所示。

表1-1 二氧化碳灭火器的充装规格

规格 项目	MT2	MT3	MT5	MT7	MTT20	MTT25
灭火剂量/kg	$2_{-0.15}$	$3_{-0.15}$	$5_{-0.2}$	$7_{-0.2}$	$20_{-0.40}$	$25_{-0.50}$
有效喷射时间/s	≥8.0	≥8.0	≥9.0	≥12.0	≥15.0	≥15.0
有效喷射距离/m	≥1.5	≥1.5	≥2.0	≥2.0	≥4.0	≥5.0
喷射滞后时间/s	≤5.0	≤5.0	≤5.0	≤5.0	≤10.0	≤10.0
喷射剩余率/%	≤10.0	≤10.0	≤10.0	≤10.0	≤10.0	≤10.0
充装系数/（kg/L）	≤0.67	≤0.67	≤0.67	≤0.67	≤0.67	≤0.67
使用温度范围/℃	-10~55	-10~55	-10~55	-10~55	-10~55	-10~55
灭火能力	1B	2B	3B	4B	8B	10B

手提式二氧化碳灭火器又具体分为两种：手轮式二氧化碳灭火器和鸭嘴式二氧化碳灭火器。手轮式二氧化碳灭火器由手轮的转动控制开闭；其下部有一根钢制或尼龙材料制成的出液管直通瓶底。喷筒为喇叭状，由一根钢管与启闭阀的出口相连。为确保安全，当瓶内二氧化碳灭火剂蒸汽压达到17.0MPa以上时，启闭阀一侧的安全膜片会自行爆破，释放二氧化碳气体。鸭嘴式二氧化碳灭火器其构造与手轮式大致相同，只是启闭阀的开启形式不同和喷筒的钢丝编织胶管与启闭阀相连。启闭阀为手动开启，手松开即自动关闭，又称手动开启自动关闭型。

使用时，将灭火器提至火灾现场，拔出保险销，一只手握住喇叭筒根部的手柄，另一只手紧握启闭阀的压把，把喇叭筒往上扳70~90度；对准火焰根部，压下压把，药剂即喷出灭火；放开压把，可停止喷射，从而实现间隙喷射，如图1-2所示。

图1-2 二氧化碳灭火器的使用

灭火时，当可燃液体呈流淌状燃烧时，使用者将二氧化碳灭火剂的喷流由近而远向火焰喷射。如果可燃液体在容器内燃烧时，使用者应将喇叭筒提起。从容器的一侧上部向燃烧的容器中喷射。但不能让二氧化碳射流直接冲击可燃液面，以防止将可燃液体冲出容器而扩大火势，造成灭火困难。

任务二　触电现场的急救

能力目标

1．学会触电急救的方法和急救要领；
2．掌握胸外挤压急救手法的动作和节奏；
3．掌握口对口人工呼吸法的动作和节奏。

知识目标

1．掌握安全用电知识；
2．掌握使触电者尽快脱离电源的方法；
3．了解触电急救的有关知识。

技能训练　触电急救

一、实训前的准备工作

1．知识准备

（1）了解电流对人体的伤害、人体触电的形式及相关因素；

（2）了解触电急救的方法（脱离电源、抢救准备与心肺复苏）。

2．材料准备

（1）模拟的低压触电现场；

（2）各种工具（含绝缘工具和非绝缘工具）；

（3）绝缘垫一张；

（4）心肺复苏急救模拟人一套。

二、实训过程

请同学们按照实训任务单卡要求完成实训内容，完成后将任务单卡沿着虚线撕下上交。

三、实训注意事项

（1）实训分组进行，实训期间，请学生严格执行安全操作规程。

（2）在实训操作前，请认真学习实训任务内容，明确实训目的、实训步骤和安全注意事项。应认真检查本组仪器、设备及电子元器件状况，若发现缺损或异常现象，应立即报告指导教师或实训室管理人员处理。

（3）实训既要注意安全可靠，又要讲究整洁卫生，既要符合技术要求，又要勤俭节约。

（4）实训结束要认真检查、整理工作台面（工具和导线摆放要规范）和清扫现场。

学 习 任 务 单 卡

| 班级： | | 组别： | | 学号： | | 姓名： | | 实训日期： | |

课程信息	课程名称	教学单元	本次课训练任务	学时	实训地点
	电工普训	安全用电知识	任务 触电现场的急救	2节	
任务描述	在模拟的低压触电现场（确保安全的前提下），让学生对急救模拟人采用心肺复苏法急救。					

学做过程记录	任务 触电现场的急救 **实训内容及步骤** 1．使触电者尽快脱离电源的实训 （1）准备好一个模拟的低压触电现场，学生按3人/组分好组； （2）在触电现场让一个学生模拟被触电的各种情况； （3）组内另两名学生用正确的绝缘工具，使用安全快捷的方法使触电者脱离电源； （4）将已脱离电源的触电者按急救要求放置在绝缘垫上。 【教师现场评价：完成□，未完成□】 2．心肺复苏急救方法的实训 （1）学生先在工位上练习胸外挤压急救手法和口对口人工呼吸法的动作和节奏； （2）要求学生用心肺复苏模拟人进行心肺复苏训练； （3）根据打印输出的训练结果，检查学生急救手法的力度和节奏是否符合要求，直至学生掌握急救方法为止； （4）整理和记录抢救过程，清理现场，打扫卫生。 【教师现场评价：完成□，未完成□】 1．按照人体触及带电体的方式和电流通过人体的途径，触电可分为_____、_____、_____三种情况。 2．施救人员应在非常短暂的时间内，迅速判断病人有无_____，评价时间不要超过10秒。 3．在条件许可下，要立即给予_____，在电击前后要尽量避免中断胸部按压，每次电击后立即以按压重新开始CPR。 4．心脏按压时手臂要_____，不能弯曲，不要左右摆动。 5．放松时，定位的手掌根部离开胸骨定位点，以免移位，但应放松_____，使胸骨不受任何压力。 6．持续心肺复苏，胸外按压与人工呼吸比为_____，以此法周而复始进行，直至复苏。 7．做人工呼吸之前须注意哪些事项？

项目一 安全用电知识

教师评价	A☐　　B☐　　C☐　　D☐　　教师签名：
学生建议	

知识链接　触电急救及预防措施

一、触电事故产生的原因

触电事故频发，引起触电的原因主要有以下几种：

（1）安全用电管理有漏洞是造成触电事故发生的主要原因。如果机构健全，人员齐备，制度落实，事事有人管、有人监督，供用电上下畅通，触电事故便会很少或不会发生。

（2）电气工作人员技术水平低、责任心不强、粗心大意、玩忽职守、职业道德差等原因导致安装质量低劣、维护检修不利、巡视检查不利、宣传教育不够，造成隐患或危险，给他人造成触电条件，也给本人造成触电机会。

（3）非电气人员或其他用电人员缺乏电气安全常识，但常摆弄电器，甚至乱接乱拉，错误接线，造成触电。

（4）用电操作人员或电气工作人员违反操作规程造成触电。违反操作规程不一定都会触电，但触电的都是因为违反操作规程。

（5）假冒伪劣电器产品导致触电或事故发生。

（6）意外原因或偶然因素，如风刮断电线落在身上，误入有跨步电压的区域等。

针对上述六点，应采取相应的保护措施，做到有的放矢。

（一）电流对人体的作用

（1）电伤

电伤是电流的热效应、化学效应、光效应或机械效应对人体造成的伤害。电伤会在人体身上留下明显伤痕，有灼伤、电烙印和皮肤金属化三种。

电弧灼伤是由弧光放电引起的。比如低压系统带负荷（特别是感性负荷）拉裸露刀开关，错误操作造成的线路、人体与高压带电部位距离过近而放电，都会造成强烈弧光放电。电弧灼伤也能使人致命。

电烙印通常是在人体与带电体紧密接触时，由电流的化学效应和机械效应而引起的伤害。皮肤金属化是由与电流融化和蒸发的金属微粒渗入表皮所造成的伤害。

（2）电击

电击是电流对人体内部组织造成的伤害。仅 50mA 的工频电流即可使人遭到致命电击，神经系统受到电流强烈刺激，会引起呼吸中枢衰竭，呼吸麻痹，严重时还会造成心室纤维性颤动，以致引起昏迷和死亡。

电击是触电事故中后果最严重的一种，绝大部分触电死亡事故都是由电击造成的，通常所说的触电事故，主要是指电击。

电击和电伤都会引起人体的一系列生理反应。电流通过人体，会引起麻感、针刺感、压迫感、痉挛、疼痛、呼吸困难、血压升高、昏迷、心律不齐、心室颤动等症状。电流对人体的作用主要表现为生物学效应，包括复杂的理化过程。电流的生物学效应表现为使人体刺激和兴奋行为，使人体活的组织发生变化，从一种状态变为另外一种状态。电流通过肌肉组织，引起肌肉收缩。电流对肌肉除直接起作用外，还可能通过中枢神经系统起作用。由于电流引起细胞运动，产生脉冲形式的神经兴奋波，当这种神经兴奋波迅速地传到中枢神经系统时，中枢神经系统立即发出不同的指令，使人体各部分做出相应的反应。因此，当人体触及带电体，有些没有电流通过的部分也可能受到刺激，发生强烈的反应。而且，当中枢神经得到的神经兴奋波很强烈时，人很可能出现不适反应，重要器官的工作可能受到破坏。在活的肌体上，特别是肌肉和神经系统，有微弱的生物电存在。如果引入局外电源，微弱的生物电的正常工作规律将被破坏，人体也将受到不同程度的伤害。电流通过人体还有热作用。电流所经过的血管、神经、心脏、大脑等器官，可使其热量增加而导致功能障碍。电流通过人体，还会引起肌体内液体物质发生离解、分解而导致破坏。电流通过人体还会使肌体各种组织产生蒸汽，乃至发生剥离、断裂等破坏。

调查表明，绝大部分的触电事故都是由电击造成的。电击伤害的严重程度取决于通过人体电流的大小、电压高低、持续时间、电流的频率、电流通过人体的途径以及人体的状况等因素。

1. 伤害程度与电流大小的关系

通过人体的电流越大，人体的生理反应越明显，致命的危险性也就越大。按照工频交流电通过人体时对人体产生的作用，可将电流划分为以下三级：

（1）感知电流。引起人感觉的最小电流叫感知电流。成年男性平均感知电流的有效值大约为1.1mA，女性为0.7mA。感知电流一般不会对人体造成伤害。

（2）摆脱电流。人触电后能自主摆脱电源的最大电流称为摆脱电流。男性的摆脱电流为9mA，女性为6mA，儿童较成人为小。摆脱电流的能力是随触电时间的延长而减弱的。一旦触电后，不能摆脱电源，后果是比较严重的。

（3）致命电流。在较短时间内危及生命的电流称为致命电流。电击致命的主要原因是电流引起心室颤动。引起心室颤动的电流一般在数百毫安以上。

一般情况下可以把摆脱电流作为流经人体的允许电流。男性的允许电流为9mA，女性的为6mA。在线路或设备安装有防止触电的速断保护的情况下，人体的允许电流可按30mA考虑。工频电流对人体的影响见表1-2。

表1-2　电流对人体的影响

电流/mA	交流电/50Hz		直流电
	通电时间	人体反应	人体反应
0～0.5	连续	无感觉	无感觉
0.5～5	连续	有麻刺、疼痛感、无痉挛	无感觉
5～10	数分钟内	痉挛、剧痛，但可摆脱电源	有针刺、压迫及灼热感
10～30	数分钟内	迅速麻痹，呼吸困难，不能自由行动	压痛、刺痛、灼热强烈，有痉挛
30～50	数秒至数分钟	心跳不规则，昏迷，强烈痉挛	感觉强烈，有剧痛痉挛
5～100	超过3秒	心室颤动，呼吸麻痹，心脏麻痹而停跳	剧痛，强烈痉挛，呼吸困难或死亡

2. 电压高低对人体的影响

人体接触电压越高，流经人体的电流越大，对人体的伤害就越重，见表1-3。但在触电事例的分析统计中，70%以上死亡者是在对地电压为220V电压下触电。而高压虽然危险性更大，但由于人们对高压的戒心，触电死亡的大事故反而在30%以下。

表1-3 电压对人体的影响

接触时的情况		可接近的距离	
电压/V	对人体的影响	电压/kV	设备不停电时的安全距离/m
10	全身在水中时跨步电压界限为10V/m	10及以下	0.7
20	湿手的安全界限	20~35	1.0
30	干燥手的安全界限	44	1.2
50	对人的生命无危险界限	60~110	1.5
100~200	危险性急剧增大	154	2.0
200以上	对人的生命发生危险	220	3.0
3000	被带电体吸引	330	4.0
10000以上	有被弹开而脱险的可能	500	5.0

3. 伤害程度与通电时间的关系

电流对人体的伤害与流过人体电流的持续时间有密切的关系。电流持续时间越长，其对应的致颤阈值越小，对人体的危害越严重。这是因为时间越长，体内积累的外能量越多，人体电阻因出汗及电流对人体组织的电解作用而变小，使伤害程度进一步增加；另外，人的心脏每收缩、舒张一次，中间约有0.1s的间隙，在这0.1s的时间内，心脏对电流最敏感，若电流在这一瞬间通过心脏，即使电流很小（几十毫安），也会引起心室颤动。显然，电流持续时间越长，重合这段危险期的机率就越大，危险性也就越大。一般认为，工频电流15~20mA以下及直流50mA以下，对人体是安全的，但如果电流流过人体时持续时间很长，即使电流小到8~10mA，也可能使人致命。因此，一旦发生触电事故，要尽可能快地使触电者脱离电源。

4. 伤害程度与电流途径的关系

电流通过心脏时会导致心跳停止，血液循环中断，会引起心室颤动，较大的电流会导致心脏停止跳动，所以危险性最大；电流通过头部会使人昏迷，严重的会使人不醒而死亡；电流通过脊髓会导致肢体瘫痪；电流通过中枢神经有关部分，会引起中枢神经系统强烈失调而致残。电流路径与流经心脏的电流比例关系见表1-4。实践证明，左手至前胸是最危险的电流途径，此外，右手至前胸、单手至单脚、单手至双脚、双手至双脚等也是很危险的电流途径。电流从左脚至右脚这一电流路径虽危险性小，但人体可能因痉挛而摔倒，导致电流通过全身或发生二次事故而产生严重后果。

表1-4 电流路径与通过人体心脏电流的比例关系

电流路径	左手至脚	右手至脚	左手至右手	左脚至右脚
流经心脏的电流与通过人体总电流的比例/%	6.4	3.7	3.3	0.4

5. 伤害程度与电流种类的关系

电流种类不同，对人体的伤害程度也不一样。当电压在250~300V以内时，触及频率为50Hz的交流电，比触及相同电压的直流电的危险性大3~4倍。不同频率的交流电流对人体的影响也不相同。通常，50~60Hz 的交流电对人体的危险性最大。低于或高于此频率的电流对人体的伤害程度要显著减轻。但是高频率的电流通常以电弧的形式出现，因此有灼伤人体的危险。频率在 20kHz 以上的交流小电流，对人体已无危害，所以在医学上用于理疗。

6. 伤害程度与人体电阻大小的关系

人体触电时，流过人体的电流在接触电压一定时由人体的电阻决定，人体电阻愈小，流过的电流则愈大，人体所遭受的伤害也愈大。人体的不同部分（如皮肤、血液、肌肉及关节等）对电流呈现出一定的阻抗，即人体电阻。其大小不是固定不变的，它取决于许多因素，如接触电压、电流途经持续时间、接触面积、温度、压力、皮肤厚薄及完好程度、潮湿度、脏污程度等。总的来讲，人体电阻由体内电阻和表皮电阻组成。

体内电阻是指电流流过人体时，人体内部器官呈现的电阻。它的数值主要决定于电流的通路。当电流流过人体内不同部位时，体内电阻呈现的数值也不同。电阻最大的通路是从一只手到另一只手，或从一只手到另一只脚或到双脚，这两种电阻基本相同；电流流过人体其他部位时，呈现的体内电阻都小于此两种电阻。一般认为人体的体内电阻为 520Ω 左右。

表皮电阻指电流流过人体时，两个不同触电部位皮肤上的电极和皮下导电细胞之间的电阻之和。表皮电阻随外界条件不同而在较大范围内变化。当电流、电压、电流频率及持续时间、接触压力、接触面积、温度增加时，表皮电阻会下降，当皮肤受伤甚至破裂时，表皮电阻会随之下降，甚至为零。可见，人体电阻是一个变化范围较大，且决定于许多因素的变量，只有在特定条件下才能测定。不同条件下的人体电阻见表 1-5。一般情况下，人体电阻可按 1000~2000Ω 考虑，在安全程度要求较高的场合，人体电阻可按不受外界因素影响的体内电阻（500Ω）来考虑。

表 1-5　不同条件下的人体电阻

加于人体的电压/V	人体电阻/Ω			
	皮肤干燥	皮肤潮湿	皮肤湿润	皮肤浸入水中
10	7000	3500	1200	600
25	5000	2500	1000	500
50	4000	2000	875	440
100	3000	1500	770	375
250	2000	1000	650	325

当人体电阻一定时，作用于人体电压越高，则流过人体的电流越大，其危险性也越大。实际上，通过人体电流的大小并不与作用于人体的电压成正比。由表 1-5 可知，随着作用于人体电压的升高，因皮肤破裂及体液电解使人体电阻下降，导致流过人体的电流迅速增加，对人体的伤害也就更加严重。

（二）人体的触电方式

按照人体触及带电体的方式和电流流过人体的途径，电击可分为单相触电、两相触电和跨步电压触电。

1. 单相触电

当人体直接碰触带电设备其中的一相时，电流通过人体流入大地，这种触电现象称之为单相触电。对于高压带电体，人体虽未直接接触，但由于超过了安全距离，高电压对人体放电，造成单相接地而引起的触电，也属于单相触电。单相触电分为电源中性点直接接地系统的单相触电和电源中性点不直接接地系统的单相触电两种类型，如图1-3、图1-4所示。

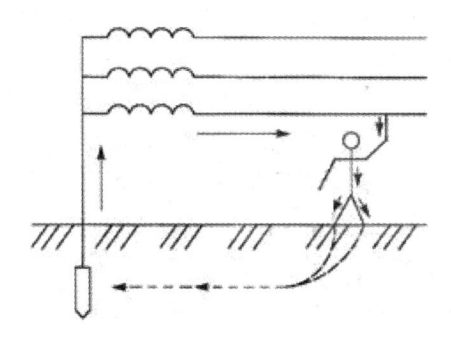

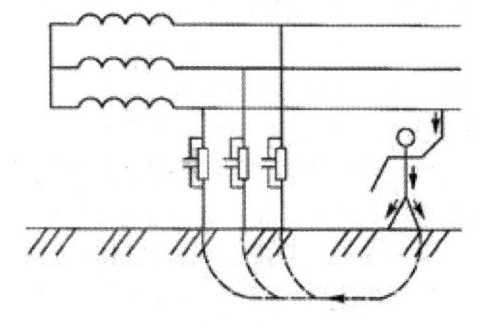

图1-3 电源中性点直接接地系统的单相触电　　图1-4 电源中性点不直接接地系统的单相触电

2. 两相触电

人体同时接触带电设备或线路中的两相导体，或在高压系统中，人体同时接近不同相的两相带电导体，而发生电弧放电，电流从一相导体通过人体流入另一相导体，构成一个闭合回路，这种触电方式称为两相触电。

发生两相触电时，作用于人体上的电压等于线电压，如图1-5所示，这种触电是最危险的。

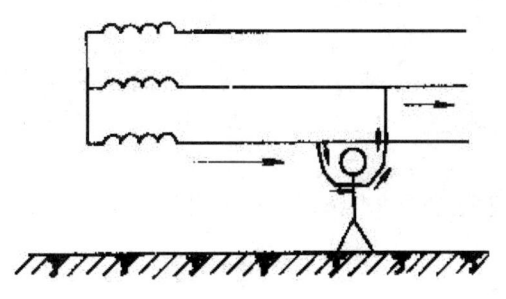

图1-5 两相触电

3. 跨步电压触电

当电气设备发生接地故障，接地电流通过接地体向大地流散，在地面上形成电位分布时，若人在接地短路点周围行走，其两脚之间的电位差，就是跨步电压。由跨步电压引起的人体触电，称为跨步电压触电，如图1-6所示。

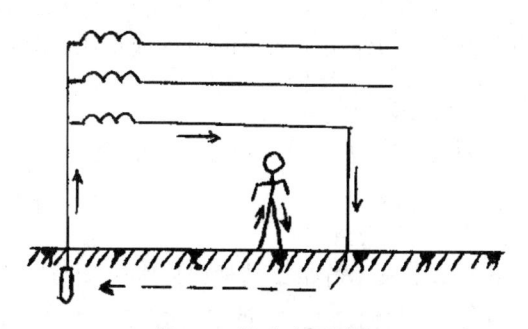

图1-6 跨步电压触电

项目一　安全用电知识

二、触电急救

人触电以后,有些伤害程度较轻,神志清醒,有些程度严重,会出现神经麻痹、呼吸中断、心脏停止跳动等症状。如果处理及时和正确,则因触电而假死的人有可能获救。触电急救应分秒必争,一经明确心跳、呼吸停止的,立即就地迅速用心肺复苏法进行抢救,并坚持不断地进行,同时及早与医疗急救中心(医疗部门)联系,争取医务人员接替救治。在医务人员未接替救治前,不应放弃现场抢救,更不能只根据没有呼吸或脉搏的表现,擅自判定伤员死亡,放弃抢救。只有医生有权做出伤员死亡的诊断。与医务人员交接时,应提醒医务人员在触电者转移到医院的过程中不得间断抢救。由于广大群众普遍缺乏必要的触电安全知识,一旦发现人身触电事故往往惊慌失措,所以国家规定电业从业人员都必须具备触电急救的知识和能力。

(一)脱离电源的方法

人触电以后,如果流过人体的电流大于摆脱电流,则人体不能自行摆脱电流。所以使触电者尽快脱离电源是救护触电者的首要步骤。

低压电源的脱离方法:

(1)切。一是指切断电源开关,二是指用带绝缘柄的工具切断导线。

(2)挑。用绝缘杆、棍、干燥的木棒,挑开搭落在触电者身上的导线。

(3)拉。救护者用一只手戴上手套(脚底下最好有绝缘物)将触电者拉脱电源。

(4)垫。当触电者发生严重痉挛,又不能立即切断电源时,可用干燥的木板塞进触电者身下,使其与地绝缘,然后再设法切断电源。

高压电源的脱离方法:

(1)停。以最快的速度停电,拉开断路器或拉开跌落保险器开关设备。

(2)踢。在不太高的场合下作业,地面上无石块和利器的条件下,两个人作业一人触电,此时最快的方法是施救者跳起来,将触电者踢离电源。

(3)短。在保证人身安全的情况下,抢救者可抛掷裸金属软导体,造成线路短路,迫使保护动作、开关跳闸而断电。

(二)心肺复苏法

心搏骤停一旦发生,如得不到即刻及时地抢救复苏,4~6min后会造成触电者脑部和其他人体重要器官组织的不可逆的损害,因此心搏骤停后的心肺复苏(cardiopulmonary resuscitation,CPR)必须在现场立即进行。学习掌握心肺复苏术,可以在等待救护车来的这段时间内很好地开展急救行动,为挽救生命争分夺秒。

(1)人工呼吸法

一个人呼吸停止后2~4分钟内便会死亡,在这种情况下,如果对触电者实行口对口的人工呼吸,将有起死回生的可能。人工呼吸方法很多,有口对口吹气法、俯卧压背法、仰卧压胸法,但以口对口吹气式人工呼吸最为方便和有效。

口对口人工呼吸法操作简便、容易掌握,而且气体的交换量大,接近或等于正常人呼吸的气体量,对大人、小孩效果都很好。

口对口人工呼吸法的具体操作方法如下:

第一步,迅速松开触电者的上衣、裤带或其他妨碍呼吸的装饰物,使其胸部能自由扩张。

第二步,触电者取仰卧位,即胸腹朝天,吸出口腔内分泌物,颈后部(不是头后部)垫一软枕,压头抬颏,使其头尽量后仰,如图1-7所示。

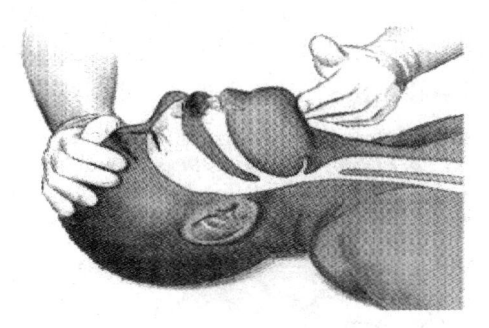

图 1-7　压头抬颏，解除阻塞

第三步，施救者站在其头部的一侧，自己深吸一口气，对着触电者的口（两嘴要对紧不要漏气）将气吹入，如图 1-8 所示，造成吸气。为使空气不从鼻孔漏出，此时可用一手将其鼻孔捏住，如图 1-9 所示，在触电者胸壁扩张后，即停止吹气，让触电者胸壁自行回缩，呼出空气，如图 1-10 所示。这样反复进行，每分钟进行 14～16 次。如果触电者口腔有严重外伤或牙关紧闭时，可对其鼻孔吹气（必须堵住口），即为口对鼻吹气。

图 1-8　紧贴吹气 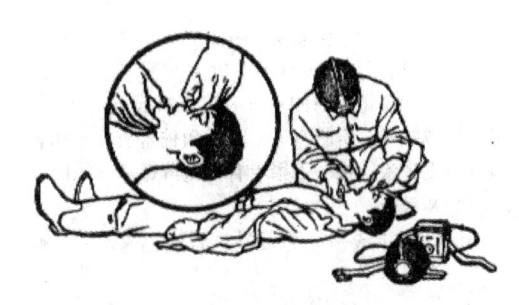　　　　　　　图 1-9　捏鼻掰嘴

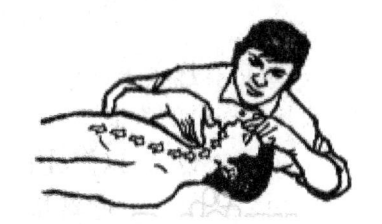

图 1-10　放松呼气

施救者吹气力量的大小，依触电者的具体情况而定。成人每次吹气量应大于 800 毫升，但不要超过 1200 毫升。低于 800 毫升，通气可能不足；高于 2000 毫升，会使咽部压力超过食管内压，使胃胀气而导致呕吐，引起误吸。一般以吹进气后，触电者的胸廓稍微隆起为最合适。口对口之间，如果有纱布，则放一块叠二层厚的纱布，或一块一层的薄手帕，但注意不要因此影响空气出入。每次吹气后抢救者都要迅速掉头朝向触电者胸部，以求吸入新鲜空气。对小孩 3 秒一次，一分钟 20 次。要规律地、正确地反复进行。4～5 次人工呼吸后，应摸摸颈动脉、腋动脉或腹股沟动脉。如果没有脉搏，必须同时进行心脏按摩。

（2）胸外心脏按压法

胸外心脏按压是心脏停跳时采用人工方法使心脏恢复跳动的急救方法。心跳停止应立即进行胸外心脏按压，具体方法如下：

项目一　安全用电知识

第一步，触电者神志突然消失，同时触电者胸廓无呼吸起伏动作，口鼻亦无气息吐出，如果颈动脉搏动消失，如图 1-11 所示，就判断其呼吸、心跳停止；迅速将触电者置于仰卧位，平放于地面或硬板上，解开衣领，头后仰使气道开放。抢救者跪（或站）在触电者左侧，先向触电者口对口吹几口气，以保持呼吸道通畅并得到氧气。

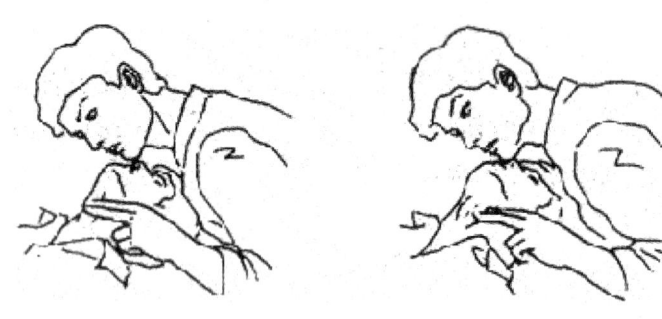

图 1-11　触摸颈动脉搏动

第二步，用手握拳猛击触电者心前区 1～2 下，拳击可产生微量电流，使心脏恢复跳动。

第三步，左手掌根部紧贴按压区，右手掌根重叠放在左手背上，使全部手指脱离胸壁。按压部位为胸骨中段 1/3 与下段 1/3 交界处，如图 1-12 所示。

第四步，抢救者双臂应伸直，双肩在触电者胸部正上方，垂直向下用力按压，如图 1-13 所示。按压要平稳，有规则，不能间断，不能冲击猛压，下压与放松的时间大致相等。按压次数为成人每分钟 80～100 次，儿童每分钟 100 次，婴儿每分钟 120 次。按压深度为成人胸骨下陷 3～4 厘米，儿童 3 厘米，婴儿 2 厘米。对儿童心脏按压只需用一只手掌紧贴按压区；婴儿只用中指与食指在按压区加压就行了，位置要高一点，靠近乳头连线中点上方一指处。

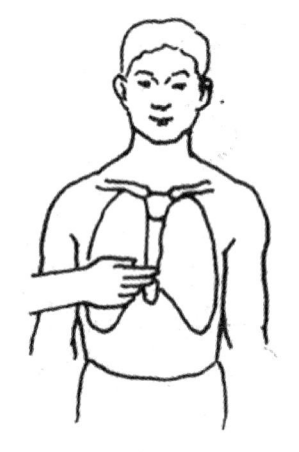

图 1-12　确定按压部位　　　　图 1-13　胸外心脏按压姿势

在进行胸外按压的同时，要进行口对口人工呼吸。只有一人抢救时，如图 1-14 所示，可先口对口吹气 2 次，然后立即进行心脏按压 15 次，再吹气 2 次，又再按压 15 次；如果有两人抢救，如图 1-15 所示，则一人先吹气 1 次，另一人按压心脏 5 次，接着吹气 1 次，再按压 5 次，如此反复进行，直至有医务人员赶到现场。心脏按压用的力不能过猛，以防肋骨骨折或其他内脏损伤。若发现病人脸色转红润，呼吸心跳恢复，能摸到脉搏跳动，瞳孔回缩正常，抢救就算成功了。因此，抢救中应密切注意观察呼吸、脉搏和瞳孔等。

图 1-14　单人心肺复苏　　　　　　　　　图 1-15　双人心肺复苏

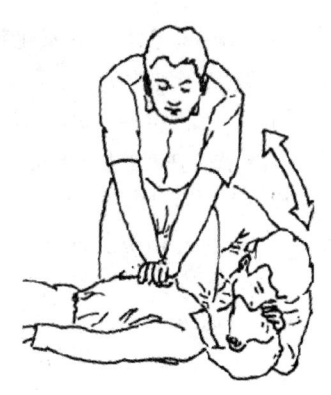

2005 年 11 月美国心脏学会（AHA）和国际心肺复苏联合会正式公布了 2005 年国际心肺复苏（CPR）&心血管急救（ECC）指南标准（以下简称 2005 年国际心肺复苏指南），如表 1-6 所示。

表 1-6　2005 年国际心肺复苏（CPR）指南的最新标准比例表

	成年人	1～8 岁儿童	婴儿
开放气道	压头抬颏法	压头抬颏法	压头抬颏法
人工呼吸	2 次有效呼吸（每次持续 1 秒钟以上）	2 次有效呼吸（每次持续 1 秒钟以上）	2 次有效呼吸（每次持续 1 秒钟以上）
呼吸频率	10～12 次/分钟（约 5～6 秒钟吹气一次）	10～20 次/分钟（约 3～5 秒钟吹气一次）	10～20 次/分钟（约 3～5 秒钟吹气一次）
检查循环	颈动脉	股动脉	肱动脉
按压位置	胸部胸骨下切迹（胸口剑突处）上两指胸骨正中部位或胸部正中乳头连线水平		乳头连线下一横指
按压方式	两只手掌根重叠	两只手掌根重叠/一只手掌根	两指（以环绕胸部双手的拇指，二人法）
按压深度	4～5cm	2～3cm	1～2cm
按压频率	100 次/分	100 次/分	100 次/分
按压通气比	30:2（单人或双人）	30:2/单人或 15:2/双人	30:2/单人或 15:2/双人
潮气量比	500ml～600ml	每公斤/8ml（约 150ml～200ml）	30ml～50ml
CPR 周期	2 次有效吹气，再按压与通气五个循环周期 CPR		
AED	有 AED 设备条件下，请先使用 AED 除颤一次，然后进行 5 个周期 CPR		不推荐使用

三、触电事故的预防措施

预防触电事故，保证电气工作的安全措施可分为组织措施和技术措施两个方面。在电气设备上工作，保证安全的组织措施为认真执行下列四项制度：工作票制度；工作许可制度；工作监护制度；工作间断、转移和终结制度。保证安全的技术措施主要有：停电、验电、挂接地线、挂告示牌及设遮拦。为了防止偶然触及或过分接近带电体造成的直接电击，可采取绝缘、屏护、间距等安全措施。为了防止触及正常不带电而意外带电的导电体造成的直接电击，可采

项目一　安全用电知识

取接地、接零和应用漏电保护等安全措施。

(一)电工安全作业知识

电是现代化生产和生活中不可缺少的重要能源,日常生活用电过程中,务必充分注意人身安全和电气安全。当电失去控制时,就会引发各类电气事故,其中对人体的伤害即触电事故是各类电气事故中最常见的事故。

从事电气工作的人员为特种作业人员,必须经过专门的安全技术培训和考核,经考试合格取得安全生产综合管理部门核发的《特种作业操作证》后,才能独立作业。

电工作业人员要遵守电工作业安全操作规程,坚持维护检修制度,特别是高压检修工作的安全,必须坚持工作票、工作监护等工作制度。

(1)电工安全操作基本要求

① 电工在进行安装和维修电气设备时,应严格遵守各项安全操作规程,如"电气设备维修安全操作规程""手提移动电动工具安全操作规程"等。

② 做好操作前的准备工作,如检查工具的绝缘情况,并穿戴好劳动防护用品(如绝缘鞋、绝缘手套)等。

③ 严格禁止带电操作,应遵守停电操作的规定,操作前要断开电源,然后检查电器、线路是否已停电,未经检查的都应视为有电。

④ 切断电源后,应及时挂上"禁止合闸,有人工作"的警告牌,必要时应加锁,带走电源开关内的熔断器,然后才能工作。

⑤ 工作结束后应遵守停电、送电制度,禁止约时送电,同时应取下警告牌,装上电源开关的熔断器。

⑥ 低压线路带电操作时,应设专人监护,使用有绝缘柄的工具,必须穿长袖衣服和长裤,扣紧袖口,穿绝缘鞋,戴绝缘手套,工作时站在绝缘垫上。

⑦ 发现有人触电,应立即采取抢救措施,绝不允许临危逃离现场。

(2)电气设备安全运行的基本要求

① 对各种电气设备应根据环境的特点建立相适应的电气设备运行管理规程和电气设备安装规程,以保证设备处于良好的安全工作状态。

② 为了保持电气设备正常运行,必须制定维护检修规程。定期对各种电气设备进行维护检修,消除隐患,防止设备和人身事故的发生。

③ 应建立各种安全操作规程。如变配电室值班安全操作规程,电气装置安装规程,电气装置检修、安全操作规程,手持式电动工具的管理、使用、检查和维修安全技术规程等。

④ 对电气设备制定的安全检查制度应认真执行。例如,定期检查电气设备的绝缘情况,保护接零和保护接地是否牢靠,灭火器材是否齐全,电气连接部位是否完好等等。发现问题应及时维护检修。

⑤ 应遵守负荷开关和隔离开关操作顺序:断开电源时应先断开负荷开关,再断开隔离开关;而接通电源时顺序相反,即先合上隔离开关,再合上负荷开关。

⑥ 为了尽快排除故障和各种不正常运行情况,电气设备一般都应装有过载保护、短路保护、欠电压和失压保护以及断相保护和防止误操作保护等措施。

⑦ 凡有可能遭雷击的电气设备,都应装有防雷装置。

⑧ 对于使用中的电气设备，应定期测定其绝缘电阻；接地装置定期测定接地电阻；对安全工具、避雷器、变压器油等也应定期检查、测定或进行耐压试验。

（3）安全使用电气设备基本知识

① 为了保证高压检修工作的安全，必须坚持必要的安全工作制度，如工作票制度、工作监护制度等。

② 使用手提移动电器、机床和钳台上的局部照明灯及行灯等，都应使用 36V 及以下的低电压；在金属容器（如锅炉）、管道内使用手提移动电器及行灯时，电压不允许超过 12V，并要加接临时开关，还应有专人在容器外监护。

③ 有多人同时进行停电作业时，必须由电工组长负责及指挥。工作结束应由组长发令合闸通电。

④ 对断落在地面的带电导线，为了防止触电及"跨步电压"，应撤离电线落地点 15～20m，并设专人看守，直到事故处理完毕。若人已在跨步电压区域，则应立即用单脚或双脚并拢迅速跳到 15～20m 以外地区。但千万不能大步奔跑，以防跨步电压触电。

⑤ 电灯分路每一分路装接的电灯数和插座数一般不超过 25 只，最大电流不应超过 15A。而电热分路每一分路安装插座数一般不超过 6 只，最大电流应不超过 30A。

⑥ 在一个插座上不可能接过多用电器具，大功率用电器应单独装接相应电流的插座。

⑦ 装接熔断器应完好无损，接触应紧密可靠。熔断器和熔体大小应根据工作电流的大小来选择，不能随意安装。各级熔体相互配合，下一级应比上一级小，以免越级断电。

⑧ 敷设导线时应将导线穿在金属或塑料套管中间，然后埋在墙内或地下；严禁将导线直接埋设在墙内或地下。

（二）绝缘、屏护和间距

绝缘、屏护和间距是最为常用的电气安全措施。从防止电击的角度而言，屏护和间距属于防止直接接触的安全措施。此外屏护和间距还是防止短路、故障接地等电气事故的安全措施之一。

（1）绝缘。就是用绝缘材料把带电体封闭起来。瓷、玻璃、云母、橡胶、木材、胶木、塑料、布、纸和矿物油等都是常用的绝缘材料。应当注意，很多绝缘材料受潮后会丧失绝缘性能，或在强电场作用下会遭到破坏，丧失绝缘性能。良好的绝缘能保证设备正常运行，还能保证人体不致接触带电部分。设备或线路的绝缘必须与所采用的电压等级相符合，还必须与周围的环境和运行条件相适应。绝缘的好坏，主要由绝缘材料所具有的电阻大小来反映。绝缘材料的绝缘电阻是指加于绝缘材料的直流电压与流经绝缘材料的电流（泄露电流）之比。足够的绝缘电阻能把泄露电流限制在很小的范围内，能防止漏电造成的触电事故。不同线路或设备对绝缘电阻有不同的要求。比如新装和大修后的低压电力线路和照明线路，要求绝缘电阻值不低于 $0.5M\Omega$，运行中的线路可降低到每伏 1000Ω（即每千伏不小于 $1M\Omega$）。绝缘电阻通常用摇表（兆欧表）测定。

（2）屏护。屏护是指采用遮拦、护罩、护盖、箱匣等把带电体同外界隔绝开来，以防止人身触电的措施，例如开关电器的可动部分一般不能包以绝缘材料，所以需要屏护。对于高压设备，不论是否有绝缘，均应采取屏护或其他防止接近的措施。除防止触电的作用之外，有的屏护装置还起到了防止电弧伤人、防止弧光短路或便利检修工作的作用。

（3）间距。间距是指保证人体与带电体之间安全的距离。为了避免车辆或其他器具碰撞或过分接近带电体造成事故，以及为了防止火灾、防止过电压放电和各种短路事故，在带电体与地面之间，带电体与其他设施和设备之间，带电体与带电体之间均需保证留有一定的安全距离。例如10kV架空线路经过居民区时与地面（或水面）的最小距离为6.5m；常用开关设备安装高度为1.3~1.5m；明装插座离地面高度应为1.3~1.5m；暗装插座离地距离可取0.2~0.3m；在低压操作中，人体或其携带工具与带电体之间的最小距离不应小于0.1m。

（三）接地和接零

在电力系统中，由于电气装置绝缘老化、磨损或被过电压击穿等原因，都会使原来不带电的部分（如金属底座、金属外壳、金属框架等）带电，或者使原来带低压电的部分带上高压电，这些意外的不正常带电将会引起电气设备损坏和人身触电伤亡事故。为了避免这类事故的发生，通常采取保护接地和保护接零的防护措施。

接地就是把电源或用电设备的某一部分，通常是其金属外壳，用接地装置同大地作电的紧密连接。接地装置由埋入地下的金属接地体和接地线组成。接地分为正常接地和故障接地。正常接地有工作接地和安全接地之分。安全接地主要包括防止触电的保护接地、防雷接地、防静电接地及屏蔽接地等。

1. 工作接地

在TN-C系统和TN-C-S系统中，为使电路或设备达到运行要求的接地，如变压器中性点接地。该接地称为工作接地或配电系统接地，如图1-16所示。

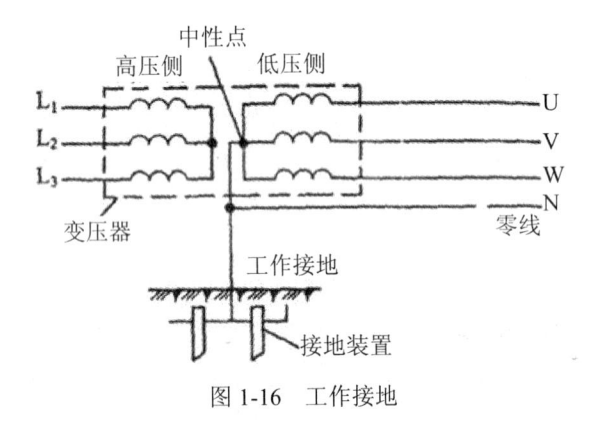

图1-16 工作接地

工作接地的作用是保持系统电位的稳定性，即减轻低压系统由高压窜入低压系统所产生过电压的危险性。如没有工作接地则当10kV的高压窜入低压时，低压系统的对地电压上升为5800V左右。

当配电网一相故障接地时，工作接地也有抑制电压升高的作用。如没有工作接地，发生一相接地故障时，中性点对地电压可上升到接近相电压，另两相对地电压可上升到接近线电压。如有工作接地，由于接地故障电流经工作接地成回路，对地电压的"漂移"受到抑制。在线电压0.4kV的配电网中，中性点对地电压一般不超过50V，另外两相对地电压一般不超过250V。

2. 保护接地

在中性点不接地的三相电源系统中，当接到这个系统上的某电气设备因绝缘损坏而使外壳带电时，如果人站在地上用手触及外壳，由于输电线与地之间有分布电容存在，将有电流通过人体及分布电容回到电源，使人触电，如图 1-17 所示。在一般情况下这个电流是不大的。但是，如果电网分布很广，或者电网绝缘强度显著下降，这个电流可能达到危险程度，这就必须采取安全措施。

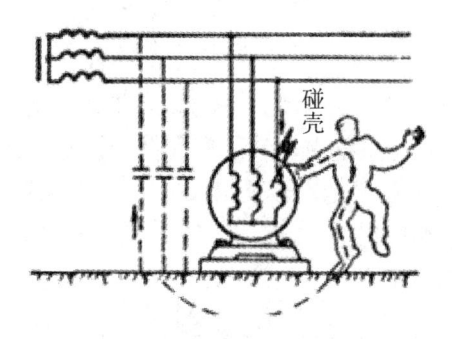

图 1-17 无保护接地的电动机一相碰壳情况

保护接地就是把电气设备的金属外壳用足够粗的金属导线与大地可靠地连接起来。电气设备采用保护接地措施后，设备外壳已通过导线与大地有良好的接触，则当人体触及带电的外壳时，人体相当于接地电阻的一条并联支路，如图 1-18 所示。由于人体电阻远远大于接地电阻，所以通过人体的电流很小，避免了触电事故。

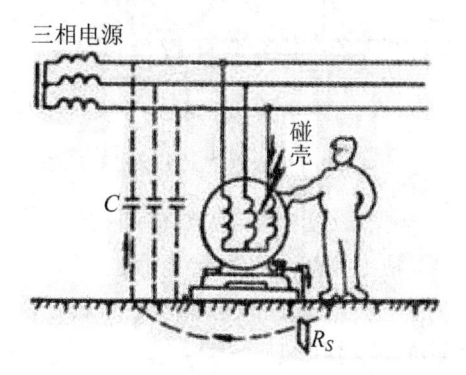

图 1-18 装有保护接地的电动机一相碰壳情况

保护接地应用于中性点不接地的配电系统中。

3. 保护接零

（1）保护接零的概念

为了防止电气设备因绝缘损坏而使人身遭受触电危险，将电气设备的金属外壳与供电变压器的中性点相连接者称为保护接零。保护接零（又称接零保护）也就是在中性点接地的系统中，将电气设备在正常情况下不带电的金属部分与零线作良好的金属连接。图 1-19 是采用保护接零情况下故障电流的示意图。当某一相绝缘损坏使相线碰壳，外壳带电时，由于外壳采用了保护接零措施，因此该相线和零线构成回路，单相短路电流很大，足以使线路上的保护装置（如熔断器）迅速熔断，从而将漏电设备与电源断开，避免人身触电的可能性。

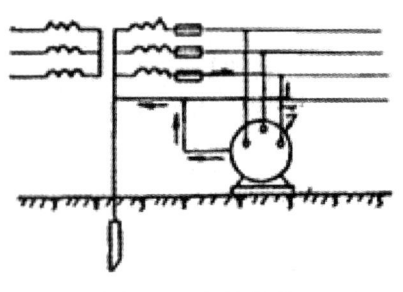

图 1-19 保护接零

保护接零用于 380/220V、三相四线制、电源的中性点直接接地的配电系统。

在电源的中性点接地的配电系统中，只能采用保护接零，如果采用保护接地则不能有效地防止人身触电事故。如图 1-20 所示，若采用保护接地，电源中性点接地电阻与电气设备的接地电阻均按 4Ω 考虑，而电源电压为 220V，那么当电气设备的绝缘损坏使电气设备外壳带电时，则两接地电阻间的电流将为：

$$I_R = \frac{220}{R_o + R_d} = \frac{220}{4+4} = 27.5A$$

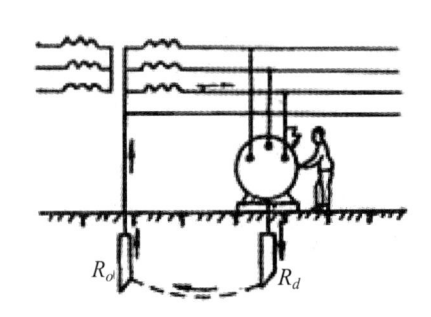

图 1-20 中性点接地系统采用保护接地的后果

熔断器熔体的额定电流是根据被保护设备的要求选定的，如果设备的额定电流较大，为了保证设备在正常情况下工作，所选用熔体的额定电流也会较大，在 27.5A 接地短路电流的作用下，将不会熔断，外壳带电的电气设备不能立即脱离电源，所以在设备的外壳上长期存在对地电压 U_d，其值为：$U_d = 27.5 \times 4 = 110V$。

显然，这是很危险的。如果保护接地电阻大于电源中性点接地电阻，设备外壳的对地电压还要高，这时危险更大。

（2）系统采用保护接零时需要注意的问题

在保护接零系统中，零线起着十分重要的作用。

一旦出现零线断线，接在断线处后面一段线路上的电气设备，相当于没作保护接零或保护接地。如果在零线断线处后面有的电气设备外壳漏电，则不能构成短路回路，使熔断器熔断，不但这台设备外壳长期带电，而且使接在断线处后面的所有作保护接零设备的外壳都存在接近于电源相电压的对地电压，触电的危险性将被扩大，如图 1-21（a）所示。

对于单相用电设备，即使外壳没漏电，在零线断开的情况下，相电压也会通过负载和断线处后面的一段零线，出现在用电设备的外壳上，如图 1-21（b）所示。

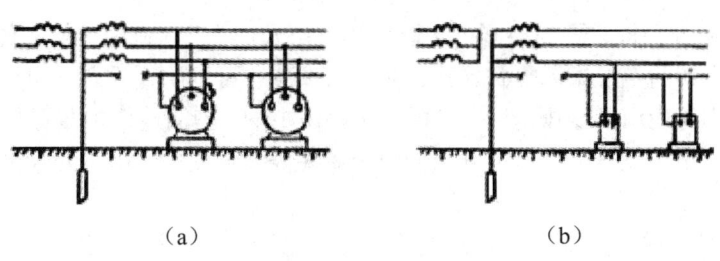

图 1-21　采用保护接零时零线断开的后果

零线的连接应牢固可靠、接触良好。零线的连接线与设备的连接应用螺栓压接。所有电气设备的接零线，均应以并联方式接在零线上，不允许串联。在零线上禁止安装保险丝或单独的断流开关。在有腐蚀性物质的环境中，为了防止零线的腐蚀，应在其表面涂以必要的防腐涂料。

（3）电源电性点不接地的三相四线制配电系统中，不允许用保护接零，只能用保护接地。

在电源中性点接地的配电系统中，当一根相线和大地接触时，通过接地的相线与电源中性点接地装置的短路电流，可以使熔断器熔断，立即切断发生故障的线路。但在中性点不接地的配电系统中，任何一相发生接地，系统虽仍可照常运行，但这时大地与接地的相线针等电位，则接在零线上的用电设备外壳对地的电压将等于接地的相线从接地点到电源中性点的电压值，是十分危险的，如图 1-22 所示。

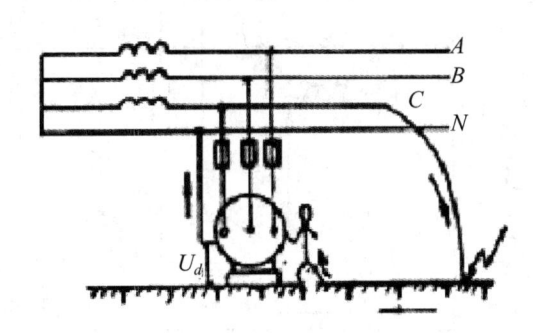

图 1-22　中性点不接地系统采用保护接零的后果

（4）保护接零和保护接地的适用范围

对于以下电气设备的金属部分均应采取保护接零或保护接地措施。

① 电机、变压器、电器、照明器具、携带式及移动式用电器具等的底座和外壳；
② 电气设备的传动装置；
③ 电压和电流互感器的二次绕阻；
④ 配电屏与控制屏的框架；
⑤ 室内、外配电装置的金属架、钢筋混凝土的主筋和金属围栏；
⑥ 穿线的钢管、金属接线盒和电缆头、盒的外壳；
⑦ 装有避雷线的电力线路的杆塔和装在配电线路电杆上的开关设备及电容器的外壳。

（四）安装漏电保护装置

为了保证在故障情况下人身和设备的安全，应尽量装设漏电流动作保护器。它可以在设备及线路漏电时通过保护装置的检测机构取得异常信号，经中间机构转换和传递，然后促使执行机构动作，自动切断电源来起保护作用。漏电保护装置可以防止设备漏电引起的触电、火灾和爆炸事故。它广泛应用于低压电网，也可用于高压电网。当漏电保护装置与自动开关组装在一起时，就成为漏电自动开关。这种开关同时具备短路、过载、欠压、失压和漏电等多种保护功能。

当设备漏电时，通常出现两种异常现象：三相电流的平衡遭到破坏，出现零序电流；某些正常状态下不带电的金属部分出现对地电压。漏电保护装置就是通过检测机构取得这两种异常信号，通过一些机构断开电源。漏电保护装置的种类很多，按照反映信号的种类，可分为电流型漏电保护装置和电压型漏电保护装置。电压型漏电保护装置的主要参数是动作时间和动作电压；电流型漏电保护装置的主要参数是动作电流和动作时间。以防止人身触电为目的的漏电保护装置，应该选用高灵敏度快速型的（动作电流为30mA）。

电流型漏电保护装置又可分为单相双极式、三相三极式和三相四极式三类。三相三极式漏电保护开关应用于三相动力电路，而在动力、照明混用的三相电路中则应选用四极漏电保护开关。对于居民住宅及其他单相电路，应用最广泛的就是单相双极电流漏电保护开关，其动作原理如图 1-23 所示。

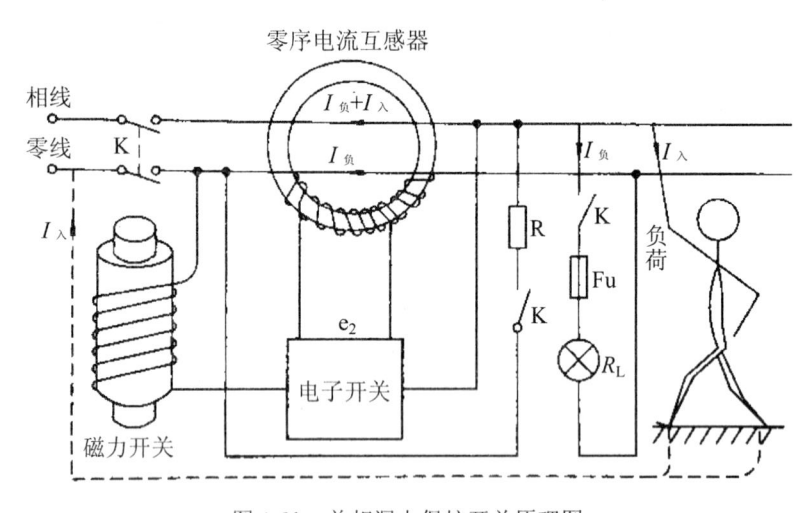

图 1-23　单相漏电保护开关原理图

线路和设备正常运行时，流过相线和零线的电流相等，穿过互感器铁芯的电流在任何时刻全等于穿过铁芯返回的电流，铁芯内无交变磁通，电子开关没有输入漏电信号而不导通，磁力开关线圈无电流，不跳闸，电路正常工作。当有人在相线触电或相线漏电（包括漏电触电）时，线路就对地产生漏电电流，流过相线的电流大于零线电流，互感器铁芯中有交变磁通，次级线圈就产生漏电信号输至电子开关输入端，促使电子开关导通，于是磁力开关得电，产生吸力拉闸，完成人身触电或漏电的保护。

在三相五线制配电系统中，零线一分为二：工作零线（N）和保护零线（PE）。工作零线与相线一同穿过漏电保护开关的互感器铁芯，只通过单相回路电流和三相不平衡电流。工作零线末端和中端均不可重复接地。保护零线只作为短路电流和漏电电流的主要回路，与所有设备的接零保护线相接。它不能经过漏电保护开关，末端必须进行重复接地。图 1-24 为漏电保护与接零保护共用时的正确接法。漏电保护器必须正确安装接线。错误的安装接线可能导致漏电保护器的误动作或拒动作。

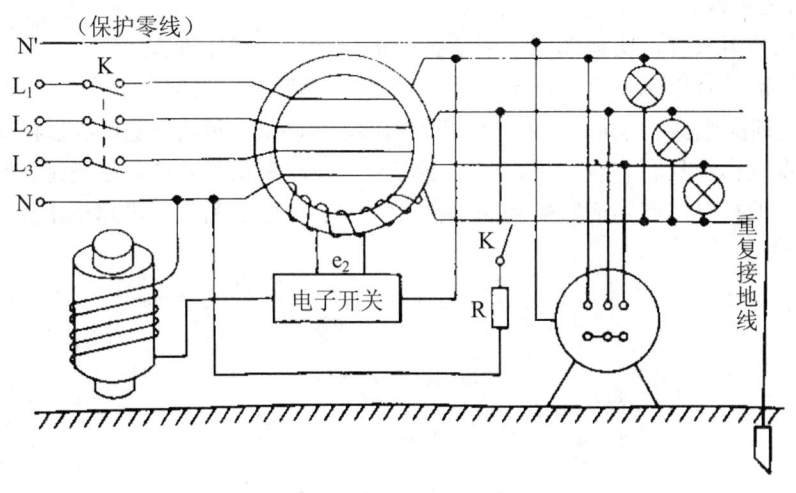

图 1-24 漏电保护与保护接零共用时的正确接法

任务三 电力系统的认识

能力目标

1. 能认识低压供配电设备；
2. 能说出电力网和变、配电所的工作运行情况。

知识目标

1. 了解电力系统和电力网的基本知识及概念；
2. 熟悉和认识变、配电所的作用和结构组成；
3. 熟悉和认识低压线路接线方式。

技能训练 电力系统的认识

一、实训前的准备工作

1. 知识准备
（1）了解电力系统的结构及基本知识；
（2）了解高低压配电设备的作用。
2. 材料准备
（1）成套高低压供电系统模拟屏；
（2）成套高、低压配电柜；
（3）各种低压配电箱；
（4）电力变压器。

二、实训过程

请同学们按照实训任务单卡要求完成实训内容，完成后将任务单卡沿着虚线撕下上交。

三、实训注意事项

（1）实训分组进行，实训期间，请学生严格执行安全操作规程。

（2）实训前进行以"安全、规范、严格、有序"教育为主的实训动员。

（3）在实训操作前，请认真学习实训任务内容，明确实训目的、实训步骤和安全注意事项。

（4）参观过程中只容许看、听、问，不许乱窜走动和指手画脚，以免造成触电事故。

（5）实训汇报时，同学们应做到熟悉内容、PPT中穿插图表、语速适中、紧扣主题。

学 习 任 务 单 卡

班级：　　　　　组别：　　　　　学号：　　　　　姓名：　　　　　实训日期：

课程信息	课程名称	教学单元	本次课训练任务	学时	实训地点
	电工普训	安全用电知识	任务　电力系统的认识	4节	
任务描述	通过参观、讲解，了解电力系统和电力网的基本知识，认识低压设备及线路接线方式。					
学做过程记录	任务1　参观变电所					
	实训内容及步骤 1．将班级学生分为几个学习小组（3～4人/组），选定组长。 组长： 组员： 2．老师讲解本次参观的目的、要求，及参观过程中的安全、文明等注意事项。 　　强调：参观过程中只容许看、听、问，绝不允许乱窜走动，以免造成触电事故。 3．参观一个联系好且投入运行的变电所现场，听取技术人员的介绍和讲解。 4．了解电力系统的功能，绘制系统结构图。 【教师现场评价：完成□，未完成□】					

项目一　安全用电知识　33

学做过程记录	**任务 2　用 PPT 完成系统的描述** 1. 每个同学根据自己的观察及讨论结果，对系统进行描述。 　　关键词： 2. 以小组为单位制作 PPT，进行汇报和答辩。 【教师现场评价：完成□，未完成□】 1. 我国电力系统的额定频率是_____。 2. 火线与火线间的电压称为_____，火线与零线间的电压称为_____。 3. 在工程中，通常 U、V、W 三根相线分别用三种颜色的电线来区分，而中性线用_____颜色的电线。 4. 高压断路器的作用是_____。 5. 高压隔离开关的作用是_____。 6. 高压负荷的作用是_____。 7. 高压熔断器的作用是_____。
教师评价	A□　　B□　　C□　　D□　　教师签名：
学生建议	

知识链接　低压供配电系统

一、电力系统

（一）电力系统

电力系统是由发电、变电、输电、配电和用电等环节组成的电能生产与消费系统。它的功能是将自然界的一次能源通过发电动力装置（主要包括锅炉、汽轮机、发电机及电厂辅助生产系统等）转化成电能，再经输、变电系统及配电系统将电能供应到各负荷中心，通过各种设备再转换成动力、热、光等不同形式的能量，为地区经济和人民生活服务。由于电源点与负荷中心多数处于不同地区，也无法大量储存，故其生产、输送、分配和消费都在同一时间内完成，并在同一地域内有机地组成一个整体，电能生产必须时刻保持与消费平衡。图 1-25 所示是电力整体结构示意图，图 1-26 所示是从发电厂到电力用户的输、配电过程示意图。因此，电能的集中开发与分散使用，以及电能的连续供应与负荷的随机变化，就制约了电力系统的结构和运行。据此，电力系统要实现其功能，就需在各个环节和不同层次设置相应的信息与控制系统，以便对电能的生产和输运过程进行测量、调节、控制、保护、通信和调度，确保用户获得安全、经济、优质的电能。

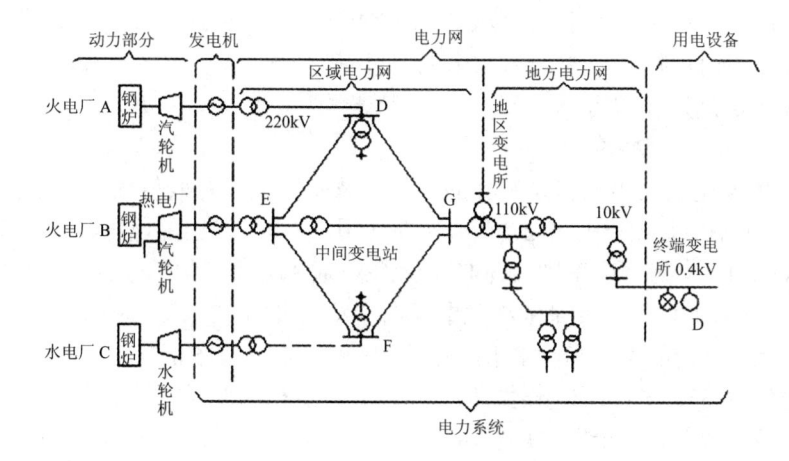

图 1-25　电力整体结构示意图

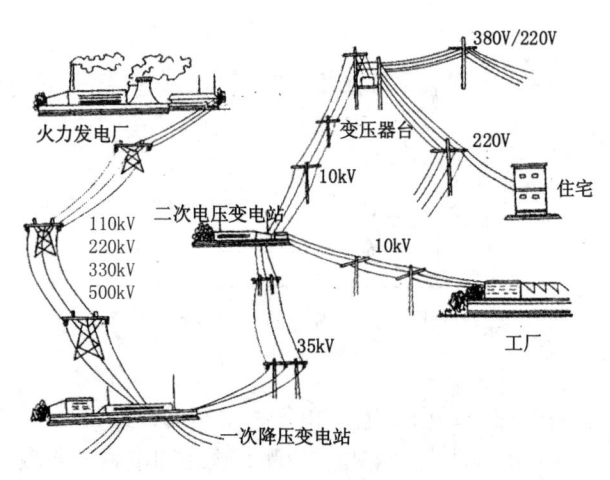

图 1-26　从发电厂到电力用户的输、配电过程示意图

电力系统的出现，使用高效、无污染、使用方便、易于控制的电能得到广泛应用，推动了社会生产各个领域的变化，开创了电力时代，发生了第二次技术革命。电力系统的规模和技术高低已成为一个国家经济发展水平的标志之一。

（二）发电厂

（1）发电厂类型

自然界中存在的电能只有雷电。人类使用的所有电能都不能从一次能源中直接获得，而必须由其他形式的能源（如水能、热能、风能、光能等）转化而来。发电厂是实现这种能源转化的场所。它是电力系统的中心环节。发电厂按照所利用的能源种类可分为水力、火力、风力、核能、太阳能发电厂等。现阶段我国的发电厂主要是火力发电厂和水力发电厂，同时核电厂也在大力发展中。近年来，国家也开始建立一批利用绿色能源和再生能源进行发电的发电厂，如风力发电厂、潮汐发电厂、太阳能发电厂、地热发电厂和垃圾发电厂等，以逐步缓解未来能源短缺和绿色环保问题，并做到因地制宜、合理利用。

根据电厂容量大小及其供电范围，发电厂可分为区域性发电厂、地方性发电厂和自备电厂等。区域性发电厂大多建在水力或煤矿资源丰富的地区附近，其容量大，距离用电中心远，往往是几百公里以至一千公里以上，需要超高压输电线路进行远距离输电。地方性发电厂一般为中小型电厂，建在用户附近。自备电厂建在大型厂矿企业，作为自备电源，对重要的大型厂矿企业和电力系统起到后备作用。

（2）发电厂的电压、频率

一般发电厂的发电机发出的电是对称的三相正弦交流电（有效值相等，相位差分别相差120°，三相电压为 e_u、e_v、e_w，如图 1-27 所示）。在我国，发电厂发出的电压等级主要有 10.5kV、13.8kV、15.75kV、18kV 等，频率则为 50Hz，此频率通称为"工频"。工频的频率偏差一般不得超过±0.5Hz。频率的调整主要是依靠发电厂调节发电机的转速来实现的。电力系统中的所有电气设备，都是在一定的电压和频率下工作的。能够使电气设备正常工作的电压就是它的额定电压。各种电气设备在额定电压下运行时，其技术性能和经济性能最佳。频率和电压是衡量电能质量的两个基本参数。由于发电厂发出的电压不能满足各种用户的需要，同时电能在输送过程中会产生不同的损失，所以需要在发电厂和用户之间建立电力网，将电能安全、可靠、经济地输送、分配给用户。

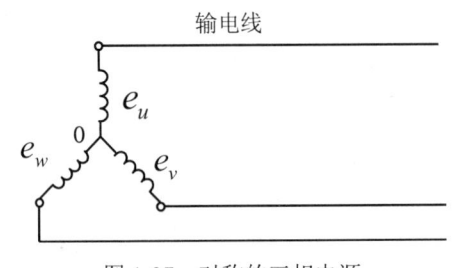

图 1-27 对称的三相电源

（三）电力网

电力网是电力系统的一部分，由变电所和各种电压的线路组成。以变换电压（变电）输送和分配电能为主要功能，是协调电力生产、分配、输送和消费的重要基础设施。是由联接各发电厂、变电站及电力用户的输、变、配电线路组成的系统。在我国习惯将电力系统称作电网，例如华中电力系统称为华中电网。

（1）电力网的分类

为了研究和计算方便，通常将电力网分为地方电网和区域电网。电压在110kV及以上、供电范围较广、输送功率较大的电力网，称为区域电力网。电压在110kV以下、供电距离较短、输电功率较小的电力网，称为地方电力网。电压在6～10kV的配电网，称为中压配电网。城市电网中35kV的配电网亦称为中压配电网。电压为380/220V的配电网，为低压配电网。但这种划分方式，其间并没有严格的界限。

根据电力网的结构方式，又分为开式电力网和闭式电力网。凡用户只能从单方向得到电能的电力网，称为开式电力网；凡用户至少可以从两个或更多方向同时得到电能的电力网，称为闭式电力网。

根据电压等级的高低，电力网还可分为低压、高压、超高压几种。通常把1kV以下的电力网称低压电网，1～220kV的电力网称高压电网，330kV及以上称超高压电网。

（2）电力线路

电力线路是电力系统的重要组成部分，它担负着输送和分配电能的任务。主要分为输电线路和配电线路。

由电源向电力负荷中心输送电能的线路，称为输电线路或送电线路。输电线路一般电压等级较高，磁场强度大，击穿空气（电弧）距离长。35kV以及110kV、220kV、330kV（少数地区）、660kV（少数地区）、DC/AC500kV、DC800kV以及新建的上海100kV都是属于输电线路。它是由电厂发出的电经过升压站升压之后，输送到各个变电站，再将各个变电站统一串并联起来形成的一个输电线路网，连接这个"网"上各个节点之间的"线"就是输电线路。

从输电网或地区发电厂接受电能，通过配电设施就地或者逐级直接与用户相连并向用户分配电能的电力网络称为配电系统。根据供电地域特点的不同，可分为城市配电网和农村配电网；根据配电线路的不同，可分为架空配电网、电缆配电网以及架空电缆混合配电网。

配电系统是由电力系统中的变电站、高压配电线路、配电变压器、低压配电线路以及相应的控制保护设备组成。配电线路又分为架空线路和地下电缆，一般大城市(特别是市中心区)、旅游区、居民小区等多采用地下电缆。

一次配电网络是从配电变电站引出线到配电变压器之间的网络，电压通常为6～10kV，又称高压配电网络。一次配电网络的接线方式有放射式与环式两种；二次配电网络是由配电变压器次级引出线到用户进户线之间的线路、元件所组成的系统，又称低压配电网络。

（3）变电站

变电站是改变电压的场所。为了把发电厂发出来的电能输送到较远的地方，必须把电压升高，变为高压电，到用户附近再按需要把电压降低，这种升降电压的工作靠变电站来完成。变电站的主要设备是开关和变压器。按规模大小不同，小的称为变电所。变电站大于变电所。

变电所一般是电压等级在110KV以下的降压变电站；变电站包括各种电压等级的"升压、降压"变电站。

变电站是电力系统中变换电压、接受和分配电能、控制电力的流向和调整电压的电力设施，它通过其变压器将各级电压的电网联系起来。

（四）电力负荷

电力系统中所有用电设备所耗用的功率，简称负荷。电力系统的总负荷就是系统中所有用电设备消耗功率的总和。电力负荷包括异步电动机、同步电动机、各类电弧炉、整流装置、电解装置、制冷制热设备、电子仪器和照明设施等。它们分属于工农业、企业、交通运输、科学研究机构、文化娱乐和人民生活等方面的各种电力用户。根据电力用户的不同负荷特征，电力负荷可区分为各种工业负荷、农业负荷、交通运输业负荷和人民生活用电负荷等。

我国按用电单位或用电设备突然中断供电所导致后果的危险性和严重程度分为一、二、三级。

（1）符合下列一种或几种条件者，应划分为一级负荷：

① 中断供电将造成人身伤亡者。例如医院手术室的照明及电力负荷、婴儿恒温箱、心脏起搏器等单位或设备。

② 中断供电将在政治、经济上造成重大损失者。例如国宾馆、国家级会堂以及用于承担重大国事活动的场所，中断供电将造成重大设备损坏、重大产品报废、连续生产过程被打乱需要长时间才能恢复的重点企业、一类高层建筑的消防设备等用电单位或设备。

③ 中断供电将影响有重大政治、经济意义的用电单位的正常工作者。例如重要交通枢纽、重要通信枢纽、不低于四星级标准的宾馆、大型体育场馆、大型商场、大型对外营业的餐饮单位以及经常用于国际活动的大量人员集中的公共场所等重要用电单位或设备。

④ 中断供电将造成公共秩序严重混乱的特别重要公共场所。例如大型剧院、大型商场、重要交通枢纽等。

对于重要的交通枢纽、重要的通信枢纽、国宾馆、国家级及承担重大国事活动的会堂、国家级大型体育中心、经常用于重要国际活动的大量人员集中的公共场所等的中断供电，将影响实时处理计算机及计算机网络正常工作；或者中断供电将会发生爆炸、火灾、严重中毒以及特别重要场所中不允许中断供电的一级负荷为特别重要负荷。

（2）符合下列一种或几种条件者，应划分为二级负荷：

① 中断供电将造成较大政治影响者。例如省部级办公楼、民用机场中处于特别重要和普通一级负荷外的用电负荷等。

② 中断供电将造成较大经济损失者。例如中断供电将造成主要设备损坏、大量产品报废的企业、中型百货商场、二类高层建筑的消防设备、四星级以上宾馆客房照明等用电单位或用电设备。

③ 中断供电将影响正常工作的重要用电单位或用电设备。例如小型银行（储蓄所）、通信枢纽、电视台的电视电影室等。

④ 中断供电将造成公共秩序混乱的较多人员集中的公共场所。例如丙级影院剧场、中型百货商场、交通枢纽等用电单位或用电设备。

（3）不属于一级负荷和二级负荷的用电单位或用电设备为三级负荷。

二、电力系统的电能质量

（一）供电的基本要求

（1）供电可靠性。用户要求供电系统有足够的可靠性，特别是连续供电，要求供电系统在任何时间内都能满足用户的需要，即便在供电系统中局部出现故障情况，仍不能对某些重要用户的供电有很大的帮助，因此，为了满足供电系统的供电可靠，要求电力系统至少具备10%～15%的备用容量。

（2）供电质量合格。供电质量的优、劣，直接关系到用电设备的安全经济运行和生产的正常运行，对国民经济的发展也有着重要的意义。如以上所述，无论是供电的电压、频率以及不断地供电，哪一方面达不到标准都会对用户造成不良的后果。因此，要求供电系统应确保对用户供电的电能质量。

（3）安全、经济、合理性。供电系统要安全、经济、合理地供电，这同时也是供、用电双方要求达到的目标。为了达到这一目标，就需要供、用电双方共同加强运行管理，做好技术管理工作，同时还要求用户积极配合，密切协作，提供必要的便利条件。例如负荷、电量的管理，电压、无功的管理工作等。

（4）电力网运行调度的灵活性。对于一个庞大的电力系统和电力网，必须做到运行方式灵活、调度管理先进。只有如此，才能做到系统的安全可靠运行，只有灵活的调度，才能解决对系统局部故障检修的及时从而达到系统安全、可靠、经济和合理地运行。

（二）电能质量指标

从整个电网系统的角度来看，电能质量指标有电压、频率和波形。整个电网系统要保持稳定，电压和频率必须保持稳定，波形才能呈现标准正弦波，才不至于失真。

从用户的角度来看，电能质量的指标主要是用来衡量产生各种各样电能质量问题的标准，主要包括谐波、间谐波、电压偏差、频率偏差、波形失真、三相电压不平衡、电压骤升、骤降、中断和闪变以及功率因数较低等。

三、低压供配电系统

低压供电系统是指从电源进线端起，直至低压用电设备进线端的整个电路系统。由配电变电所（通常是将电网的输电电压降为配电电压）、高压配电线路（即 1kV 以上电压）、配电变压器、低压配电线路（1kV 以下电压）以及相应的控制保护设备组成。

（一）低压供电系统的接线方式

我国规定，民用供电线路相线（火线）之间的电压（即线电压）为 380V，相线和地线或中性线之间的电压（即相电压）均为 220V。进户线一般采用单相二线制，即三个相线中的任意一相和中性线（作零线）。如遇大功率用电器，需自行设置接地线。通常用不同的导线颜色来区分相线、中性线和地线。U、V、W 三根相线分别用黄、绿、红三种颜色的电线给予区分，而中性线用黑色线表示，地线用黄绿双色线表示。

（二）低压配电系统

（1）三相三线制

三相交流发电机的三个定子绕组的末端联结在一起，从三个绕组的始端引出三根火线向外供电、没有中线的三相制叫三相三线制，如图 1-28 所示。这种接法只能提供一种电压，即线电压。

（2）三相四线制

在低压配电网中，输电线路一般采用三相四线制，其中三条线路分别代表 A、B、C 三相，另一条是中性线 N（如果该回路电源侧的中性点接地，则中性线也称为零线，如果不接地，则从严格意义上来说，中性线不能称为零线），如图 1-29 所示。在进入用户的单相输电线路中，有两条线，一条称为火线，另一条称为零线，零线正常情况下要通过电流以构成单相线路中电流的回路。而三相系统中，三相平衡时，中性线（零线）是无电流的，故称三相四线制；在 380V 低压配电网中为了从 380V 线间电压中获得 220V 相间电压而设 N 线，有的场合也可以用来进行零序电流检测，以便进行三相供电平衡的监控。

负载如何与电源连接，必须根据其额定电压而定，具体如图 1-30 所示。额定电压为 220V 的单相负载（如电灯），则应接在相线与中性线之间。额定电压为 380V 的单相负载，则应接在相线与相线之间。对于额定电压为 380V 的三相负载（如三相电动机），则必须要与三根电源相线相接。如果负载的额定电压不等于电源电压，还必须用变压器。

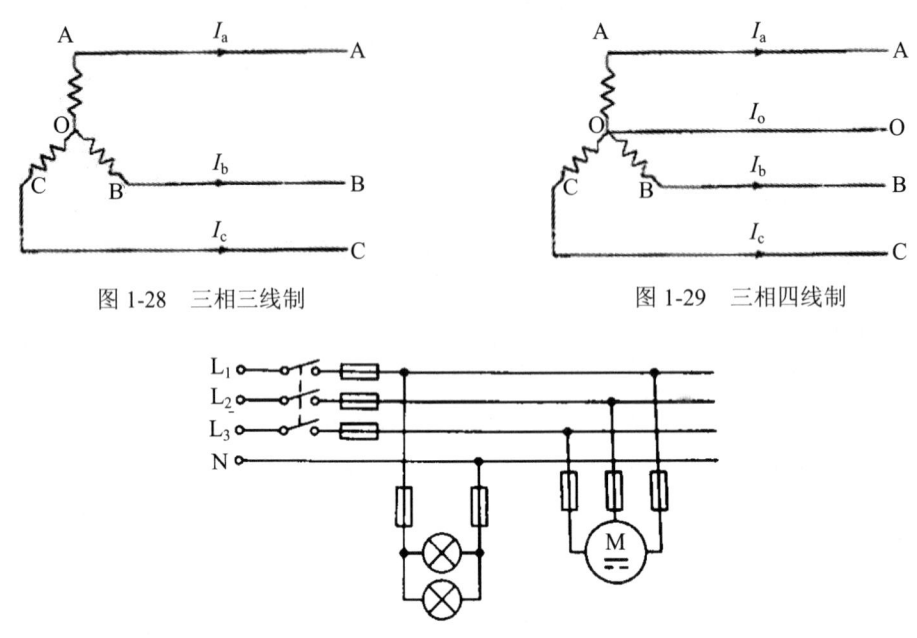

图 1-28　三相三线制

图 1-29　三相四线制

图 1-30　负载与电源的连接

（3）三相五线制

三相五线制包括三相电的三个相线（A、B、C 线）、中性线（N 线）以及地线（PE 线）。接线方式如图 1-31 所示。

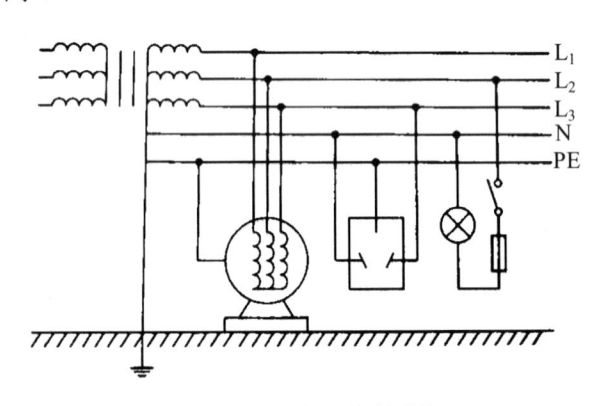

图 1-31　三相五线制系统

中性线（N 线）就是零线。三相负载对称时，三相线路流入中性线的电流矢量和为零，但对于单独的一相来讲，电流不为零。三相负载不对称时，中性线的电流矢量和不为零，会产生对地电压。中性线应该经过漏电保护开关，作为通过单相回路电流和三相不平衡电流之用。保护线是为保障人身安全、防止发生触电事故用的接地线，专门通过单相短路电流和漏电电流。

三相五线制分为 TT 接地方式和 TN 接地方式，其中 TN 又具体分为 TN-S、TN-C、TN-C-S 三种方式。

项目二　电工基本操作

学习目标

在低压电能的利用过程中，经常要进行导线的连接，导线的连接点也是经常出故障的部位，它的连接质量直接关系着电气设备和线路能否安全可靠的运行。本项目我们将就这方面的知识进行比较系统的学习，包括导线的分类、导线绝缘层的剥削、导线的连接、导线的封端以及导线绝缘层的恢复等内容，其中重点是要掌握导线的连接的正确方法以及有关注意事项。

任务一　导线的基本操作

能力目标

1. 掌握常用的导线连接方法；
2. 会使用常用电工工具，掌握使用的安全要求；
3. 学会单股绝缘导线和7股绝缘导线的直线接法与T形分支接法。

知识目标

1. 了解导线的基本分类及常用型号；
2. 了解钢丝钳、尖嘴钳和螺钉旋具的规格和用途；
3. 了解单股、多股导线的直线连接方法与分支连接方法及工艺要求。

技能训练　导线的连接与恢复

一、实训前的准备工作

1. 知识准备

（1）了解钢丝钳、尖嘴钳和螺钉旋具的规格和用途；
（2）了解导线的基本分类与常用型号；
（3）明确单芯铜导线的直线连接方法与分支连接方法及工艺要求；
（4）明确多芯铜导线的直线连接方法与分支连接方法及工艺要求；
（5）熟悉各种接线端子的结构。

2. 材料准备

（1）电工刀、尖嘴钳、钢丝钳、剥线钳每人各1把；
（2）芯线截面积为2.5mm^{2}的单芯塑料绝缘铜线（BV）若干；
（3）芯线截面积为4mm^{2}的7芯塑料绝缘铜线（BV）若干；
（4）塑料绝缘胶带若干。

二、实训过程

请同学们按照实训任务单卡要求完成实训内容，完成后将任务单卡沿着虚线撕下上交。

三、实训注意事项

（1）实训分组进行，实训期间，请学生严格执行安全操作规程。

（2）在实训操作前，请认真学习实训任务内容，明确实训目的、实训步骤和安全注意事项。

（3）使用电工刀剥开绝缘层，进行导线连接时要按安全要求操作，不要误伤手指。

（4）要节约导线材料（尽量利用使用过的导线）。

（5）操作时应保持工位整洁，完成全部实训后应马上把工位清洁干净。

学 习 任 务 单 卡

班级：　　　　　组别：　　　　　学号：　　　　　姓名：　　　　　实训日期：

课程信息	课程名称	教学单元	本次课训练任务	学时	实训地点
	电工普训	电工基本操作	任务　导线的连接与恢复	2节	
任务描述	将芯线截面积为 2.5mm² 的单芯塑料绝缘铜线（BV）和截面积为 4mm² 的 7 芯塑料绝缘铜线分别进行直接连接、T 形分支连接。					
学做过程记录	**任务 1　单芯绝缘铜导线的连接与恢复** 实训内容及步骤 1. 单芯导线的直接连接 （1）用钢丝钳剪出 2 根约 250mm 长的单芯铜导线，用剥线钳剥开其两端的绝缘层； （2）用单芯铜导线的直接绞接法，按直线接头的连接工艺要求，将 2 根导线的两端头对接； （3）用塑料绝缘胶带包扎接头； （4）检查接头连接与绝缘包扎质量。 【教师现场评价：完成□，未完成□】 2. 单芯铜导线的 T 形分支连接 （1）用钢丝钳剪出两根约 250mm 长的单芯塑料绝缘铜导线，用电工刀剥开一根导线（支线）一端的端头绝缘层和另一根（干线）中间一段的绝缘层； 注意：要先考虑好干线与支线的绝缘层开剥长度，要使导线足够缠绕对方 6 圈以上，再下刀；使用电工刀剥开导线绝缘层时要注意安全，同时要注意不能损伤线芯。 （2）用单芯铜导线的直接绞接法，按 T 形分支接头的连接工艺要求，将支线连接在干线上（加一条同截面芯线后，再用扎线缠绕）； （3）用塑料绝缘胶带包扎接头； （4）检查接头连接与绝缘包扎质量。 【教师现场评价：完成□，未完成□】 **任务 2　7 芯绝缘铜导线的连接与恢复** 1. 7 芯绝缘铜导线的直接连接 （1）将 7 芯 4mm² 的绝缘导线剪为等长的两段，用电工刀剥开两根导线各一端的绝缘层； （2）按 7 芯导线的直线连接方法与工艺要求，将两线头对接； （3）用塑料绝缘胶带包扎接头； （4）检查接头连接与绝缘包扎质量。 【教师现场评价：完成□，未完成□】 2. 7 芯绝缘铜导线的 T 形连接 （1）将 7 芯 4mm² 的绝缘导线剪为等长的两段，用电工刀剥开一根导线一端的端部绝缘层（作支线），而选择另一根的中间部分作干线的接头部分，并将其绝缘层剥开； 注意：要先考虑好干线与支线的绝缘层开剥长度再下刀；使用电工刀剥开导线绝缘层时要注意安全，同时要注意不能损伤线芯。

学做过程记录	（2）按 7 芯导线的直线连接方法与工艺要求，将两线头对接； （3）用塑料绝缘胶带包扎接头； （4）检查接头连接与绝缘包扎质量。 【教师现场评价：完成□，未完成□】 3．10mm² 及以下的单股铝导线一般采用（ ）连接。 　　A．铝套管压接　　　　　　　　B．绞接 　　C．绑接　　　　　　　　　　　D．焊接 4．铝导线与设备铜端子或铜母线连接时，应采用（ ）。 　　A．铝接线端子　　　　　　　　B．铜接线端子 　　C．铜铝过渡接线端子　　　　　D．焊接 5．2.5mm² 及以下的多股铜导线与设备端子连接时，（ ）。 　　A．搪锡后再连接　　　　　　　B．直接连接 　　C．安装接线端子后再连接　　　D．焊接连接 6．写出下列绝缘导线的名称：BX,BV,BLX,BVV,RVB,RVS
教师评价	A□　　B□　　C□　　D□　　教师签名：
学生建议	

知识链接Ⅰ　常用电工材料

一、常用电工工具

（一）验电笔

验电笔是用于检测线路和设备是否带电的工具，有笔式和螺丝刀式两种，其结构如图 2-1（a）、（b）所示。

（a）钢笔式低压验电笔　　　　（b）旋具式低压验电笔

图 2-1　低压验电笔

使用时手指必须接触金属笔挂（笔式）或验电笔的金属螺钉部（螺丝刀式），使电流由被测带电体经验电笔和人体与大地构成回路。只要被测带电体与大地之间电压超过 60V 时，验电笔内的氖管就会起辉发光。操作方式如图 2-2（a）、（b）所示。由于验电笔内氖管及所串联的电阻较大，形成的回路电流很小，不会对人体造成伤害。

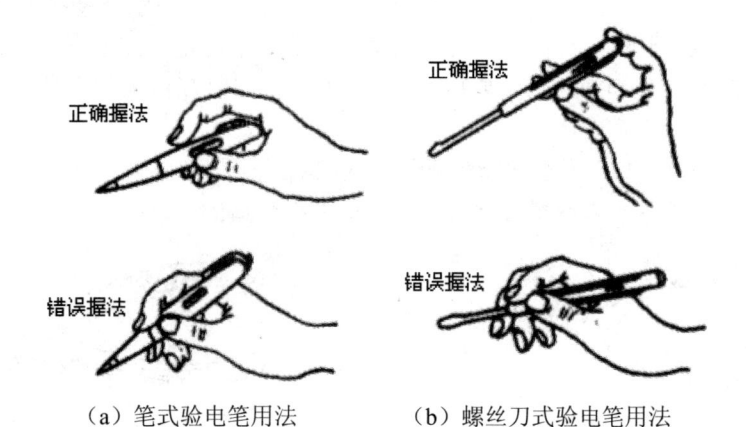

（a）笔式验电笔用法　　　　（b）螺丝刀式验电笔用法

图 2-2　低压验电笔的用法

注意，验电笔在使用前，应先在确认有电的带电体上试验，确认验电笔工作正常后，再进行正常验电，以免氖管损坏造成误判，危及人身或设备安全。要防止验电笔受潮或强烈震动，平时不得随便拆卸。手指不可接触笔尖露金属部分或螺杆裸露部分，以免触电造成伤害。

（二）钢丝钳

钢丝钳是电工用于剪切或夹持导线、金属丝、工件的常用钳类工具，其结构和用法如图 2-3 所示。

其中钳口用于弯绞和钳夹线头或其他金属、非金属物体；齿口用于旋动螺钉螺母；刀口用于切断电线、起拔铁钉、削剥导线绝缘层等。铡口用于铡断硬度较大的金属丝，如钢丝、铁丝等。

钢丝钳规格较多，电工常用的有 175mm、200mm 两种。电工用钢丝钳柄部加有耐压 500V 以上的塑料绝缘套。使用前应检查绝缘套是否完好，绝缘套破损的钢丝钳不能使用，以免带电作业时造成触电事故。在切断导线时，不得将相线或不同相位的相线同时在一个钳口处切断，以免发生短路。

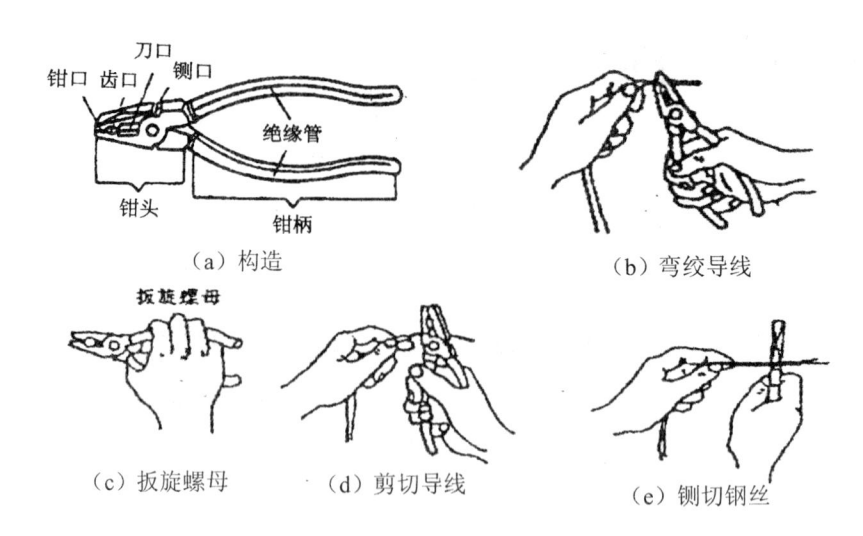

图 2-3　钢丝钳的构造和使用

属于钢丝钳类的常用工具还有尖嘴钳、断线钳等。

尖嘴钳。头部尖细、适于在狭小空间操作。尖嘴钳可用来剪断较细小的导线；可用来夹持较小的螺钉、螺帽、垫圈、导线等；也可用来对单股导线整形（如平直、弯曲等），如图 2-4 所示。若使用尖嘴钳带电作业，应检查其绝缘是否良好，并且在作业时金属部分不要触及人体或邻近的带电体。

断线钳（斜口钳）。专门用于剪断较粗的电线或其他金属丝，其柄部带有绝缘管套，如图 2-5 所示。对粗细不同、硬度不同的材料，应选用大小合适的斜口钳。

图 2-4　尖嘴钳　　　　图 2-5　断线钳

（三）电工刀

电工刀在电气操作中主要用于剥削导线绝缘层、削制木榫、切割木台缺口等。由于其刀柄处没有绝缘，不能用于带电操作，以免触电。割削时刀口应朝外，以免伤手。剥削导线绝缘层时，刀面与导线成 45° 角倾斜切入，以免削伤线芯。使用完毕，随即将刀身折进刀柄。电工刀的外形如图 2-6 所示。

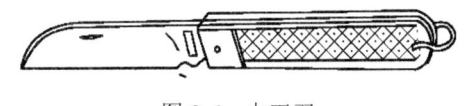

图 2-6　电工刀

（四）剥线钳

剥线钳是专用于剥削较细小导线绝缘层的工具，其外形如图 2-7 所示。

剥线钳主要用于剥削直径在 6mm 以下的塑料或橡胶绝缘导线的绝缘层，由钳头和手柄两部分组成，它的钳口工作部分有从 0.5～3mm 不等的多个不同孔径的切口，以便剥削不同规格的芯线绝缘层。使用剥线钳剥削导线绝缘层时，先将要剥削的绝缘长度用标尺定好，然后将导线放入相应的刀口中（比导线直径稍大），再用手将钳柄一握，导线的绝缘层即被剥离。

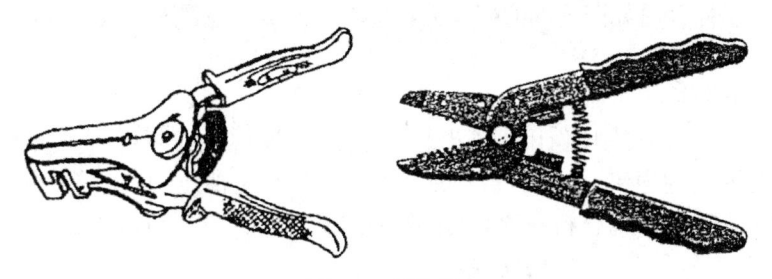

图 2-7 剥线钳

（五）螺丝刀

螺丝刀又名改锥、旋凿或起子。按其功能不同，头部开关可分为一字形和十字形，如图 2-8 所示。其握柄材料又分为木柄和塑料柄两类。

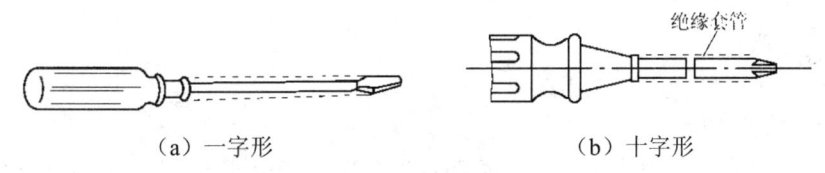

（a）一字形　　　　（b）十字形

图 2-8 螺丝刀

一字形螺丝刀以柄部以外的刀体长度表示规格，单位为 mm，电工常用的有 100、150、300mm 等几种。

十字形螺丝刀按其头部旋动螺钉规格的不同，分为四个型号：Ⅰ、Ⅱ、Ⅲ、Ⅳ号，分别用于旋动直径为 2～2.5mm、6～8mm、10～12mm 等的螺钉。其柄部以外刀体长度规格与一字形螺丝刀相同。

螺丝刀使用时，应按螺钉的规格选用合适的刀口，以小代大或以大代小均会损坏螺钉或电气元件。螺丝刀的正确使用方法如图 2-9 所示。

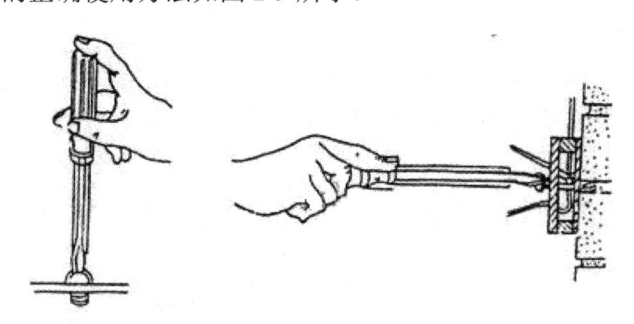

（a）小螺丝刀的使用　　（b）大螺丝刀的使用

图 2-9 螺丝刀的使用

使用螺丝刀时，若螺丝刀较大，除大拇指、食指和中指要夹住握柄外，手掌还要顶住柄的末端以防施转时滑脱。螺丝刀较小时，用大拇指和中指夹着握柄，同时用食指顶住柄的末端用力旋动。螺丝刀较长时，用右手压紧手柄并转动，同时左手握住中间部分（不可放在螺钉周围,以免将手划伤),以防止滑脱。

需要注意的是,带电作业时,手不可触及螺丝刀的金属杆,以免发生触电事故。作为电工,不应使用金属杆直通握柄顶部的螺丝刀。为防止金属杆触到人体或邻近带电体,金属杆应套上绝缘管。

二、常用导电材料

导电材料中有大量在电场作用下能够自由移动的带电粒子,因而能很好地传导电流,其主要用途是输送和传递电流。大部分金属都具有良好的导电性能,但不是所有金属都可以作为理想的导电材料。作为导电材料应该具有导电性能好,有一定的机械强度,不易氧化、腐蚀,容易加工和焊接,资源丰富,价格便宜等几个特点。

导电材料分为一般导电材料和特殊导电材料。一般导电材料又称为良导体材料,是专门传送电流的金属材料。常用的良导体材料主要有铜、铝、铁、钨、锡、铅等,其中铜和铝是优良的导电材料,是目前最常用的导电材料。在一些特殊的使用场合,也有用合金作为导电材料的。

按导电材料制成线材(电线或电缆)和使用特点分,导线又有裸线、绝缘电线、电缆线、通信光纤等,重点介绍以下几种。

(一)裸导线

裸导线就是导线外面没有覆盖绝缘层的导线。

(1)裸导线的性能

裸导线应有良好的导电性能,有一定的机械强度,裸露在空气中不易氧化和腐蚀,容易加工和焊接,并希望导体材料资源丰富,价格便宜,常用来制作导线的材料有铜、铜锡合金(青铜)、铝和铝合金、钢材等。

裸导线包括各种金属和复合金属圆单线、各种结构的架空输电线用的绞线、软接线和型接线等,某些特殊用途的导线,也可采用其他金属或合金制成。如对于负荷较大、机械强度要求较高的线路,则应采用钢芯铝绞线;熔断器的熔体、熔片需具有易熔的特点,应选用铅锡合金;电热材料需具有较大的电阻系数,常选用镍铬合金或铁铬合金;电光源的灯丝要求熔点高,需选用钨丝灯。裸导线分单股和多股两种,主要用于室外架空线。常用的裸导线有铜绞线、铝绞线和钢芯铝绞线。

(2)裸导线的规格型号

裸导线常用文字符号表示为:"T"表示铜,"Y"表示硬性,"R"表示软线,"J"表示绞合线。例:TH-25,表示25mm^{2}铜绞合线;LJ-35,表示35mm^{2}铝绞合线;LGJ-50,表示50mm^{2}铜芯铝绞线。

常用的截面积有:16mm^2、25mm^2、35mm^2、50mm^2、70mm^2、95mm^2、120mm^2、150mm^2、185mm^2、240mm^{2}等。

裸导线因为没有外皮,有利于散热,一般用于野外的高压线架设。为了增加抗拉力,在一些铝绞线中心是钢绞线,称为"钢芯铝线",如图2-10所示。裸导线因为没有绝缘外皮,在人烟稠密区使用易引发事故,在有条件的城市,已经逐步将架空的高压线使用绝缘线,或转入地下电缆。

(二)绝缘导线

在导线外围均匀而密封地包裹一层不导电的材料。如:树脂、塑料、硅橡胶、PVC等,形成绝缘层,防止导电体与外界接触造成漏电、短路、触电等事故发生的电线叫绝缘导线。绝缘导线的种类有很多。按其线芯使用要求分有硬型、软型、特软型和移动型等几种。

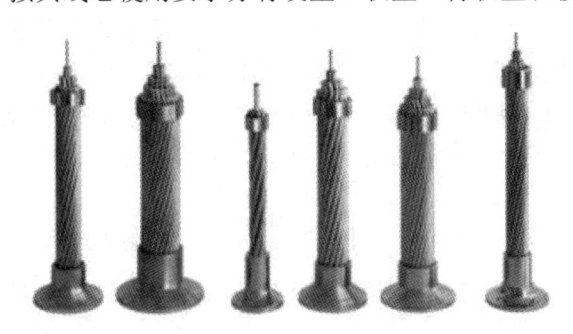

图 2-10 用于架空线路的钢芯铝线

按照制造工艺、结构特点、功能要求、产品的用途可以分为电力电缆、电气装备用电线电缆、通信电缆和光缆、电磁线四大类，主要用于各电力电缆、控制信号电缆、电气设备安装连线或照明敷设等。按绝缘材料分有橡皮绝缘导线、聚氯乙烯绝缘导线（塑料线）、橡皮电缆等。其中橡皮绝缘导线有铜芯、铝芯，有单芯、双芯及多芯，用于屋内布线，工作电压一般不超过500V。常用绝缘导线的型号、名称及主要用途如表2-1所示。

表 2-1 常用绝缘导线的型号、名称及主要用途

型号		名称	主要用途
铜芯	铝芯		
BX	BLX	棉纱编织橡皮绝缘导线	固定敷设用，可以明敷、暗敷
BXF	BLXF	氯丁橡皮绝缘导线	固定敷设用，可以明敷、暗敷，尤其适用于户外
BV	BLV	聚氯乙烯绝缘导线	室内外电器、动力及照明固定敷设
	NLV	农用地下直埋铝芯聚氯乙烯绝缘导线	直埋地下，最低敷设温度不低于-15℃
	NLVV	农用地下直埋铝芯聚氯乙烯绝缘护套导线	
	NLYV	农用地下直埋铝芯聚乙烯绝缘护套导线	
BXR		棉纱编织橡皮绝缘软线	室内安装，要求较柔软时用
BVR		棉纱编织聚氯乙烯绝缘软线	同BV型，安装要求较柔软时用
RXS		棉纱编织橡皮绝缘双绞软线	室内干燥场所日用电器用
RX		棉纱编织橡皮绝缘软线	
RV		聚氯乙烯绝缘软线	日用电器、无线电设备和照明灯头接线
RVB		聚氯乙烯绝缘平型软线	
RVS		聚氯乙烯绝缘绞型软线	

一般情况下，在干燥房屋，采用塑料线；在潮湿地方，采用橡皮绝缘线；在有电动机的房屋，采用橡皮绝缘线，靠近地面宜用塑料管。

（1）电力电缆。电力电缆是在电力系统的主干线路中用以传输和分配大功率电能的线材产品。其中包括1~500kV及以上各种电压等级、各种绝缘的电力电缆。这类电缆主要工艺技术工序有拉制、绞合、绝缘挤出、成缆、铠装、护层挤出等，各种产品型号不同，工序组合有

一定的区别。主要使用于发、配、输、变、供电线路中的强电电能传输。

（2）电气装备用电线电缆。从电力系统的配电点把电能直接传送到各种用电设备、器具的各种电源连接线，各种工农业用的电气安装线和控制信号用的电线电缆。这类产品使用面广，品种多，而且要结合所用设备的特性和使用环境条件来确定电缆的结构和性能（使用电压多在1kV及以下）。因此，除了那些大量通用产品外，还有许多专用的特种电缆，如耐火线缆、低烟无卤阻燃线缆等。

（3）通信电缆和光缆。通信电缆是传输电话、电报、电视、广播、传真、数据和其他电信信息的电缆。通信电缆的结构尺寸通常较小而均匀，制造精度要求很高。

（4）用以制造电工产品中的线圈或绕组的绝缘电线。又称绕组线。主要用于各种电机、仪器仪表等。

（三）塑料电线、电缆制造的基本工艺流程

（1）铜、铝单丝拉制。电线电缆常用的铜、铝杆材，在常温下，利用拉丝机通过一道或数道拉伸模具的模孔，使其截面减小、长度增加、强度提高。拉丝是各电线电缆公司的首道工序，拉丝的主要工艺参数是配模技术。

（2）单丝退火。铜、铝单丝在加热到一定的温度下，以再结晶的方式来提高单丝的韧性、降低单丝的强度，以符合电线电缆对导电线芯的要求。退火工序关键是杜绝铜丝的氧化。

（3）导体的绞制。为了提高电线电缆的柔软度，以便于敷设安装，导电线芯采取多根单丝绞合而成。从导电线芯的绞合形式上，可分为规则绞合和非规则绞合。非规则绞合又分为束绞、同心复绞、特殊绞合等。

为了减少导线的占用面积、缩小电缆的几何尺寸，在绞合导体的同时采用紧压形式，使普通圆形变异为半圆、扇形、瓦形和紧压的圆形。此种导体主要应用在电力电缆上。

（4）绝缘挤出。塑料电线电缆主要采用挤包实心型绝缘层，塑料绝缘挤出的主要技术要求：

① 偏心度：挤出的绝缘厚度的偏差值是体现挤出工艺水平的重要标志，大多数的产品结构尺寸及其偏差值在标准中均有明确的规定。

② 光滑度：挤出的绝缘层表面要求光滑，不得出现表面粗糙、烧焦、杂质的不良质量问题。

③ 致密度：挤出绝缘层的横断面要致密结实、不准有肉眼可见的针孔，杜绝有气泡的存在。

（5）成缆。对于多芯的电缆为了保证成型度、减小电缆的外形，一般都需要将其绞合为圆形。绞合的机理与导体绞制相仿，由于绞制节径较大，大多采用无退扭方式。成缆的技术要求：一是杜绝异型绝缘线芯翻身而导致电缆的扭弯；二是防止绝缘层被划伤。

大部分电缆在成缆的同时伴随另外两个工序的完成：一个是填充，保证成缆后电缆的圆整和稳定；一个是绑扎，保证缆芯不松散。

（6）内护层。为了保护绝缘线芯不被铠装所割伤，需要对绝缘层进行适当的保护，内护层分挤包内护层（隔离套）和绕包内护层（垫层）。绕包垫层代替绑扎带与成缆工序同步进行。

（7）装铠。敷设在地下电缆，工作中可能承受一定的正压力作用，可选择内钢带铠装结构。电缆敷设在既有正压力作用又有拉力作用的场合（如水中、垂直竖井或落差较大的土壤中），应选用具有内钢丝铠装的结构型。

（8）外护套。外护套是保护电线电缆的绝缘层受环境因素侵蚀的结构部分。外护套的主要作用是提高电线电缆的机械强度、防化学腐蚀、防潮、防水浸入、阻止电缆燃烧等能力。根据对电缆的不同要求利用挤塑机直接挤包塑料护套。

三、特殊导电材料

特殊导电材料是相对一般导电材料而言的，它不以输送电流为目的，而是为实现某种转换或控制而接入电路中。

常见的特殊导电材料有：电热材料、熔体材料、电热材料和电碳制品等。

（一）常用电热材料

电热材料主要用于制造加热设备中的发热元件，可作为电阻接到电路中，把电能转变为热能，使加热设备的温度升高。对电热材料的基本要求为电阻率高，功率大；在高温时具有足够的机械强度和良好的抗氧化性能；具有足够的耐热性，以保证在高温下不变形；具有高温下的化学稳定性，不与炉内氛气发生化学反应；热膨胀系数小，热胀冷缩小等。

电热材料可分为金属电热材料和非金属电热材料两大类。如镍铁合金（350～500℃）、铁铬铝合金（1000～1200℃）、镍铬合金（1150～1250℃）、石墨（3000℃）、碳化硅（1450℃）等。

（二）常用熔体材料

熔体材料是一种保护性导电材料，作为熔断器的核心组成部分，具有过载保护和短路保护的功能。熔体材料（保险丝）一般装在熔断器内，当设备短路、过载，电流超过熔断值时，经过一定时间自动熔断以保护设备。短路电流越大、熔断时间越短。

（1）熔体的保护原理。接入电路的熔体，当正常电流通过时，它仅起导电作用，当发生过载或短路时，导致电流增大，由于电流的热效应，会使熔体的温度逐渐上升或急剧上升，当达到熔体的熔点温度时，熔体自动熔断，电路被切断，从而起到保护电气设备的作用。

（2）熔体材料的种类和特性。熔体材料包括纯金属材料和合金材料，按其熔点的高低，分为两类，一类是低熔点材料，如铅、锡、锌、铋、镉或其合金，一般在小电流情况下使用；另一类是高熔点材料，如铜、银等，一般在大电流情况下使用。

（三）常用电阻材料

电阻材料是用于制造各种电阻元件的合金材料，又称为电阻合金，其基本特征是具有高的电阻率和很低的电阻温度系数。

常用的电阻合金有康铜丝、新康铜丝、锰铜丝和镍铬丝等。康铜丝以铜为主要成分，具有较高的电阻系数和较低的电阻温度系数，一般用于制作分流、限流、调整等电阻器和变阻器。新康铜丝是以铜、锰、铬、铁为主要成分，不含镍的一种新型电阻材料，性能与康铜丝相似。锰铜丝是以锰、铜为主要成分，具有电阻温度系数低及电阻性能稳定等优点，通常用于制造精密仪器仪表的标准电阻、分流器及附加电阻等。镍铬丝以镍、铬为主要成分，电阻系数较高，除可用做电阻材料外，还是主要的电热材料，一般用于电阻式加热仪器及电炉。

四、绝缘导线的选择

导线、电缆截面选择应满足发热条件、电压损失、机械强度等要求，以保证电气系统安全、可靠、经济、合理的运行。选择导线截面时，一般按下列步骤：

（1）对于距离 L≤200m 且负荷电流较大的供电线路，一般先按发热条件的计算方法选择导线截面，然后按电压损失条件和机械强度条件进行校验。

（2）对于距离 L＞200m 且电压水平要求较高的供电线路，应先按允许电压损失的计算方法选择截面，然后用发热条件和机械强度条件进行校验。

（3）对于高压线路，一般先按经济电流密度选择导线截面，然后用发热条件和电压损失条件进行校验。

（一）按经济电流密度选择

经济电流密度是从经济角度出发，综合考虑输电线路的电能损耗和投资效益等指标，来确定导线的单位面积内流过的电流值。其计算方法如下：

$$I = SJ$$

式中：I——线路上流过的电流；

S——导线的横截面积；

J——经济电流密度。

我国现行的导线经济电流密度值见表 2-2。

表 2-2 我国现行的导线经济电流密度值/(A/mm²)

导线种类	年最大负荷利用		
	3000h 以下	3000～5000h	5000h 以上
裸铝、钢芯铝绞线	1.65	1.15	0.90
裸铜导线	3.00	2.25	1.75
铝芯电缆	1.92	1.73	1.54
铜芯电缆	2.50	2.25	2.00

（二）按机械强度选择

导线在敷设时和敷设后所受的拉力与线路的敷设方式和使用环境有关。导线本身的质量，以及风雪冰雹等的外加压力，会使导线承受一定的应力，如果导线过细就容易折断，引起停电事故。在各种不同敷设方式下导线按机械强度要求的最小允许截面见表 2-3。

表 2-3 按机械强度确定的绝缘导线最小允许截面积

用途		线芯的最小面积/mm²		
		铜芯软线	铜线	铝线
穿管敷设的绝缘导线		1.0	1.0	1.0
架设在绝缘支持件上的绝缘导线，其支点间距为	1m 以下，室内		1.0	1.5
	1m 以下，室外		1.5	2.5
	2m 以下，室内		1.0	2.5
	2m 以下，室外		1.5	2.5
	6m 以下		2.5	4.0
	12m 以下		2.5	6.0
	12～25m		4.0	10
照明灯头线	民用建筑室内	0.4	0.5	1.5
	工业建筑室内	0.5	0.8	2.5
	室外	1.0	1.0	2.5
移动式用电设备导线		1.0		
架空裸导线			10	16

（三）按发热条件选择

每一种导线通过电流时，由于导线本身的电阻及电流的热效应都会使导线发热，温度升高。如果导线温度超过一定限度，导线就会加速老化，甚至损坏或造成短路失火等事故。为使导线能长期通过负荷电流而不过热，对一定截面的不同材料的导线就有一个规定的容许电流值，称为允许载流量。这个数值是根据导线绝缘材料的种类、允许升温、表面散热情况及散热面积的大小等条件来确定的。按发热条件来选择导线截面，就是要求根据计算负荷求出的总计算电流 $I_{\sum C}$ 不可超过这个允许载流量 I_N。即：

$$I_N = I_{\sum C}$$

若视在计算负荷为 $S_{\sum C}$，电网规定电压为 U_N，则有

$$I_{\sum C} = \frac{S_{\sum C}}{\sqrt{3}U_N}$$

表 2-4 和表 2-5 给出了常用铜芯线和铝芯线在 25℃的环境温度、不同敷设条件下的长期连续负荷允许载流量。由于允许载流量与环境温度有关，所以选择导线截面时要注意导线安装地点的环境温度。

表 2-4　500V 铜芯绝缘导线长期连续负荷允许载流量/A（环境温度 25℃）

导线截面/mm²	导线明敷		橡皮绝缘导线穿在同一塑料管内			塑料绝缘导线穿在同一塑料管内		
	橡皮	塑料	2 根	3 根	4 根	2 根	3 根	4 根
1.0	21	19	13	12	11	12	11	10
1.5	27	24	17	16	14	16	15	13
2.5	35	32	25	22	20	24	21	19
4	50	42	33	30	26	31	28	25
6	58	55	43	38	34	41	36	32
10	85	75	59	52	46	56	49	44
16	110	105	76	68	64	72	65	57
25	145	138	100	90	80	95	85	75
35	180	170	125	110	98	120	105	93
50	230	215	160	140	123	150	132	117
70	285	265	195	175	155	185	167	148
95	345	325	240	215	195	230	205	185
120	400	—	278	250	227	—	—	—
150	470	—	320	290	265	—	—	—

（四）按允许电压损失选择

当有电流流过导线时，由于线路中存在电阻、电感等因素，必将引起电压降落。如果电源端的输出电压为 U_1，而负载端得到的电压为 U_2，那么线路上电压损失的绝对值为：

$$\Delta U = U_1 - U_2$$

由于用电设备的端电压偏移有一定的允许范围，所以一切线路的电压损失也有一定的允许值。如果线路上的电压损失超过允许值，就将影响用电设备的正常运行。为了保证电压损失在允许值的范围内，就必须保证导线有足够的截面积。

对于不同等级的电压，电压损失的绝对值 ΔU 并不能确切地表达电压损失的程度，所以工程上常用 ΔU 与额定电压 U_N 的百分比来表示相对电压损失，即：

$$\Delta U\% = \frac{U_1 - U_2}{U_N} \times 100\%$$

供电规则中规定：对 35kV 及以上供电的电压质量有特殊要求的用户，电压变动幅度不应超过额定电压的±5%；对 10kV 及以下高压供电的和低压供电用户，电压变动幅度不应超过额定电压的±7%；对低压照明用户，电压变动幅度不应超过额定电压的±5%～10%。

线路电压损失的大小是与导线材料、截面大小、线路长短和电流大小相关，线路越长、负荷越大，线路电压损失也越大。在工程计算中，常采用计算相对电压损失的一种简化式：

$$\Delta U\% = \frac{P_L}{CS}\%$$

在给定允许电压损失 $\Delta U\%$ 之后，便可计算出相应的导线截面：

$$S = \frac{P_L}{C \cdot \Delta U\%}\%$$

式中：P_L——负荷矩，$kW \cdot m$ P——线路输送的电功率，kW；

L——线路长度（指单程距离）m；　　　$\Delta U\%$——允许电压损失；

S——导线截面积，mm^2；

C——电压损失计算常数，由电压的相数、额定电压及材料的电阻率等决定的常数，可查表选取，见表 2-6。

表 2-5　500V 铝芯绝缘导线长期连续负荷允许载流量/A（环境温度 25℃）

导线截面/mm²	导线明敷		橡皮绝缘导线穿在同一塑料管内			塑料绝缘导线穿在同一塑料管内		
	橡皮	塑料	2 根	3 根	4 根	2 根	3 根	4 根
2.5	27	25	19	17	15	18	16	12
4	35	32	25	23	20	24	22	19
6	45	42	33	29	26	31	27	25
10	65	59	44	40	35	42	38	33
16	85	80	58	52	46	55	49	44
25	110	105	77	68	60	73	65	57
35	138	130	95	84	74	90	80	70
50	175	165	120	108	95	114	102	90
70	220	205	153	135	120	145	130	115
95	265	250	184	165	150	175	158	140
120	310	—	210	190	170	—	—	—
150	360	—	250	227	205	—	—	—

表 2-6　电压损失计算常数

线路系数及电流种类	线路额定电压/V	系数 C 值 铜线	系数 C 值 铝线
三相四线制	380/220	77	46.3
单相交流或直流	220	12.8	7.75
	110	3.2	1.9

（五）零线截面的选择方法

三相四线制中的零线截面，根据运行经验，可选为相线的 1/2 左右。但必须注意不得小于按机械强度要求的最小允许截面。

在单相制中由于零线与相线中流过的是同一负荷的电流，所以零线截面要与相线相同。

在选择导线截面时，除了考虑主要因素外，为了同时满足前述几个方面的要求，必须以计算所得的几个截面中的最大者为准，最后从电线产品目录中选用稍大于所要求的线芯截面即可。一般说来，对于高压线路，一般先按经济电流密度来选择导线截面，然后用发热条件和电压损失条件进行校验；对于距离较远的户外配电干线和电压水平要求较高的低压照明线路，导线截面的选择一般是根据电压损失来计算，而以发热条件来校验；对于配电距离较短（小于 200m）线路和负荷电流较大的低压电力线路，一般先按发热条件来选择导线截面，而以电压损失来校验。但无论是根据何种方式计算出的导线截面，最终都必须满足导线对机械强度的要求。

【例 2.1】某建筑工地在距配电变压器 500m 处有台混凝土搅拌机，采用 380/200V 的三相四线制供电，电动机的功率 $P_N =10$kW，效率为 $\eta = 0.81$，功率因数 $\cos\varphi = 0.83$，允许电压损失 $\Delta U\% = 5\%$，需要系数 $K = 1$。如采用 BLX 型铝芯橡皮绝缘导线供电，导线截面应选多大？

解：由于线路较长，且允许电压损失较小，因此：

① 先按允许电压损失来选择导线截面

电动机取自电源的功率为：

$$P = \frac{P_N}{\eta} = \frac{10}{0.81\text{kW}} = 12.3\text{kW}$$

由表 2-6 可得，当采用 380/220V 三相四线制供电时，铝线的 C 值为 46.3，因此，导线的截面为：

$$S = \frac{PL}{C \cdot \Delta U\%}\% = \frac{12.3 \times 500}{46.3 \times 5\%}\%\text{mm}^2 = 27\text{mm}^2$$

查表 2-5，选用截面为 35mm² 的铝芯橡皮绝缘导线。

② 按发热条件选择导线截面

设备的视在计算负荷为：

$$S\sum C = \text{kd} \cdot \sum \frac{p_a}{\eta\cos\phi} = \frac{1 \times 10}{0.81 \times 0.83}\text{kV}\cdot\text{A} = 15\text{kV}\cdot\text{A}$$

计算负荷电流为：

$$I\Sigma c = S\Sigma \frac{c \times 10^3}{\sqrt{3}U_n} = \frac{15 \times 10^3}{\sqrt{3} \times 380}\text{A} = 22.8\text{A}$$

由于 35mm² 的铝芯橡皮绝缘导线长期连续负荷允许载流量为 138A，因此采用该导线能满足导线发热条件的要求。

③ 按机械强度条件校验

根据表 2-3 可知，绝缘导线在户外架空敷设时，铝线的最小截面是 10mm²，因此，选用 35mm² 的 BLX 铝芯橡皮绝缘导线完全满足要求。

【例 2.2】配电箱引出的长 100m 的干线上，树干式分布着 15kW 的电动机 10 台，采用铝芯塑料线明敷。设各台电动机的需要系数 $K_d = 0.6$，电动机的平均效率 $\eta = 0.8$，平均功率因数 $\cos\varphi = 0.7$，试选择该干线的截面。

解：由于线路不长，且负荷属于低压电力用电，负荷量大，因此，可先按发热条件来选择干线的截面。

视在计算负荷为：

$$S\Sigma c = K_d \cdot \Sigma \frac{pa}{\eta \cos\varphi} = \frac{0.6 \times (15 \times 10)}{(0.8 \times 0.7)}\text{kV} \cdot \text{A} = 160.7\text{kV} \cdot \text{A}$$

干线上的计算负荷电流为：

$$I\Sigma c = S\Sigma \frac{c \times 10^3}{\sqrt{3}U_n} = \frac{160.7 \times 10^3}{\sqrt{3} \times 380}\text{A} = 224\text{A}$$

查表 2-5，选择 95mm² 的铝芯塑料线，其允许载流量为 250A>244A，满足要求。

按电压损失校验，有功计算负荷为：

$$P = K_d \cdot \Sigma \frac{PN}{\eta} = \frac{0.6 \times (15 \times 10)}{0.8}\text{kW} = 112.5\text{kW}$$

采用铝芯线时，$C = 46.3$，所以：

$$\Delta U\% = \frac{PL}{CS}\% = \frac{112.5 \times 100}{46.3 \times 95}\% = 2.56\text{kW}$$

因此，所选导线也能满足电压损失的要求；根据表 2-3 规定，机械强度的要求也能完全满足的。

知识链接 Ⅱ　绝缘导线的连接与恢复

配线过程中，常常因为导线太短和线路分支，需要把一根导线与另一根导线连接起来，再把最终出线与用电设备的端子连接，这些连接点通常称为接头。

绝缘导线的连接方法很多，有绞线、焊接、压接和螺栓连接等，各种连接方法适用于不同导线及不同的工作地点。

绝缘导线的连接方法无论采用哪种方法，都不外乎下列四个步骤：

（1）剥切绝缘层。

（2）导线线芯连接。

（3）接头焊接与压接。

（4）恢复绝缘层。

一、绝缘导线绝缘层的剥削

导线线头绝缘层的剥削是导线加工的第一步,是为以后导线的连接作准备。电工必须学会用电工刀、钢丝钳或者剥线钳来剥削绝缘层。

线芯截面在 4mm² 以下电线绝缘层的处理可采用剥线钳,也可用钢丝钳。

无论是塑料单芯电线,还是多芯电线,线芯截面在 4mm² 以下的都可用剥线钳操作,且绝缘层剥削方便快捷。橡皮电线同样可用剥线钳剥削绝缘层。用剥线钳剥削时,先定好所需的剥削长度,把导线放入相应的刃口中,用手将钳柄一握,导线的绝缘层即被割破自行弹出。需注意,选用剥线钳的刃口要适当,刃口的直径应稍大于线芯的直径。

(1) 塑料硬线绝缘层的剥削方法

① 导线端头绝缘层的剥削。通常采用电工刀进行剥削,但铜芯为 4mm² 及 4mm² 以下的塑料硬导线端头绝缘层可用钢丝钳、尖嘴钳或剥线钳进行剥削。塑料硬导线端头绝缘层的剥削方法,如图 2-11(a)、(b)、(c) 所示。

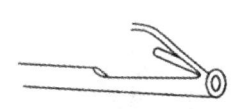

(a) 刀呈 45° 切入绝缘层　(b) 改 15° 向线端推削　(c) 用刀切去余下的绝缘层

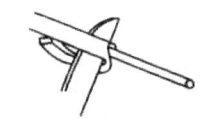

图 2-11　塑料硬导线端头绝缘层的剥削

② 导线中间绝缘层的剥削。只能采用电工刀进行剥削。塑料硬导线中间绝缘层的剥削方法,如图 2-12(a)、(b)、(c)、(d) 所示。

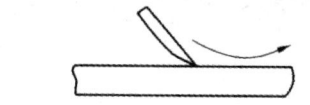

(a) 在所需线段上,电工刀呈 45° 切入绝缘层　(b) 用电工刀切去翻折的绝缘层

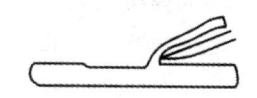

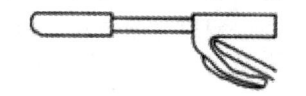

(c) 电工刀刀尖挑开绝缘层,并切断一端　(d) 用电工刀切去另一端的绝缘层

图 2-12　塑料硬导线中间绝缘层的剥削

(2) 塑料软线绝缘层的剥削方法

塑料软导线绝缘层的剥离方法,如图 2-13(a)、(b)、(c) 所示。

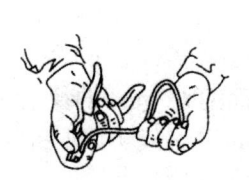

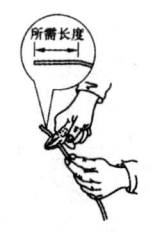

(a) 左手拇、食指捏紧线头　(b) 按所需长度,用钳头刀口轻切绝缘层　(c) 迅速移动钳头,剥离绝缘层

图 2-13　塑料软导线绝缘层的剥削

（3）塑料护套线的剥削方法

塑料护套线绝缘层的剥离方法，如图 2-14（a）、(b)、(c) 所示。

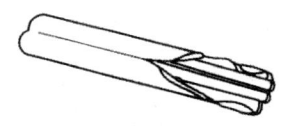

（a）用刀尖划破凹缝护套层　　　（b）剥开已划破的护套层　　　（c）翻开护套层并切断

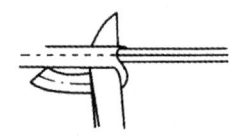

图 2-14　塑料护套线的绝缘层剥削

（4）橡胶软电缆线的剥削方法

橡胶软电缆线绝缘层的剥削方法，如图 2-15（a）、(b)、(c) 所示。

（a）用刀切开护套层　　　（b）剥开已切开的护套层　　　（c）翻开护套层并切断

图 2-15　橡胶软电缆线的绝缘层剥削

二、绝缘导线的连接

（一）导线连接的基本要求

导线连接是电工作业的一项基本工序，也是一项十分重要的工序。导线连接的质量直接关系到整个线路能否安全可靠地长期运行。对导线连接的基本要求是：连接牢固可靠、接头电阻小、机械强度高、耐腐蚀耐氧化、电气绝缘性能好。

（二）常用连接方法

需连接的导线种类和连接形式不同，其连接的方法也不同。常用的连接方法有绞合连接、紧压连接、焊接等。连接前应小心地剥除导线连接部位的绝缘层，注意不可损伤其芯线。

1. 绞合连接

绞合连接是指将需连接导线的芯线直接紧密绞合在一起。铜导线常用绞合连接。

（1）单股铜导线的直接连接。小截面单股铜导线连接方法如图 2-16（a）、(b)、(c) 所示，先将两导线的芯线线头作 X 形交叉，再将它们相互缠绕 2～3 圈后扳直两线头，然后将每个线头在另一芯线上紧贴密绕 5～6 圈后剪去多余线头即可。

大截面单股铜导线连接方法如图 2-17（a）、(b)、(c) 所示，先在两导线的芯线重叠处填入一根相同直径的芯线，再用一根截面约 1.5mm^2 的裸铜线在其上紧密缠绕，缠绕长度为导线直径的 10 倍左右，然后将被连接导线的芯线线头分别折回，再将两端的缠绕裸铜线继续缠绕 5～6 圈后剪去多余线头即可。

不同截面单股铜导线连接方法如图 2-18（a）、(b)、(c) 所示，先将细导线的芯线在粗导线的芯线上紧密缠绕 5~6 圈，然后将粗导线芯线的线头折回紧压在缠绕层上，再用细导线芯线在其上继续缠绕 3~4 圈后剪去多余线头即可。

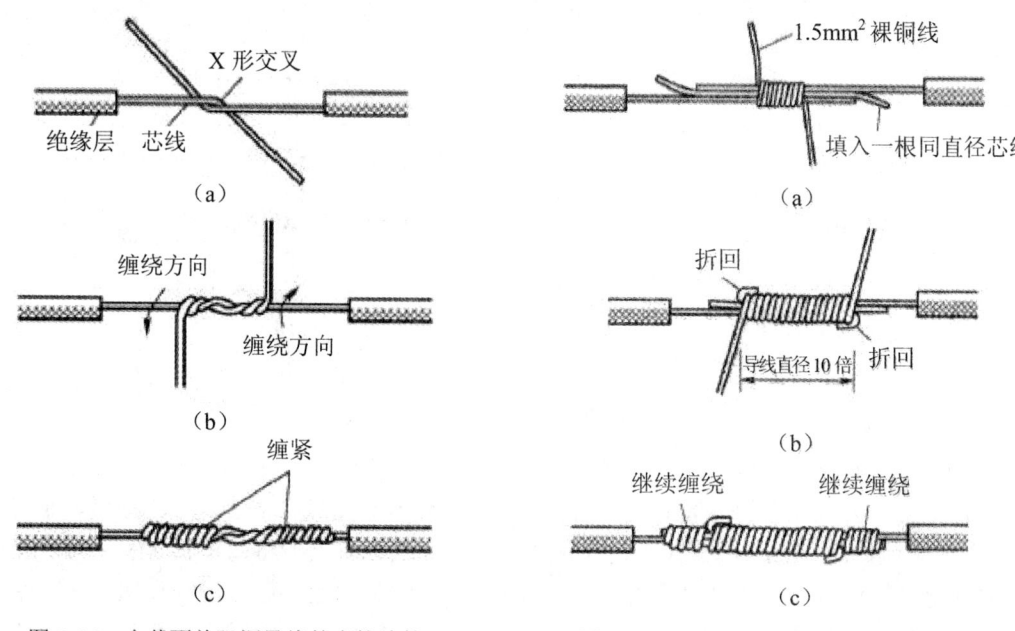

图 2-16 小截面单股铜导线的直接连接

图 2-17 大截面单股铜导线的直接连接

（2）单股铜导线的分支连接。单股铜导线的 T 字分支连接如图 2-19（a）、（b）所示，将支路芯线的线头紧密缠绕在干路芯线上 5~8 圈后剪去多余线头即可。对于较小截面的芯线，可先将支路芯线的线头在干路芯线上打一个环绕结，再紧密缠绕 5~8 圈后剪去多余线头即可。

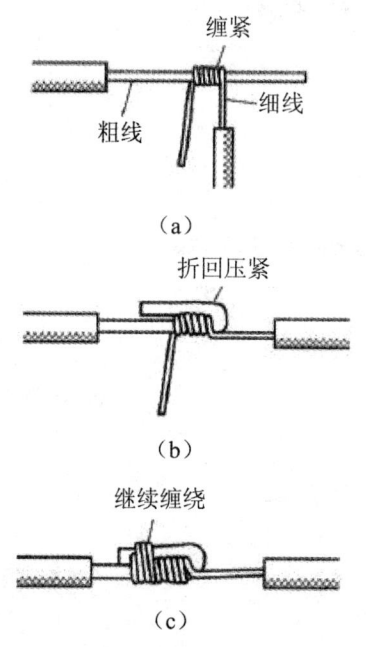

图 2-18 不同截面单股铜导线的直接连接

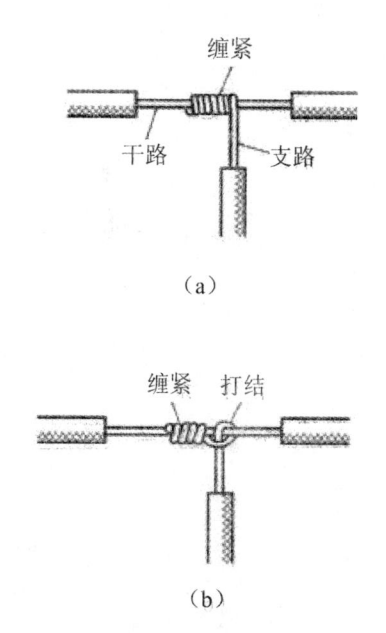

图 2-19 单股铜导线的 T 字分支连接

单股铜导线的十字分支连接如图 2-20 所示，将上下支路芯线的线头紧密缠绕在干路芯线上 5～8 圈后剪去多余线头即可。可以将上下支路芯线的线头向一个方向缠绕，如图 2-20（a）所示，也可以向左右两个方向缠绕，如图 2-20（b）所示。

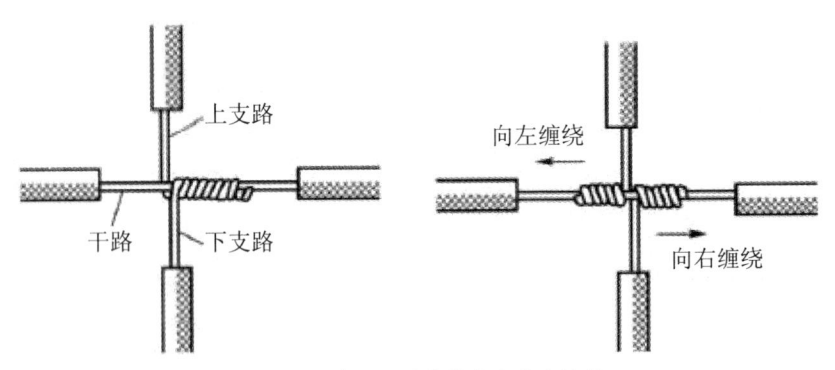

图 2-20　单股铜导线的十字分支连接

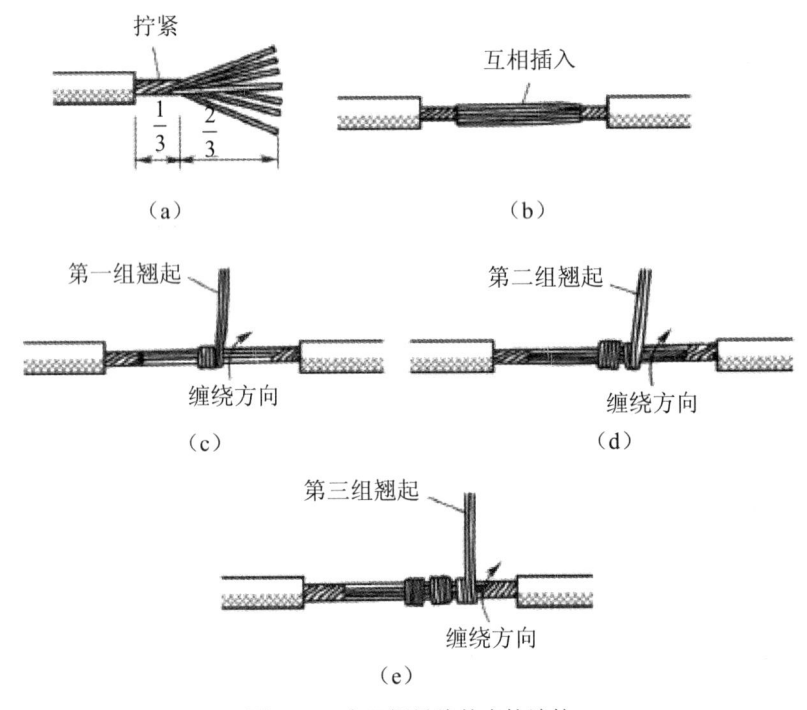

（3）多股铜导线的直接连接。多股铜导线的直接连接如图 2-21（a）、（b）、（c）、（d）、（e）所示，首先将剥去绝缘层的多股芯线拉直，将其靠近绝缘层的约 1/3 芯线绞合拧紧，而将其余 2/3 芯线成伞状散开，另一根需连接的导线芯线也如此处理。接着将两伞状芯线相对着互相插入后捏平芯线，然后将每一边的芯线线头分作 3 组，先将某一边的第 1 组线头翘起并紧密缠绕在芯线上，再将第 2 组线头翘起并紧密缠绕在芯线上，最后将第 3 组线头翘起并紧密缠绕在芯线上。以同样方法缠绕另一边的线头。

图 2-21　多股铜导线的直接连接

（4）多股铜导线的分支连接。多股铜导线的 T 字分支连接有两种方法，一种方法如图 2-22

所示,将支路芯线 90°折弯后与干路芯线并行,如图 2-22(a)所示,然后将线头折回并紧密缠绕在芯线上即可,如图 2-22(b)所示。

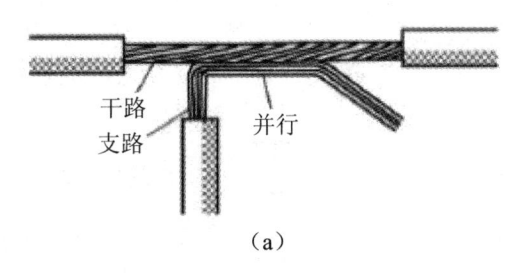

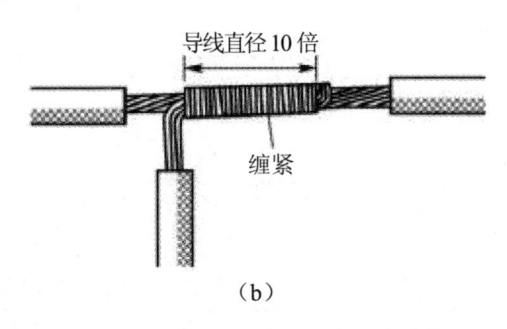

图 2-22 多股铜导线的 T 字分支连接

另一种方法如图 2-23 所示,将支路芯线靠近绝缘层的约 1/8 芯线绞合拧紧,其余 7/8 芯线分为两组,见图 2-23(a),一组插入干路芯线当中,另一组放在干路芯线前面,并朝右边按图 2-23(b)所示方向缠绕 4~5 圈。再将插入干路芯线当中的那一组朝左边按图 2-23(c)所示方向缠绕 4~5 圈,连接好的导线如图 2-23(d)所示。

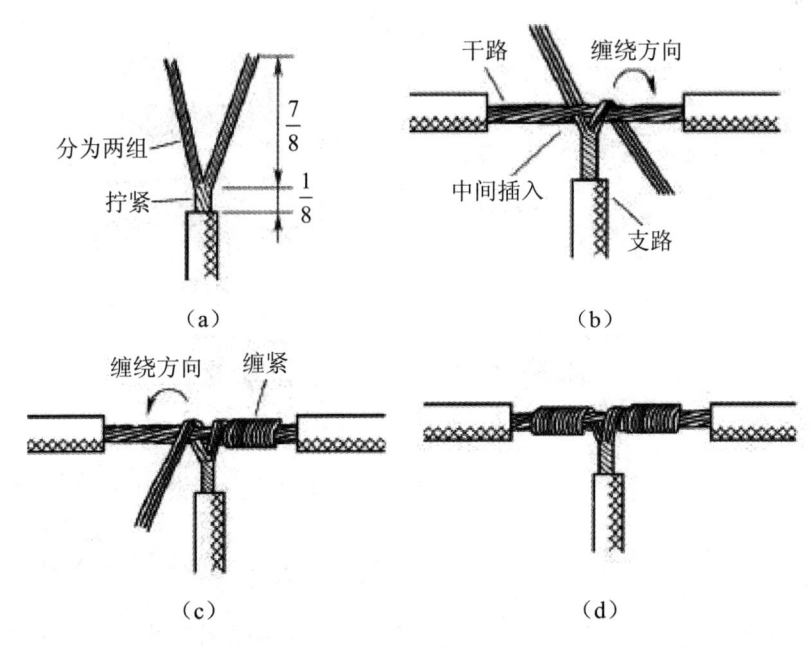

图 2-23 多股铜导线的另一种 T 字分支连接

（5）单股铜导线与多股铜导线的连接。单股铜导线与多股铜导线的连接方法如图 2-24 所示，先将多股导线的芯线绞合拧紧成单股状，再将其紧密缠绕在单股导线的芯线上 5~8 圈，最后将单股芯线线头折回并压紧在缠绕部位即可。

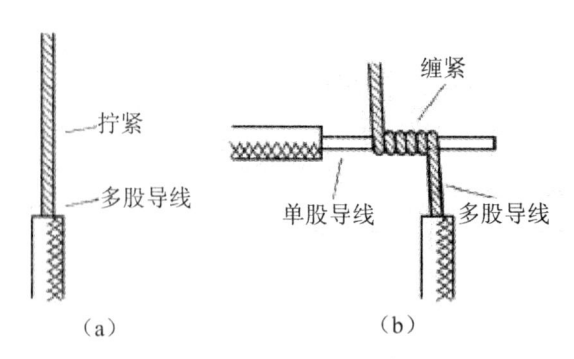

图 2-24 单股铜导线与多股铜导线的连接方法

（6）同一方向的导线的连接。当需要连接的导线来自同一方向时，可以采用图 2-25 所示的方法。对于单股导线，可将一根导线的芯线紧密缠绕在其他导线的芯线上，再将其他芯线的线头折回压紧即可。对于多股导线，可将两根导线的芯线互相交叉，然后绞合拧紧即可。对于单股导线与多股导线的连接，可将多股导线的芯线紧密缠绕在单股导线的芯线上，再将单股芯线的线头折回压紧即可。

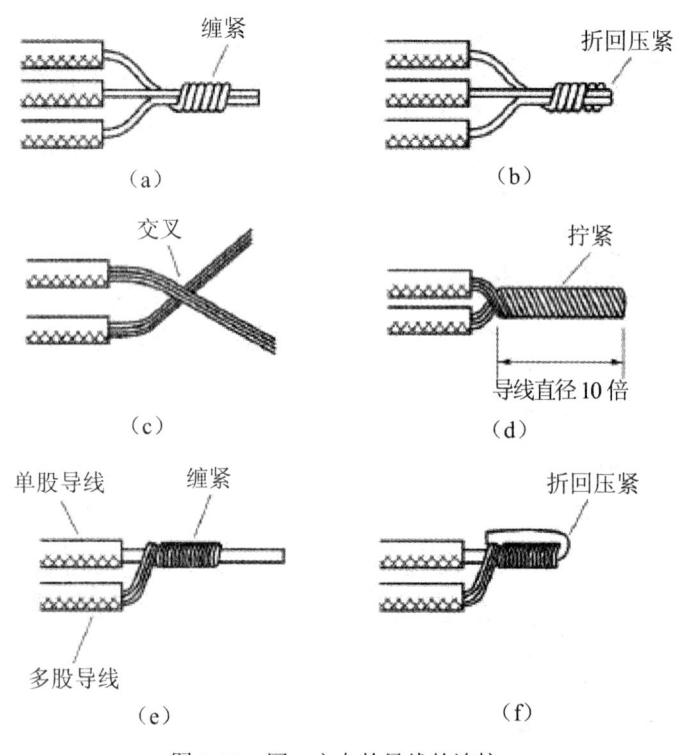

图 2-25 同一方向的导线的连接

（7）双芯或多芯电线电缆的连接。双芯护套线、三芯护套线或电缆、多芯电缆在连接时，应注意尽可能将各芯线的连接点互相错开位置,可以更好地防止线间漏电或短路。图 2-26(a)所示为双芯护套线的连接情况,图 2-26(b)所示为三芯护套线的连接情况,图 2-26(c)所示为四芯电力电缆的连接情况。

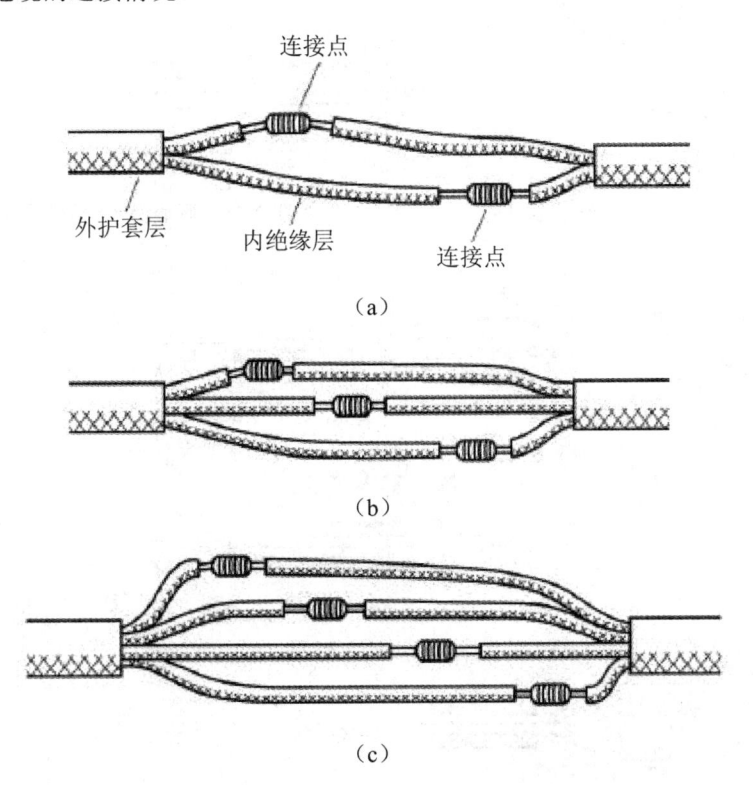

图 2-26 双芯或多芯电线电缆的连接

铝导线虽然也可采用绞合连接,但铝芯线的表面极易氧化,日久将造成线路故障,因此铝导线通常采用紧压连接。

2. 紧压连接

紧压连接是指用铜或铝套管套在被连接的芯线上,再用压接钳或压接模具压紧套管使芯线保持连接。铜导线(一般是较粗的铜导线)和铝导线都可以采用紧压连接,铜导线的连接应采用铜套管,铝导线的连接应采用铝套管。紧压连接前应先清除导线芯线表面和压接套管内壁上的氧化层和粘污物,以确保接触良好。

(1)铜导线或铝导线的紧压连接。压接套管截面有圆形和椭圆形两种,椭圆形如图 2-27所示。圆截面套管内可以穿入一根导线,椭圆截面套管内可以并排穿入两根导线。

圆截面套管使用时,将需要连接的两根导线的芯线分别从左右两端插入套管相等长度,以保持两根芯线的线头的连接点位于套管内的中间,然后用压接钳或压接模具压紧套管,一般情况下只要在每端压一个坑即可满足接触电阻的要求。在对机械强度有要求的场合,可在每端压两个坑,如图 2-28 所示。对于较粗的导线或机械强度要求较高的场合,可适当增加压坑的数目。

椭圆截面套管使用时,将需要连接的两根导线的芯线分别从左右两端相对插入并穿出套管少许,如图 2-29(a)所示,然后压紧套管即可,如图 2-29(b)所示。椭圆截面套管不仅可用于导线的直线压接，而且可用于同一方向导线的压接，如图 2-29（c）所示；还可用于导线的 T 字分支压接或十字分支压接，如图 2-29（d）和图 2-29（e）所示。

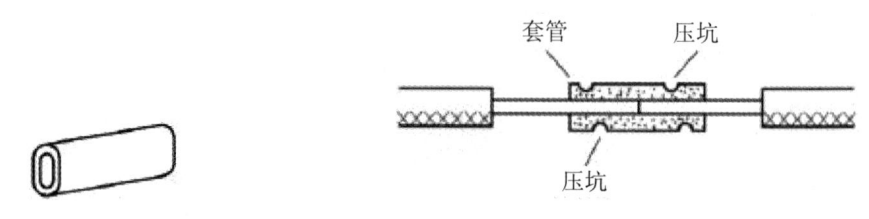

图 2-27　压接套管的椭圆形图

图 2-28　圆截面套管的压接坑

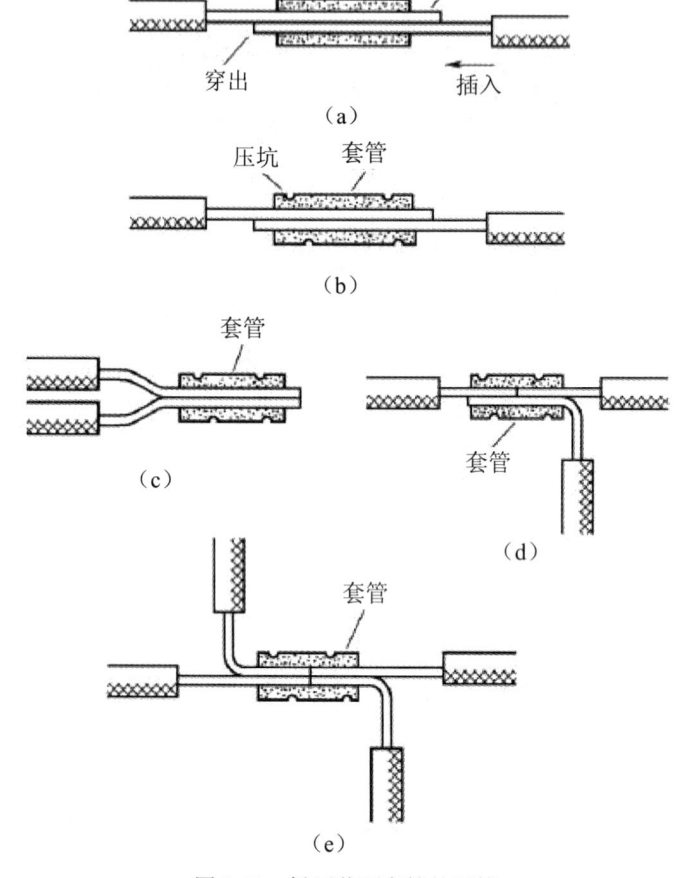

图 2-29　椭圆截面套管的压接

（2）铜导线与铝导线之间的紧压连接。当需要将铜导线与铝导线进行连接时，必须采取防止电化腐蚀的措施。因为铜和铝的标准电极电位不一样，如果将铜导线与铝导线直接绞接或压接，在其接触面将发生电化腐蚀，引起接触电阻增大而过热，造成线路故障。常用的防止电化腐蚀的连接方法有两种。

一种方法是采用铜铝连接套管。铜铝连接套管的一端是铜质，另一端是铝质，如图 2-30（a）所示。使用时将铜导线的芯线插入套管的铜端，将铝导线的芯线插入套管的铝端，然后压紧套管即可，如图 2-30（b）所示。

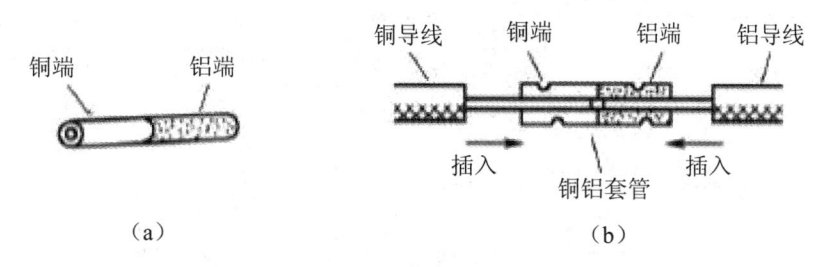

图 2-30 采用铜铝连接套管

另一种方法是将铜导线镀锡后采用铝套管连接。由于锡与铝的标准电极电位相差较小，在铜与铝之间夹垫一层锡也可以防止电化腐蚀。具体做法是先在铜导线的芯线上镀上一层锡，再将镀锡铜芯线插入铝套管的一端，铝导线的芯线插入该套管的另一端，最后压紧套管即可，如图 2-31 所示。

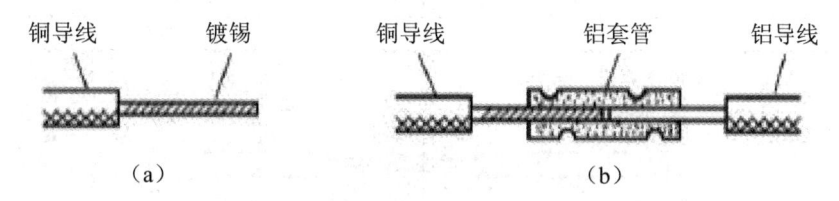

图 2-31 铜导线镀锡后采用铝套管连接

（三）导线连接处的绝缘处理

为了进行连接，导线连接处的绝缘层已被去除。导线连接完成后，必须对所有绝缘层已被去除的部位进行绝缘处理，以恢复导线的绝缘性能，恢复后的绝缘强度应不低于导线原有的绝缘强度。

导线连接处的绝缘处理通常采用绝缘胶带进行缠裹包扎。一般电工常用的绝缘带有黄蜡带、涤纶薄膜带、黑胶布带、塑料胶带、橡胶胶带等。绝缘胶带的宽度常用 20mm 的，使用较为方便。

（1）一般导线接头的绝缘处理。一字形连接的导线接头可按图 2-32 所示进行绝缘处理，先包缠一层黄蜡带，再包缠一层黑胶布带。将黄蜡带从接头左边绝缘完好的绝缘层上开始包缠，包缠两圈后进入剥除了绝缘层的芯线部分，见图 2-32（a）。包缠时黄蜡带应与导线成 55°左右倾斜角，每圈压叠带宽的 1/2，见图 2-32（b），直至包缠到接头右边两圈距离的完好绝缘层处。然后将黑胶布带接在黄蜡带的尾端，按另一斜叠方向从右向左包缠，见图 2-32（c）、图 2-32（d），仍每圈压叠带宽的 1/2，直至将黄蜡带完全包缠住。包缠处理中应用力拉紧胶带，注意不可稀疏，更不能露出芯线，以确保绝缘质量和用电安全。对于 220V 线路，也可不用黄蜡带，只用黑胶布带或塑料胶带包缠两层。在潮湿场所应使用聚氯乙烯绝缘胶带或涤纶绝缘胶带。

（2）T 字分支接头的绝缘处理。导线分支接头的绝缘处理基本方法同上，T 字分支接头的包缠方向如图 2-33 所示，走一个 T 字形的来回，使每根导线上都包缠两层绝缘胶带，每根导线都应包缠到完好绝缘层的两倍胶带宽度处。

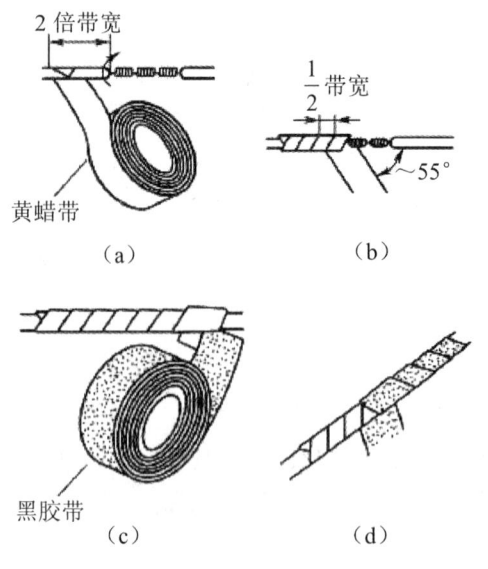

图 2-32　一般导线接头的绝缘处理

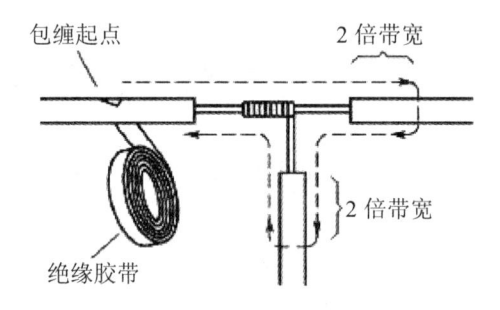

图 2-33　T 字分支接头的绝缘处理

（3）十字分支接头的绝缘处理。对导线的十字分支接头进行绝缘处理时，包缠方向如图 2-34 所示，走一个十字形的来回，使每根导线上都包缠两层绝缘胶带，每根导线也都应包缠到完好绝缘层的两倍胶带宽度处。

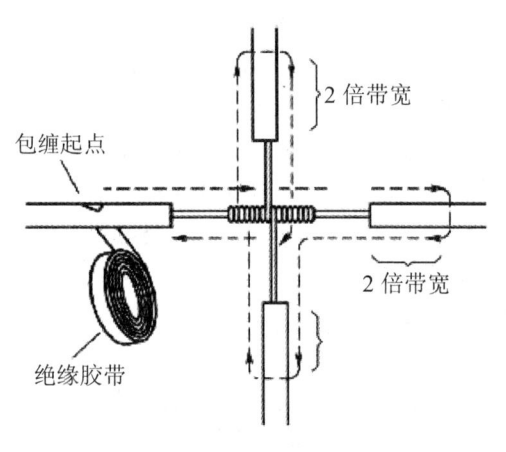

图 2-34　十字分支接头的绝缘处理

任务二　电工焊接技术

能力目标

1. 会用电烙铁焊接印制电路板；
2. 会用电烙铁焊接导线；
3. 能拆除印制电路板和导线上的焊点。

知识目标

1. 了解手工焊接的基本技能知识；
2. 掌握手工焊接的种类、常用工具、焊材、焊接的正确步骤和方法；
3. 掌握对焊点的质量检验以及如何拆除焊点的要领。

技能训练　电工基本焊接练习

一、实训前的准备工作

1. 知识准备

（1）了解电烙铁的规格和用途；

（2）了解印制电路板、导线的焊接工艺要求；

（3）熟悉所焊印制电路板的装配图，并按图纸配料，检查元器件型号、规格及数量是否符合图纸要求，并做好装配前元器件引线成型等准备工作。

2. 材料准备

（1）外热式电烙铁、松香、焊锡、斜口钳、镊子每人各 1 把；

（2）芯线截面积为 2.5mm^2 的单芯塑料绝缘铜线（BV）若干；

（3）印制电路板每人 1 块；

（4）装配元器件若干。

二、实训过程

请同学们按照实训任务单卡要求完成实训内容，完成后将任务单卡沿着虚线撕下上交。

三、实训注意事项

（1）实训分组进行，实训期间，请学生严格执行安全操作规程。

（2）在实训操作前，请认真学习实训任务内容，明确实训目的、实训步骤和安全注意事项。

（3）烙铁头在没有确信脱离电源时，不能用手摸，易燃品远离电烙铁。

（4）烙铁头上多余的锡不要乱甩，特别是往身后甩，危险很大。

（5）拆焊有弹性的元件时，不要离焊点太近，并使可能弹出焊锡的方向向外。

（6）插拔电烙铁等电器的电源插头时，要手拿插头，不要抓电源线。

（7）用螺丝刀拧紧螺丝钉时，另一只手不要握住螺丝刀刀口方向。

（8）用剪线钳剪断短小导线（例如：印刷板元件焊好后，去掉过长的引线）时，要让导线甩出方向朝着工作台或空地，决不可向人或设备。

（9）工作间要讲究文明生产、文明工作，各种工具、设备摆放合理、整齐，不要乱摆、乱放，以免发生事故。

学 习 任 务 单 卡

班级：　　　　　组别：　　　　　学号：　　　　　姓名：　　　　　实训日期：

课程信息	课程名称	教学单元	本次课训练任务	学时	实训地点
	电工普训	电工基本操作	任务　电工手工焊接练习	2节	
任务描述	先对电烙铁进行检测，无误后将其接到220V的交流电源上进行通电预热，将待焊电线和印制电路板进行焊接训练。					
学做过程记录	**任务1　印制电路板的焊接及焊点拆除训练** 实训内容及步骤 1．印制电路板的焊接 （1）将准备好的电阻和电容安装到印制板上，用预热好的电烙铁头放到待焊点上进行预热； （2）在对焊点预热约2秒后对准焊点用电烙铁沾取适量的焊剂对焊点进行均匀的涂抹，然后对准焊点送焊料； （3）待焊料在焊点上已经充分的熔化，并在点上能形成饱满的圆点，使电阻或电容已充分的连接，此时迅速撤离焊料； （4）继续对焊点进行短时的加热，待焊点上的焊料恰好覆盖住焊点，形成圆润、饱满的焊点，此时迅速沿45º方向撤离电烙铁，让焊点上的焊料自然冷却； （5）待焊料充分冷却后，用工具剪去过长的电阻或电容的管脚。 【教师现场评价：完成□，未完成□】 2．印制电路板上的盘式焊点焊件的拆除 可以采取分点拆除法，也可以采取集中拆焊法，或者间断加热拆焊法，要领是先对焊点用电烙铁进行加热，待焊点上的焊料熔化后，趁热拔下焊件。 【教师现场评价：完成□，未完成□】 **任务2　导线的焊接及焊点拆除训练** 1．导线的焊接训练 （1）将导线的绝缘层去除，并按照不同导线的连接方式进行初步连接； （2）用预热好的电烙铁对连接好的导线进行初步处理：清洁，然后沾取适量的焊剂对导线的连接处进行搪锡处理； （3）用烙铁对准导线的连接处进行加热，待焊点温度已经达到焊接要求时，用左手持焊料对准焊点送焊料； （4）待焊料在焊点上已经充分的熔化，并且熔化的量足够时，迅速撤离焊料； （5）用电烙铁对准导线的连接处继续进行加热，并用电烙铁头沾取焊料在连接处进行均匀的涂抹； （6）待焊料在连接处已经冷却后，对导线进行绝缘恢复处理。 【教师现场评价：完成□，未完成□】 2．导线、接线柱焊点的拆除。 对导线或接线柱的焊点进行充分的加热，待焊料已经熔化后，趁热对焊件进行拆除。 【教师现场评价：完成□，未完成□】					

学做过程记录	思考题
	1. 焊接时，应保证每个焊点焊接牢固、接触良好，锡点应光亮、圆滑无毛刺，锡量适中。锡和被焊物熔合牢固，不应有_____。
	2. 焊接前，应对元器件引脚或电路板的焊接部位进行处理，一般有_____、_____、_____三个步骤。
	3. 电烙铁的分类有_____、_____、_____、_____。
	4. 普通电烙铁按对烙铁头的加热方式可以分为哪几类？
	5. 手工焊接时的五步法的内容是什么？
教师评价	A□　B□　C□　D□　教师签名：
学生建议	

知识链接　电工焊接技术

焊接是金属连接的一种基本方法,也是现在电工维修和电子维修时经常采用的一种方法,它具有连接可靠、导电性能优良的特点。它是通过加热、加压,或两者并用,用或者不用焊材,使两工件产生原子间相互扩散,形成冶金结合的加工工艺和联接方式。焊接应用非常广泛,既可用于金属,也可用于非金属。金属焊接方法有40种以上,主要分为钎焊、熔焊和压焊三大类。

一、烙铁钎焊技术

钎焊是使用比工件熔点低的金属材料作钎料,将工件和焊料加热到高于焊料熔点、低于工件熔点的温度,利用液态焊料润湿工件,填充接口间隙并与工件实现原子间的相互扩散,从而实现焊接的方法。

(一)电烙铁

电烙铁是电子制作和电器维修的必备工具,主要用途是焊接元件及导线,按机械结构可分为内热式电烙铁和外热式电烙铁,按功能可分为无吸锡式电烙铁和吸锡式电烙铁,根据用途不同又分为大功率电烙铁和小功率电烙铁。

1. 电烙铁的类型

(1) 外热式电烙铁。外热式电烙铁由烙铁头、烙铁芯、传热筒、支架等部分组成,如图2-35 (a) 所示。由于烙铁头安装在烙铁芯里面,故称为外热式电烙铁。烙铁芯是电烙铁的关键部件,它是将电热丝平行地绕制在一根空心瓷管上构成,中间云母片绝缘,并引出两根导线与220V交流电源连接。外热式电烙铁的规格很多,常用的有25W、45W、75W、100W等,功率越大烙铁头的温度也就越高。

(2) 内热式电烙铁。内热式电烙铁由手柄、连接杆、发热元件、烙铁头组成,如图2-35 (b) 所示。由于烙铁芯安装在烙铁头里面,因而发热快、热利用率高,故称为内热式电烙铁。内热式电烙铁的常用规格有20W、50W几种。由于它的热效率高,20W内热式电烙铁就相当于40W左右的外热式电烙铁。内热式电烙铁的后端是空心的,用于套接在连接杆上,并且用弹簧夹固定,当需要更换烙铁头时,必须先将弹簧夹退出,同时用钳子夹住烙铁头的前端,慢慢地拔出,切记不能用力过猛,以免损坏连接杆。

(3) 恒温式电烙铁。由于恒温电烙铁头内装有带磁铁式的温度控制器,能控制通电时间从而实现温控,即给电烙铁通电时,烙铁的温度上升,当达到预定的温度时,因强磁体传感器达到了居里点而磁性消失,从而使磁芯触点断开,这时便停止向电烙铁供电;当温度低于强磁体传感器的居里点时,强磁体便恢复磁性,并吸动磁芯开关中的永久磁铁,使控制开关的触点接通,继续向电烙铁供电。如此循环往复,便达到了控制温度的目的。恒温式电烙铁的种类较多,烙铁芯一般采用PTC元件。此类型的烙铁头不仅能恒温,而且能防静电、防感应电,能直接焊CMOS器件。高档的恒温式电烙铁,其附加的控制装置上带有烙铁头温度的数字显示(简称数显)装置,显示温度最高达400℃。烙铁头带有温度传感器,在控制器上可由人工改变焊接时的温度。若改变恒温点,烙铁头很快就可达到新的设置温度。无绳式电烙铁是一种新型恒温式焊接工具,由无绳式电烙铁单元和红外线恒温焊台单元两部分组成,可实现220V电源电能转换为热能的无线传输。烙铁单元组件中有温度高低调节旋钮,由160～400℃连续可调,并有温度高低挡格指示。另外,还设计了自动恒温电子电路,可根据用户设置的使用温度自动恒温,误差范围为3℃。

（a）外热式电烙铁　　　　（b）内热式电烙铁

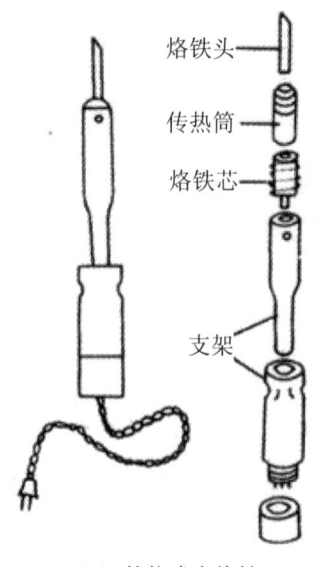

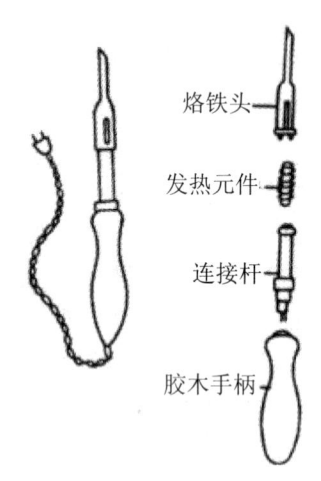

图 2-35　电烙铁的基本结构

（4）调温式电烙铁。调温式电烙铁附加有一个功率控制器，使用时可以改变供电的输入功率，可调温度范围为 100～400℃。调温式电烙铁的最大功率是 60W，配用的烙铁头为铜镀铁烙铁头（俗称长寿头）。

（5）双温式电烙铁。双温式电烙铁为手枪式结构，在电烙铁手柄上附有一个功率转换开关。开关分两位：一位是 20W；另一位是 80W。只要转换开关的位置即可改变电烙铁的发热量。

（6）吸锡式电烙铁。吸锡式电烙铁是将活塞式吸锡器与电烙铁溶为一体的拆焊工具。它具有使用方便、灵活、适用范围宽等特点。这种吸锡电烙铁的不足之处是每次只能对一个焊点进行拆焊。吸锡式电烙铁自带电源，适合于拆卸整个集成电路且速度要求不高的场合。其吸锡嘴、发热管、密封圈所用的材料，决定了烙铁头的耐用性。

2. 电烙铁的选用及使用

（1）选用电烙铁一般遵循以下原则：

① 烙铁头的形状要适应被焊件物面要求和产品装配密度。

② 烙铁头的顶端温度要与焊料的熔点相适应，一般要比焊料熔点高 30～80℃（不包括在电烙铁头接触焊接点时下降的温度）。

③ 电烙铁热容量要恰当。烙铁头的温度恢复时间要与被焊件物面的要求相适应。温度恢复时间是指在焊接周期内，烙铁头顶端温度因热量散失而降低后，再恢复到最高温度所需时间。它与电烙铁功率、热容量以及烙铁头的形状、长短有关。

（2）选择电烙铁的功率原则如下：

① 焊接集成电路、晶体管及其他受热易损件的元器件时，考虑选用 20W 内热式或 25W 外热式电烙铁。

② 焊接较粗导线及同轴电缆时，考虑选用 50W 内热式或 45～75W 外热式电烙铁。

③ 焊接较大元器件时，如金属底盘接地焊片，应选 100W 以上的电烙铁。

(3) 电烙铁的握法。电烙铁的握法分为三种。

① 反握法。是用五指把电烙铁的柄握在掌内。此法适用于大功率电烙铁，焊接散热量大的被焊件，如图2-36（a）所示。

② 正握法。此法适用于较大的电烙铁，弯形烙铁头一般也用此法，如图2-36（b）所示。

③ 握笔法。用握笔的方法握电烙铁，此法适用于小功率电烙铁，焊接散热量小的被焊件，如焊接收音机、电视机的印制电路板及其维修等，如图2-36（c）所示。

（a）反握法　　　　　　（b）正握法　　　　　　（c）握笔法

图2-36　电烙铁的握法

(4) 电烙铁使用前的处理。

在使用前先通电给烙铁头"上锡"。首先用挫刀把烙铁头按需要挫成一定的形状，然后接上电源，当烙铁头温度升到能熔锡时，将烙铁头在松香上沾涂一下，等松香冒烟后再沾涂一层焊锡，如此反复进行二至三次，使烙铁头的刃面全部挂上一层锡便可使用了。

电烙铁不宜长时间通电而不使用，这样容易使烙铁芯加速氧化而烧断，缩短其寿命，同时也会使烙铁头因长时间加热而氧化，甚至被"烧死"，不再"吃锡"。

(5) 电烙铁使用注意事项。

① 根据焊接对象合理选用不同类型的电烙铁。

② 使用过程中不要任意敲击电烙铁头以免损坏。内热式电烙铁连接杆钢管壁厚度只有0.2mm，不能用钳子夹以免损坏。在使用过程中应经常维护，保证烙铁头挂上一层薄锡。

3. 电烙铁的维护保养

烙铁头是易耗品，正确的使用和保养可以极大地延长烙铁头的寿命。首先，新的烙铁头第一次使用之前，务必先将烙铁温度调至220度，让烙铁头的上锡部位充分吃锡，最好是浸泡在锡堆里5分钟，然后在清洁海绵上擦试干净，并把烙铁温度再次调至300度，重复上述程序，最后把烙铁温度调至所需要使用温度进行使用。这样做的目的是在烙铁头锡层上形成一层保护膜，防止新的烙铁头在高温状态下直接氧化。每天下班之前，将烙铁头在清洁海绵上擦试干净，然后上一点新鲜的焊锡，第二天使用之前，还是将烙铁头在清洁海绵上擦试干净，重新上锡后使用。按以上方式进行操作，可最大限度地达到烙铁头的使用寿命。需要指出的是，烙铁头的使用温度不宜过高，温度越高，烙铁头的寿命越短，一般建议使用温度350度。正常情况下，当烙铁使用温度为350度，每天工作8小时，按正常保养程序进行保养时，烙铁头使用寿命一般为3万个焊点左右。

在无作业时一定保证烙铁头上有锡保护，焊接的时候作业者不要有划板的动作，蹭烙铁头的海绵水量要合适，以轻握有两三滴水为宜，海绵两小时左右清洗一次，焊接作业前蹭海绵，作业完成不要蹭,以防止烙铁头氧化。平时作业者不可以用烙铁头碰撞硬的东西,防止烙铁头表面镀层破损。

（二）焊料和焊剂

1. 焊料

焊料是一种易熔金属,它能使元器件引线与印制电路板的连接点连接在一起。锡（Sn）是一种质地柔软、延展性大的银白色金属,熔点为232℃,在常温下化学性能稳定,不易氧化,不失金属光泽,抗大气腐蚀能力强。铅（Pb）是一种较软的浅青白色金属,熔点为327℃,高纯度的铅耐大气腐蚀能力强,化学稳定性好,但对人体有害。锡中加入一定比例的铅和少量其他金属可制成熔点低、流动性好、对元件和导线的附着力强、机械强度高、导电性好、不易氧化、抗腐蚀性好、焊点光亮美观的焊料,一般称焊锡。

焊锡按含锡量的多少可分为15种,按含锡量和杂质的化学成分分为S、A、B三个等级。手工焊接常用丝状焊锡。

2. 焊剂

焊剂有助焊剂和阻焊剂两种。

助焊剂一般可分为无机助焊剂、有机助焊剂和树脂助焊剂,能溶解去处金属表面的氧化物,并在焊接加热时包围金属的表面,使之和空气隔绝,防止金属在加热时氧化;可降低熔融焊锡的表面张力,有利于焊锡的湿润。常用的助焊剂有松香、松香酒精助焊剂、焊膏、氯化锌助焊剂、氯化铵助焊剂等。

阻焊剂,限制焊料只在需要的焊点上进行焊接,把不需要焊接的印制电路板的板面部分覆盖起来,保护面板使其在焊接时受到的热冲击小,不易起泡,同时还起到防止桥接、拉尖、短路、虚焊等情况。

使用焊剂时,必须根据被焊件的面积大小和表面状态适量施用,用量过小,则影响焊接质量,用量过多,焊剂残渣将会腐蚀元件或使电路板绝缘性能变差。

（三）典型焊接方法与工艺

对焊接点的基本工艺要求：

焊点要有足够的机械强度,保证被焊件在受振动或冲击时不致脱落、松动。不能用过多焊料堆积,这样容易造成虚焊、焊点与焊点的短路。

焊接可靠,具有良好导电性,必须防止虚焊。虚焊是指焊料与被焊件表面没有形成合金结构,只是简单地依附在被焊金属表面上。

焊点表面要光滑、清洁,应有良好光泽,不应有毛刺、空隙,无污垢,尤其是焊剂的有害残留物质,要选择合适的焊料与焊剂。

1. 印制电路板的焊接工艺

（1）焊前准备

首先要熟悉所焊印制电路板的装配图,并按图纸配料,检查元器件型号、规格及数量是否符合图纸要求,并做好装配前元器件引线成型等准备工作。

（2）焊接顺序

元器件装焊顺序依次为：电阻器、电容器、二极管、三极管、集成电路、大功率管,其他元器件为先小后大。

（3）对元器件焊接要求

1) 电阻器焊接：按图将电阻器准确装入规定位置。要求标记向上，字向一致。装完同一种规格后再装另一种规格，尽量使电阻器的高低一致。焊完后将露在印制电路板表面多余引脚齐根剪去。

2) 电容器焊接：将电容器按图装入规定位置，并注意有极性电容器其"＋"与"－"极不能接错，电容器上的标记方向要易看可见。先装玻璃釉电容器、有机介质电容器、瓷介电容器，最后装电解电容器。

3) 二极管的焊接：二极管焊接要注意以下几点：第一，注意阳极阴极的极性，不能装错；第二，型号标记要易看可见；第三，焊接立式二极管时，对最短引线焊接时间不能超过 2s。

4) 三极管焊接：注意 e、b、c 三引线位置插接正确；焊接时间尽可能短，焊接时用镊子夹住引线脚，以利散热。焊接大功率三极管时，若需加装散热片，应将接触面平整、打磨光滑后再紧固，若要求加垫绝缘薄膜时，切勿忘记加薄膜。管脚与电路板上需连接时，要用塑料导线。

5) 集成电路焊接：首先按图纸要求，检查型号、引脚位置是否符合要求。焊接时先焊边沿的两只引脚，以使其定位，然后再从左到右、自上而下逐个焊接。对于电容器、二极管、三极管露在印制电路板面上多余引脚均需齐根剪去。

2. 导线的焊接工艺

（1）铜导线接头的锡焊

较细的铜导线接头可用大功率（例如 150W）电烙铁进行焊接。焊接前应先清除铜芯线接头部位的氧化层和黏污物。为增加连接可靠性和机械强度，可将待连接的两根芯线先行绞合，再涂上无酸助焊剂，用电烙铁蘸焊锡进行焊接即可，如图 2-37 所示。焊接中应使焊锡充分熔融渗入导线接头缝隙中，焊接完成的接点应牢固光滑。

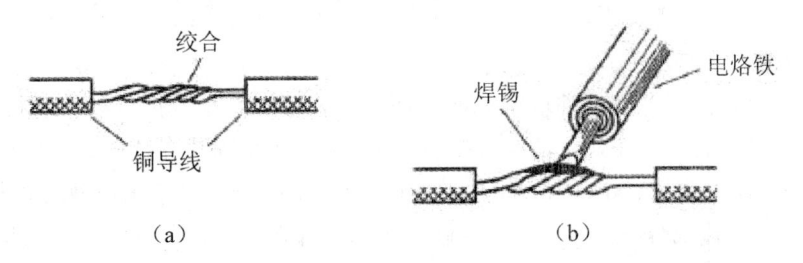

图 2-37 铜导线接头的锡焊

较粗（一般指截面 16mm^2 以上）的铜导线接头可用浇焊法连接。浇焊前同样应先清除铜芯线接头部位的氧化层和黏污物，涂上无酸助焊剂，并将线头绞合。将焊锡放在化锡锅内加热熔化，当熔化的焊锡表面呈磷黄色说明锡液已达符合要求的高温，即可进行浇焊。浇焊时将导线接头置于化锡锅上方，用耐高温勺子盛上锡液从导线接头上面浇下，如图 2-38 所示。刚开始浇焊时因导线接头温度较低，锡液在接头部位不会很好渗入，应反复浇焊，直至完全焊牢为止。浇焊的接头表面也应光洁平滑。

（2）铝导线接头的焊接

铝导线接头的焊接一般采用电阻焊或气焊。电阻焊是指用低电压大电流通过铝导线的连接处，利用其接触电阻产生的高温高热将导线的铝芯线熔接在一起。电阻焊应使用特殊的降压变压器（1kVA、初级 220V、次级 6~12V），配以专用焊钳和碳棒电极，如图 2-39 所示。

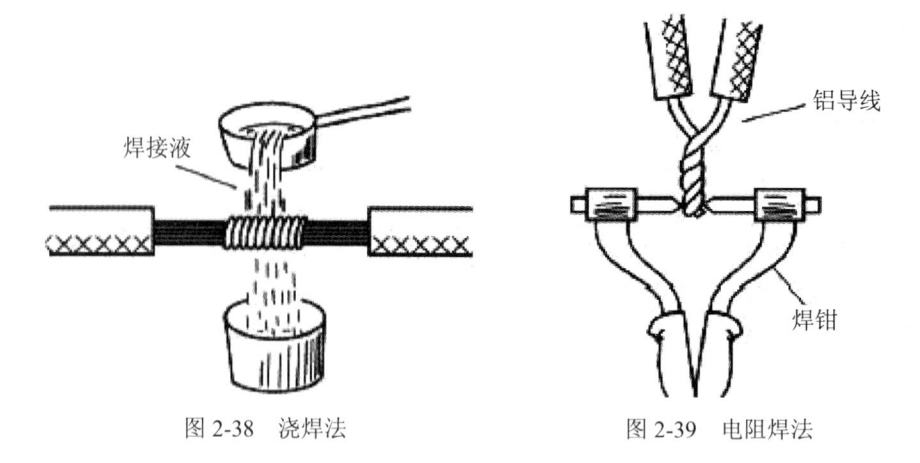

图 2-38　浇焊法　　　　　　图 2-39　电阻焊法

气焊是指利用气焊枪的高温火焰，将铝芯线的连接点加热，使待连接的铝芯线相互熔融连接。气焊前应将待连接的铝芯线绞合，或用铝丝或铁丝绑扎固定，如图 2-40 所示。

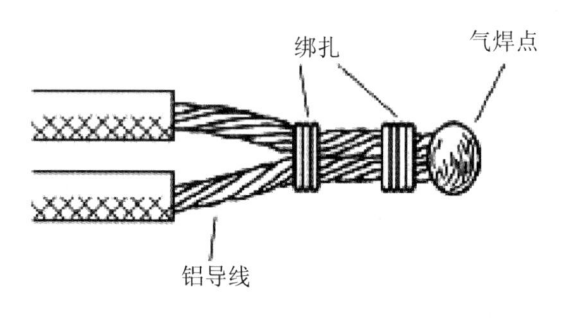

图 2-40　气焊法

二、电工熔焊技术

熔焊，又叫熔化焊，是一种最常见的焊接方法。熔焊是指焊接过程中，将联接处的金属在高温等的作用下至熔化状态而完成的焊接方法，可形成牢固的焊接接头。由于被焊工件是紧密贴在一起的，在温度场、重力等的作用下，不加压力，两个工件熔化的融液会发生混合现象。待温度降低后，熔化部分凝结，两个工件就被牢固地焊在一起，完成焊接。由于在焊接过程中固有的高温相变过程，在焊接区域就产生了热影响区。固态焊接和熔焊正相反，固态焊接没有金属的熔化。

根据焊接能源种类、能源传递介质和方式的不同，熔化焊可分为电弧焊、气焊、电渣焊、电子束焊、激光焊和等离子焊等。

三、电工压焊技术

压焊是指在焊接过程中必须对工件施加压力（加热或不加热），以完成焊接的方法。加压可使两个焊件之间接触紧密，并在焊接部位产生一定的塑性变形，促使原子扩散而使二者焊接在一起。加热则进一步提高原子扩散能力，也使连接处晶粒细化。最常用的是电阻焊。

电阻焊是工件组合后通过电极施加压力，利用电流通过接头的接触面及邻近区域产生的电阻热进行焊接的方法。电阻焊通常分为电阻点焊、缝焊和对焊，如图 2-41（a）、(b)、(c) 所示。

（a）电阻点焊　　　　　（b）电阻缝焊

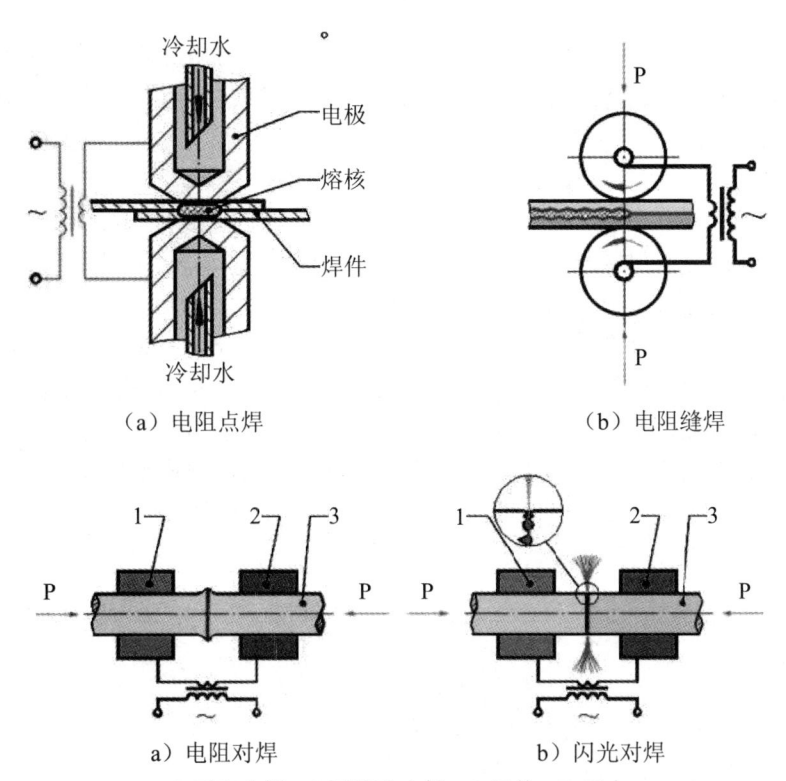

a) 电阻对焊　　　　　b) 闪光对焊

1-固定电极；2-可移动电极；3-焊件；P-压力

（c）电阻对焊

图 2-41　电阻焊示意图

（1）电阻点焊。电阻点焊是将工件装配成搭接接头，并压紧在两电极之间，利用电阻热熔化母材金属，形成焊点的电阻焊方法。

电阻点焊时两工件接触面处电阻大，发出的热量使该处温度急速升高，将该处金属熔化形成熔核。断电后，继续保持或稍加大压力，使熔核在压力下凝固，形成组织致密的焊点。焊接第二个焊点时，有一部分电流会流经已焊好的焊点，称为点焊分流现象。分流将使焊接处电流减小，以致加热不足，造成焊点强度显著下降，影响焊点质量。因此两焊点之间应有一定距离以减小分流。而且工件厚度越大，材料导电性能越好，若工件表面存在氧化物或脏物时，都会使分流现象加重。提高焊点质量可以通过合理选取焊接电流、通电时间、电极压力和提高工件表面清理质量等方法实现。

（2）缝焊。缝焊是将工件装配成搭接或对接接头，并置于两滚轮电极之间，滚轮加压工件并转动，连续或断续送电，形成一条连续焊缝的电阻焊方法。

缝焊时，相邻焊点之间部分重叠，密封性良好。但缝焊分流现象严重，焊接相同厚度的工件，其焊接电流为点焊的 1.5～2 倍。一般只适合于焊接 3mm 以下的薄板结构，如易拉罐、油箱、烟道焊接等。

（3）对焊。对焊是对接电阻焊。按焊接过程不同分为电阻对焊和闪光对焊。

① 电阻对焊

工件装配成对接接头，使其端面紧密接触，通电后利用电阻热加热至塑性状态，然后断电并迅速施加顶锻力完成焊接的方法称为电阻对焊。

电阻对焊操作简单，接头比较光滑，但焊前对工件端面加工和清理有较高的要求，否则端面加热不均匀，容易产生氧化物夹杂，质量不易保证。因此，电阻对焊一般仅用于端面简单、直径小于20mm和强度要求不高的工件。

② 闪光对焊

工件装配成对接接头，接通电源，并使其端面逐渐移近达到局部接触，利用电阻热加热这些接触点（产生闪光），使端面金属熔化，直至端部在一定深度范围内达到预定温度时，断电并迅速施加顶锻力完成焊接的方法称为闪光对焊。

闪光对焊在焊接前对工件端面清理要求不严格，因为在焊接过程中，工件端面的氧化物及杂质一部分随闪光火花带出，一部分在加压时随液体金属挤出，使得接头中夹渣很少，质量较高。但金属损耗较多，工件需留出较大裕量，焊后要清理毛刺。可以焊接相同的金属材料，也可以焊接异种金属材料。广泛用于刀具、管子、自行车圈，钢轨等的焊接。

项目三　常用电工仪表的使用

学习目标

本项目主要学习电工测量方面的知识，涉及到电路中的电量的测量方法、测量误差及其表示方法、如何对测得的数进行读取、常用电工仪表的分类、面板符号的意义、电工仪表的精确度、常用的电流表和电压表的特点及使用方法等方面，其中重点是对以上知识在理解的基础上能够在实际中应用，难点是对不同仪表的正确选用、使用和读数。

任务一　万用表的使用及维护

能力目标

1．能用万用表测量交流电压、直流电压、直流电流、电阻；
2．会使用万用表测定二极管的极性和材料，判断二极管的好坏；
3．会使用万用表判别三极管的三个电极、类型，测量三极管的放大倍数。
4．会计算测量误差，减小误差的方法。

知识目标

1．了解电工测量的基本知识；
2．掌握万用表的使用方法；

技能训练　万用表的使用

一、实训前的准备工作

1．知识准备
（1）掌握万用表的规格和使用；
（2）了解测量误差的类型以及减少误差的方法；
（3）了解二极管、三极管的极性、材料及放大倍数等知识。
2．材料准备
（1）数字式万用表每人 1 个；
（2）2.5mm^2 塑料绝缘铜线（BV）若干；
（3）电工实训台一套；
（4）二极管、三极管若干。

二、实训过程

请同学们按照实训任务单卡要求完成实训内容，完成后将任务单卡沿着虚线撕下上交。

三、实训注意事项

（1）实训分组进行，实训期间，请学生严格执行安全操作规程。

（2）在实训操作前，请认真学习实训任务内容，明确实训目的、实训步骤和安全注意事项。

（3）测量过程中，若需要换挡或换插针位置时，必须将两支表笔从测量物体上移开，再进行换挡和换插针位置操作。

（4）使用万用表测量前一定要先检查测量挡位是否正确。在使用完毕后，将测量选择置于交流 750V 或者直流 1000V 处。

（5）电工通用实训台的要求：实训台具有较完善的安全保护措施，能提供三相交流电源、直流电压、直流电流。

（6）实训期间要讲究文明生产、文明工作，各种工具、设备摆放合理、整齐，不要乱摆、乱放，以免发生事故。

学习任务单卡

| 班级： | 组别： | 学号： | 姓名： | 实训日期： |

课程信息	课程名称	教学单元	本次课训练任务	学时	实训地点
	电工普训	电工仪表的使用	任务　万用表的使用	2节	
任务描述	用数字式万用表测量电工通用实训台上的交流电压、直流电压、直流电流、电阻；用数字式万用表测定二极管的极性和三极管的三个电极。					

学做过程记录	任务1　电压、电流、电阻的测量

实训内容及步骤

1. 把单相变压器接入220V交流电源后用万用表交流电压挡分别测量原、副边电压。测量结果填入表中。

2. 调节电工实训台的稳压直流电源输出旋钮，分别输出30V、15V、3V直流电压，用万用表直流电压挡测量，测量结果填入表中。

3. 把电阻10Ω、220Ω、1kΩ、12kΩ、150kΩ分别接于晶体管稳压电源输出、直流3V电压上，用万用表直流电流挡测量通过各电阻的电流，测量结果填入表中。

4. 用万用表电阻挡测量电阻，测量结果填入表中。

测量项目	测量内容	测量结果	相对误差	绝对误差	引用误差
交流电压	交流6V				
	交流36V				
	交流220V				
电阻	10Ω				
	220Ω				
	1kΩ				
	12kΩ				
	150kΩ				
直流电压	直流3V				
	直流15V				
	直流30V				
直流电流（各电阻接直流3V电压时的电流）	接10Ω				
	接220Ω				
	接1kΩ				
	接12kΩ				
	接150kΩ				

【教师现场评价：完成□，未完成□】

项目三　常用电工仪表的使用

任务2　二极管极性和三极管三个电极的测定

1．二极管极性的测定

用万用表对二极管极性进行测定，记录表中。

测量项目	测量内容	测量结果
稳压二极管	极性	
	材料	
发光二极管	极性	
	材料	

【教师现场评价：完成□，未完成□】

2．三极管三个电极的测定

用万用表对三极管的三个电极进行测定，记录表中。

测量项目	三极管类型	电极判断	放大倍数（β）
三极管			

【教师现场评价：完成□，未完成□】

思考题

1．根据误差产生的原因来分，误差有_____和_____两类。根据误差的性质来分，误差分为_____、_____和_____三种。

2．电工仪表的准确度等级是根据_____来分的，共分为_____级。

3．消除随机误差的方法是_____。

4．高压和大电流测量时一般要使用_____。

5．电工指示仪表按使用方法可分为：_____式和_____式两种，精度较高的是_____式仪表。

6．一般情况下，测量结果的准确度不会等于仪表的准确度。　　　　　　　（　　）

7．选择仪表量程时，量程越大越好。　　　　　　　　　　　　　　　　　（　　）

8．利用万用表欧姆挡也可测量绝缘电阻。　　　　　　　　　　　　　　　（　　）

9．欧姆挡的倍率的选择原则是指针指在满刻度附近。　　　　　　　　　　（　　）

10．比较测量法的优点是方法简便，读数迅速。　　　　　　　　　　　　（　　）

教师评价：A□　　B□　　C□　　D□　　教师签名：

学生建议：

知识链接 I　电工测量及测量误差的处理

一、电工测量

（一）测量的概念

测量是以确定被测对象量值为目的的全部操作。

通常测量结果的量值由两部分组成：数值（大小及符号）和相应的单位名称。

（二）测量的分类

测量可从不同的角度出发进行分类。

1. 从获得测量结果的不同方式分类，可分为直接测量法、间接测量法和组合测量法

（1）直接测量法——从测量仪器上直接得到被测量量值的测量方法，直接测量的特点是简便。此时，测量目的与测量对象是一致的。例如用电压表测量电压、用电桥测量电阻值等。

（2）间接测量法——通过测量与被测量有函数关系的其他量，才能得到被测量量值的测量方法。例如用伏安法测量电阻。

当被测量不能直接测量，或测量很复杂，或采用间接测量比采用直接测量能获得更准确的结果时，采用间接测量。间接测量时，测量目的和测量对象是不一致的。

（3）组合测量法——在测量中，若被测量有多个，而且它们和可直接（或间接）测量的物理量有一定的函数关系，通过联立求解各函数关系来确定被测量的数值，这种测量方式称为组合测量法。

例如，图 3-1 所示电路中测定线性有源一端口网络等效参数 R_{eq}、U_{oc}。

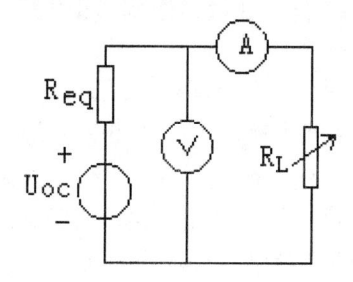

图 3-1　求等效参数 R_{eq}，U_{oc}

调 R_L 为 R_1 时得到 I_1，U_1

调 R_L 为 R_2 时得到 I_2，U_2

得 $\begin{cases} U_1 + R_{eq} I_1 = U_{oc} \\ U_2 + R_{eq} I_2 = U_{oc} \end{cases}$

解联立方程组可求得 R_{eq}、U_{oc} 的数值。

2. 根据获得测量结果的数值的方法不同，分为直读测量法和比较测量法

（1）直读测量法（直读法）——直接根据仪表（仪器）的读数来确定测量结果的方法。测量过程中，度量器不直接参与作用。例如用电流表测量电流、用功率表测量功率等。直读测量法的特点是设备简单、操作简便，缺点是测量准确度不高。

（2）比较测量法——测量过程中被测量与标准量（又称度量器）直接进行比较而获得测

量结果的方法。例如用电桥测电阻，测量中作为标准量的标准电阻参与比较。比较测量法的特点是测量准确、灵敏度高，适用于精密测量。但测量操作过程比较麻烦，相应的测量仪器较贵。

综上所述，直读法与直接测量法，比较法与间接测量法，彼此并不相同，但又互有交叉。实际测量中采用哪种方法，应根据对被测量测量的准确度要求以及实验条件是否具备等多种因素具体确定。如测量电阻，当对测量准确度要求不高时，可以用万用表直接测量或伏安法间接测量，它们都属于直读法。当要求测量准确度较高时，则用电桥法进行直接测量，它属于比较测量法。

二、测量误差的处理

（一）测量误差

1. 测量误差的定义

不论用什么测量方法，也不论怎样进行测量，测量的结果与被测量的实际数值总存在差别，我们把这种差别，也就是测量结果与被测量真值之差称为测量误差。

从不同角度出发，测量误差有多种分类方法。

2. 测量误差的分类

（1）根据误差的表示方法可分为绝对误差、相对误差、引用误差三类。

1）绝对误差——是指测得值与被测量实际值之差，用 Δx 表示，即

$$\Delta x = x - x_0$$

式中，x——测得值；

x_0——实际值。

绝对误差是具有大小、正负和量纲的数值。

在实际测量中，除了绝对误差外，还经常用到修正值的概念，它的定义是与绝对误差等值反号，即

$$c = x_0 - x$$

知道了测量值和修正值 c，由式中就可求出被测量的实际值 x_0。

绝对误差的表示方法只能表示测量的近似程度，但不能确切地反映测量的准确程度。

为了便于比较测量的准确程度，提出了相对误差的概念。

2）相对误差——是指测量的绝对误差与被测量（约定）真值之比（用百分数表示），用 γ 表示，即

$$\gamma = \frac{\Delta x}{x_0} \times 100\%$$

式中，分子为绝对误差，当分母所采用量值不同（真值 A_0、实际值 x_0、示值 x 等）时相对误差又可分为：相对真误差、实际相对误差和示值相对误差。

相对误差是一个比值，其数值与被测量所取的单位无关；能反映误差大小和方向；能确切地反映测量准确程度。因此，在测量过程中，欲衡量测量结果的误差或评价测量结果准确程度时，一般都用相对误差表示。

相对误差虽然可以较准确地反映量的准确，但用来表示仪表的准确度时，不甚方便。因为同一仪表的绝对误差在刻度范围内变化不大，这样就使得在仪表标度尺的各个不同部位的相对误差不是一个常数。如果采用仪表的量程 x_m 作为分母就解决了上述问题。

3）引用误差——是指测量指示仪表的绝对误差与其量程之比（用百分数表示），用 γ_n 表

示，即

$$\gamma_n = \frac{\Delta x}{x_m} \times 100\%$$

实际测量中，由于仪表各标度尺位置指示值的绝对误差的大小、符号不完全相等，若取仪表标度尺工作部分所出现的最大绝对误差作为式中的分子，则得到最大引用误差，用 γ_{nm} 表示。

$$\gamma_{nm} = \frac{\Delta x_m}{x_m} \times 100\%$$

最大引用误差常用来表示电测量指示仪表的准确度等级，它们之间的关系是

$$\gamma_{nm} = \frac{\Delta x_m}{x_m} \times 100\% \leqslant \alpha\%$$

式中，α——仪表准确度等级指数。

根据 GB7676.2-87《直接作用模拟指示电测量仪表及其附件》的规定，电流表和电压表的准确度等级 α 如表 3-1 所示。仪表的基本误差在标度尺工作部分的所有分度线上不应超过表 3-1 中的规定。

表 3-1 电流表和电压表的准确度等级

准确度等级 α	0.05	0.1	0.2	0.3	0.5	1.0	1.5	2.0	2.5	5.0
基本误差%	±0.05	±0.1	±0.2	±0.3	±0.5	±1.0	±1.5	±2.0	±2.5	±5.0

由表可见，准确度等级的数值越小，允许的基本误差越小，表示仪表的准确度越高。

式中说明，在应用指示仪表进行测量时，产生的最大绝对误差为

$$\Delta x_m \leqslant \pm \alpha\% \cdot x_m$$

当用仪表测量被测量的示值为 x 时，可能产生的最大示值相对误差为

$$\gamma_m = \frac{\Delta x_m}{x} \times 100\% \leqslant \pm \alpha\% \cdot \frac{x_m}{x} \times 100\%$$

因此，根据仪表准确度等级和测量示值，可计算直接测量中最大示值相对误差。当被测量量值愈接近仪表的量程，测量的误差愈小。因此，测量时应使被测量量值尽可能在仪表量程的 2/3 以上。

【例 3.1】用一个量程为 30mA、准确度等级为 0.5 级的直流电流表测得某电路中电流为 25.0mA，求测量结果的示值相对误差。

解 根据式中可得其测量结果可能出现的示值最大相对误差为

$$\gamma_m = \frac{\Delta x_m}{x} \times 100\% = \pm \frac{0.15}{25.0} \times 100\% = \pm 0.6\%$$

（2）根据误差的性质可分为：系统误差、随机误差和粗大误差三类。

1）系统误差

系统误差是指在同一条件下，多次测量同一量值时，误差的大小和符号均保持不变，或者当条件改变时，按某一确定的已知规律（确定函数）变化的误差。系统误差包括已定系统误差和未定系统误差，已定系统误差是指符号和绝对值已经确定的系统误差。例如，用电流表测量某电流，其示值为 5A，若该示值的修正值为+0.01A，而在测量过程中由于某种原因对测量结果未加修正，从而产生-0.01A 的已定系统误差。

未定系统误差是指符号或绝对值未经确定的系统误差。例如，用一只已知其准确度为 a 及量程为 U_m 的电压表去测量某一电压 U_x，则可按式中估计测量结果的最大相对误差 γ_{nm}，因为这时只估计了误差的上限和下限，并不知道测量电压误差确切大小及符号。因此，这种误差称为未定系统误差。

系统误差产生的原因有测量仪器、仪表不准确，环境因素的影响，测量方法或依据的理论不完善及测量人员的不良习惯或感官不完善等。

系统误差的特点是：

① 系统误差是一个非随机变量，是固定不变的，或是一个确定的时间函数。也就是说，系统误差的出现不服从统计规律，而服从确定的函数规律。

② 重复测量时，系统误差具有重现性。对于固定不变的系统误差，重复测量时误差也是重复出现的。系统函数为时间函数时，它的重现性体现在当测量条件实际相同时，误差可以重现。

③ 可修正性。由于系统误差的重现性，就决定了它是可以修正的。

2）随机误差

随机误差是指在同一量的多次测量中，以不可预知方式变化的测量误差的分量。随机误差就个体而言是不确定的，但其总体服从统计规律。

随机误差的特点是：

① 有界性。在一定的测量条件下，误差的绝对值不会超过一定的界限。

② 单峰性。绝对值小的误差出现的概率大，而绝对值大的误差出现的概率小。

③ 对称性。绝对值相等的±误差出现的概率一致。

④ 抵偿性。将全部误差相加时，具有相互抵消的特性。

特性④可由特性③推导出来，因为绝对值相等的正负误差之和可以互相抵销对于有限次测量、随机误差的算术平均值是一个很小的量，而当测量次数 n 无限增大时，随机误差趋近于零。在精密测量中，一般采用取多次测量值的算术平均值的方法消除随机误差。

3）粗大误差

粗大误差是指明显超出了规定条件下预期的误差。

这种误差是由于实验者的粗心，错误读取数据；或使用了有缺陷的计量器具；或计量器具使用不正确；或环境的干扰等引起的。例如，用了有问题的仪器，读错、记错或算错测量数据等。含有粗大误差的测量值称为坏值，应该去掉。

3. 测量结果的评定

前面讲述的误差是描述测量结果偏离真值的程度，我们也可以从另一个角度用正确度、精密度和准确度这三个"度"来描述测量结果与真值的一致程度。从本质上讲三者是一致的。在使用中常见到因对这几个"度"之间含义的混淆，从而影响了对测量结果的正确评述。

（1）正确度。由系统误差引起的测得值与真值的偏离程度，偏离越小，正确度越高，系统误差越小，测量结果越正确。因此，正确度反映了系统误差对测量结果影响的程度。

当系统误差远大于随机误差时，相对地说，随机误差可以忽略不计，则有：

$$\Delta x = \varepsilon = x - x_0$$

这时可按系统误差来处理，并估计测量结果的正确度。

上式中：ε——系统误差

x——测量值

x_0——真值

（2）精密度。它指测量值重复一致的程度。测量过程中，在相同条件下用同一方法对某一量进行重复测量时，所测得的数值相互之间接近的程度。数值愈接近，精密度愈高。换句话说，精密度用以表示测量的重现性，反映随机误差对测量结果的影响。

同样，当系统误差小到可以忽略不计或业已消除时，可得

$$\Delta x = \delta = x - x_0$$

上式中　　δ——随机误差

　　　　　x——测量值

　　　　　x_0——真值

这时可按随机误差来处理，并估计测得结果的精密度。

（3）准确度。由系统误差和随机误差共同引起的测量值与真值的偏离程度，偏离越小，准确度越高，综合误差越小，测量结果越准确。所以，准确度同时反映了系统误差和随机误差对测量结果影响的程度。

当系统误差和随机误差两者差不多，而不能忽略其中任何一个时，可将系统误差与随机误差进行分别处理，然后再考虑其综合影响，并估计测量结果的准确度。

正确度和精密度是互相独立的，对于一个具体的测量，正确度高，精密度不一定高；反之，精密度高，正确度也不一定高。但正确度和精密度都高，却完全是有可能的。

只有正确度高或精密度高，就不能说准确度高；只有正确度和精密度都高，才能说准确度高。

（二）消除系统误差的基本方法

在测量过程中，如果发现测量结果中存在系统误差，就应对测量进行深入的分析和研究，以便找出产生系统误差的根源，并设法将它们消除，这样才能获得准确的测量结果。与随机误差不同，系统误差是不能用概率论和数理统计的数学方法加以削弱和消除的。目前，对系统误差的消除尚无通用的方法可循，这就需要对具体问题采取不同的处理措施和方法。一般来说，对系统误差的消除在很大程度上取决于测量人员的经验、学识和技巧。下面仅介绍人们在测量实践中总结出来的消除系统误差的一般原则和基本方法。

（1）从误差来源上消除系统误差

这是消除系统误差的根本方法，它要求测量人员对测量过程上可能产生系统误差的各种因素进行仔细分析，并在测量之前从根源上加以消除。例如，仪器仪表的调整误差，在实验前应正确地、仔细地调整好测量用的一切仪器仪表，为了防止外磁场对仪器仪表的干扰，应对所有实验设备进行合理的布局和接线等。

（2）用修正方法消除系统误差

这种方法是预先将测量设备、测量方法、测量环境（如温度、湿度、外界磁场等）和测量人员等因素所产生的系统误差，通过检定、理论计算及实验方法确定下来，并取其相反值作出修正表格、修正曲线或修正公式。在测量时，就可根据这些表格、曲线或公式，对测量所得到的数据引入修正值。这样由以上原因所产生的系统误差就能减小到可以忽略的程度。

实际上，在我们的实验过程中，通常要用到仪表（电流表、电压表、功率表等）进行测量，这样便引入了仪表误差，该误差是不可避免的，但可以修正为系统误差。

$$\Delta x = x - x_0$$

$\therefore c = \Delta x$

式中：c ——修正值

例1　测量电阻 R_X 的实验电路如图3-2所示。

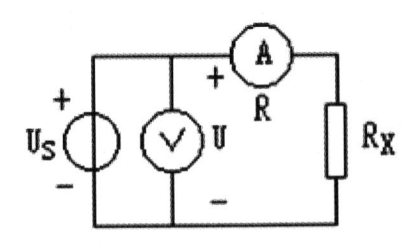

图3-2（a）　电压表外接法

图3-2（a）中电压表两端的电压为

$$U = U_A + U_X$$

$$R = \frac{U}{I} = R_A + R_X$$

$$\Delta R = R_A$$

修正值 $C = -\Delta R$

可见，电压表外接法适用于负载较大的情况，即：$R_X \gg R_A$。R_A 便可忽略不计。

图3-2（b）中电流表流过的电流为：

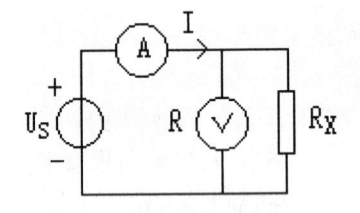

图3-2（b）　电压表内接法

$$I = I_V + I_X = U(\frac{1}{R_V} + \frac{1}{R_X})$$

$$\therefore R = \frac{U}{I} = \frac{1}{(\frac{1}{R_V} + \frac{1}{R_X})}$$

ΔR 是由 R_V 引起的。

可见，电压表内接法适用于负载较小的情况，即 $R_X \ll R_V$。R_V 分流作用小。

（3）应用测量技术消除系统误差

在实际测量中，还可以采用一些有效的测量方法，来消除和削弱系统误差对测量结果的影响。

1）替代法

替代法的实质是一种比较法，它是在测量条件不变的情况下，用一个数值已知的且可调的标准量来代替被测量。在比较过程中，若仪表的状态和示值都保持不变，则仪表本身的误差和其他原因所引起的系统误差对测量结果基本上没有影响，从而消除了测量结果中仪表所引起的系统误差。

如图 3-3 所示，用替代法测量电阻 R_X。在测量时先把被测电阻 R_X 接入测量线路（开关 S 接到 1），调节可调电阻 R_0，使电流表 A 的读数为某一适当数值，然后将开关 S 转接到位置 2，这时可调标准电阻 R_n 代替 R_X 被接入测量电路，调节 R_n 使电流表数值保持原来读数不变。如果 R_0 的数值及所有其他外界条件都不变，则 $R_n = R_X$。显然，其测量结果的准确度决定于标准电阻 R_n 的准确度及电流的稳定性。

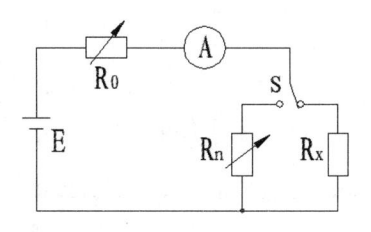

图 3-3 替代法

在比较法中，根据标准量和被测量是同时接入电路或不同时接入电路，又可分为同时比较法和异时比较法两大类。

图 3-3 所示电路是一种异时比较法电路，常用来测量中值电阻。

2）零示法

零示法是一种广泛应用的测量方法，主要用来消除因仪表内阻影响而造成的系统误差。

在测量中，使被测量对仪表的作用与已知的标准量对仪表的作用相互平衡，以使仪表的指示为零，这时的被测量就等于已知的标准量。

【例 3.2】图 3-4 是用零示法测量实际电压源开路电压 U_{OC} 的实用电路。

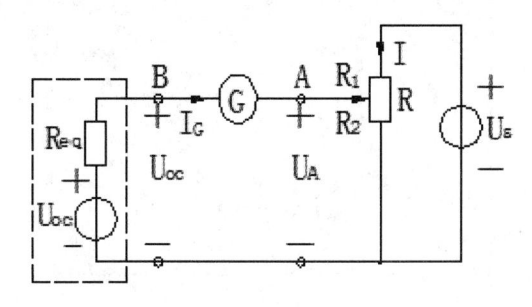

图 3-4 零示法

其中 U_s：直流电源；R：标准电阻；G：检流计

测量时：调节电阻 R 的分压比，使检流计 G 的读数为 0，则 $U_A = U_B = U_{OC}$。

即
$$U_{OC} = U_A = U_S \cdot \frac{R_2}{R_1 + R_2}$$

在测量过程中，只需要判断检流计中有无电流，而不需要读数，因此只要求它具有足够的灵敏度。同时，只要直流电源 U_S 及标准电阻 R 稳定且准确，其测量结果就会准确。

3）正负误差补偿法

在测量过程中，当发现系统误差为恒定误差时，可以对被测量在不同的测量条件下进行两次测量，使其中一次所包含的误差为正，而另一次所包含的误差为负，取这两次测量数据的平均值作为测量结果，从而就可以消除这种恒定系统误差。

例如，用安培表测量电流时，考虑到外磁场对仪表读数的影响，可以将安培表转动180°再测量一次，取这两次测量数据的平均值作为测量结果。如果外磁场恒定不变则相互抵消，从而消除了外磁场对测量结果的影响。

此外还有组合法、微差替代法等。

知识链接Ⅱ 万用表

1. 模拟式万用表

模拟式万用表的型号繁多，图3-5为常用的MF-47型万用表的外形。

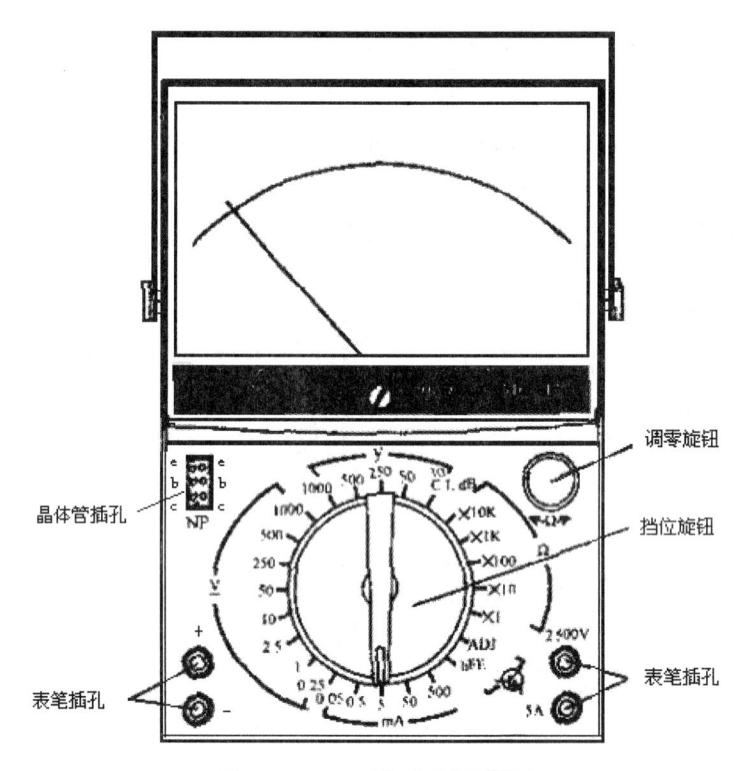

图3-5 MF-47型万用表面板图

（1）使用前的检查与调整

在使用万用表进行测量前，应进行下列检查、调整：

① 外观应完好无破损，当轻轻摇晃时，指针应摆动自如。

② 旋动转换开关，应切换灵活无卡阻，挡位应准确。

③ 水平放置万用表，转动表盘指针下面的机械调零螺丝，使指针对准标度尺左边的0位线。

④ 测量电阻前应进行电调零（每换挡一次，都应重新进行电调零）。即：将转换开关置于欧姆挡的适当位置，两支表笔短接，旋动欧姆调零旋钮，使指针对准欧姆标度尺右边的 0

位线。如指针始终不能指向 0 位线，则应更换电池。

⑤ 检查表笔插接是否正确。黑表笔应接"－"极或"＊"插孔，红表笔应接"＋"。

⑥ 检查测量机构是否有效，即应用欧姆挡，短路时碰触两表笔，指针应偏转灵敏。

（2）直流电阻的测量

首先应断开被测电路的电源及连接导线。若带电测量，将损坏仪表；若在路测量，将影响测量结果。

合理选择量程挡位，以指针居中或偏右为最佳。测量半导体器件时，不应选用 R×1 挡和 R×10K 挡。

测量时表笔与被测电路应接触良好；双手不得同时触至表笔的金属部分，以防将人体电阻并入被测电路造成误差。

正确读数并计算出实测值。

切记绝对不可以用欧姆挡直接测量微安表头、检流计、电池内阻。

（3）电压的测量

测量电压时，表笔应与被测电路并联。

测量直流电压时，应注意极性。若无法区分正、负极，则先将量程选在较高挡位，用表笔轻触电路，若指针反偏，则调换表笔。

合理选择量程。若被测电压无法估计，应先选择最大量程，视指针偏摆情况再作调整。

测量时应与带电体保持安全间距，手不得触及表笔的金属部分。测量高电压时（500～2500V），应戴绝缘手套且站在绝缘垫上使用高压测试笔进行。

（4）电流的测量

测量电流时，应与被测电路串联，切不可并联！

测量直流电流时，应注意极性。

合理选择量程。

测量较大电流时，应先断开电源然后再撤表笔。

（5）注意事项

① 测量过程中不得换挡。

② 读数时，应三点成一线（眼睛、指针、指针在刻度中的影子）。

③ 根据被测对象，正确读取标度尺上的数据。

④ 测量完毕应将转换开关置空挡或 OFF 挡或电压最高挡。若长时间不用，应取出内部电池。

2. 数字万用表

数字万用表具有测量精度高、显示直观、功能全、可靠性好、小巧轻便以及便于操作等优点。

（1）面板结构与功能

图 3-6 为 DT-830 型数字万用表的面板图，包括 LCD 液晶显示器、电源开关、量程选择开关、表笔插孔等。

液晶显示器最大显示值为 1999，且具有自动显示极性功能。若被测电压或电流的极性为负，则显示值前将带"-"号。若输入超量程时，显示屏左端出现"1"或"-1"的提示字样。

电源开关（POWER）可根据需要，分别置于"ON"（开）或"OFF"（关）状态。测量完毕，应将其置于"OFF"位置，以免空耗电池。数字万用表的电池盒位于后盖的下方，采用

9V 叠层电池。电池盒内还装有熔丝管，以起过载保护作用。旋转式量程开关位于面板中央，用以选择测试功能和量程。若用表内蜂鸣器作通断检查时，量程开关应停放在标有"•)))"符号的位置。

h_{FE} 插口用以测量三极管的 h_{FE} 值时，将其 B、C、E 极对应插入。

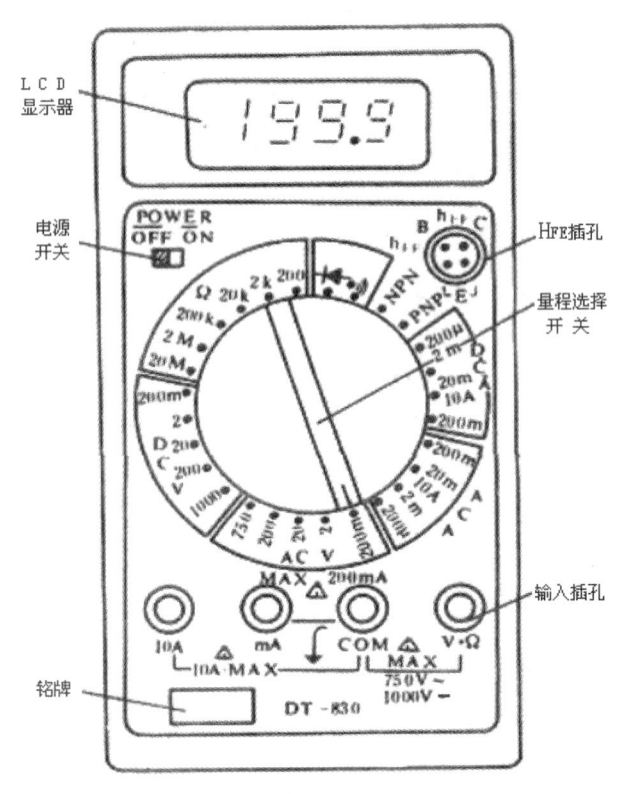

图 3-6　DT-830 型数字万用表的面板图

输入插口是万用表通过表笔与被测量连接的部位，设有"COM""V·Ω""mA""10A"四个插口。使用时，黑表笔应置于"COM"插孔，红表笔依被测种类和大小置于"V·Ω""mA"或"10A"插孔。在"COM"插孔与其他三个插孔之间分别标有最大（MAX）测量值，如 10A、200mA、交流 750V、直流 1000V。

（2）使用方法

测量交、直流电压（ACV、DCV）时，红、黑表笔分别接"V·Ω"与"COM"插孔，如图 3-7（a）所示。旋动量程选择开关至合适位置（200mV、2V、20V、200V、700V 或 1000V），红、黑表笔并接于被测电路（若是直流，注意红表笔接高电位端，否则显示屏左端将显示"－"），如图 3-7（b）（c）所示。此时显示屏显示出被测电压数值。若显示屏只显示最高位"1"，表示溢出，应将量程调高。

测量交、直流电流（ACA、DCA）时，红、黑表笔分别接"mA"（大于 200mA 时应接"10A"）与"COM"插孔，如图 3-8（a）（b）所示。旋动量程选择开关至合适位置（2mA、20mA、200mA 或 10A），将两表笔串接于被测回路（直流时，注意极性），如图 3-9（a）（b）所示。显示屏所显示的数值即为被测电流的大小。

(a) 红、黑表笔接法

(b) 测交流电压的挡位 　　　　　　　　　　(c) 测直流电压的挡位

图 3-7　交直流电压的测量

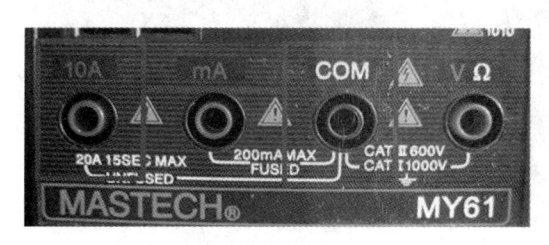

(a) 大电流 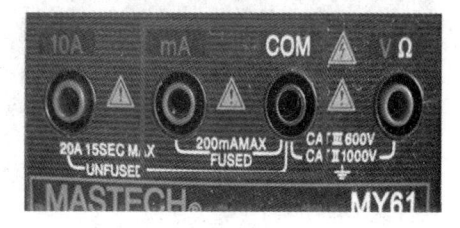　　　　　　　　　　(b) 小电流

图 3-8　交直流电流测量的红黑表笔接法

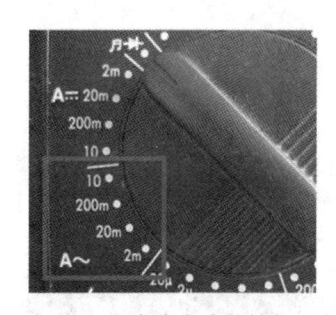

(a) 测交流电流的挡位 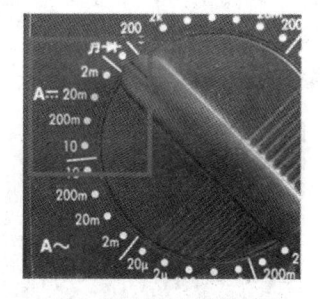　　　　　　　　　　(b) 测直流电流的挡位

图 3-9　交直流电流的测量

测量电阻时，无须调零。将红、黑表笔分别插入"V·Ω"与"COM"插孔，旋动量程选择开关至合适位置（200、2K、200K、2M、20M），将两笔表跨接在被测电阻两端（不得带电

项目三　常用电工仪表的使用

测量!),如图 3-10 所示,显示屏所显示数值即为被测电阻的数值。当使用 200MΩ 量程进行测量时,先将两表笔短路,若该数不为零,仍属正常,此读数是一个固定的偏移值,实际数值应为显示数值减去该偏移值。

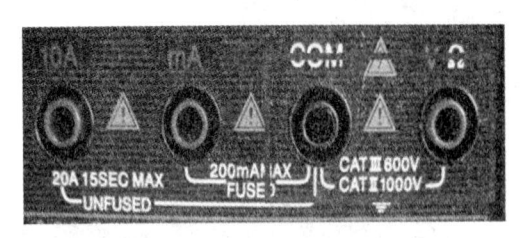

(a) 红黑表笔接法 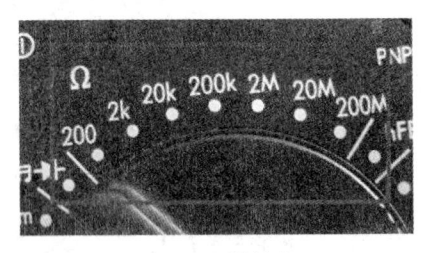　　　　　　　　　　(b) 电阻挡位

图 3-10　电阻的测量

进行二极管和电路通断测试时,红、黑表笔分别插入 "V·Ω" 与 "COM" 插孔,旋动量程开关至二极管测试位置,如图 3-11 所示。正向情况下,显示屏即显示出二极管的正向导通电压,单位为 mV(锗管应在 200~300mV 之间,硅管应在 500~800mV 之间);反向情况下,显示屏应显示 "1",表明二极管不导通,否则,表明此二极管反向漏电流大。正向状态下,若显示 "000",则表明二极管短路,若显示 "1",则表明断路。在用来测量线路或器件的通断状态时,若检测的阻值小于 30Ω,则表内发出蜂鸣声以表示线路或器件处于导通状态。

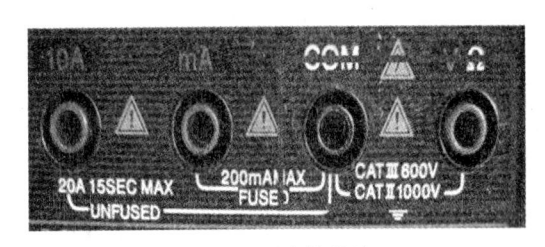

(a) 红黑表笔接法 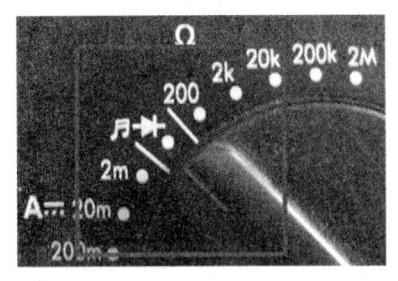　　　　　　　　　　(b) 二极管挡位

图 3-11　二极管的测量

进行晶体管测量时,旋动量程选择开关至 "h_{FE}" 位置(或 "NPN" 或 "PNP"),将被测三极管依 NPN 型或 PNP 型将 B、C、E 极插入相应的插孔中,如图 3-12 所示,显示屏所显示的数值即为被测三极管的 "h_{FE}" 参数。

(a) 晶体管插孔 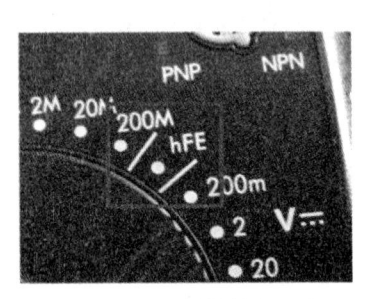　　　　　　　　　　(b) 晶体管挡位

图 3-12　晶体管的测量

进行电容测量时，将被测电容插入电容插孔，旋动量程选择开关至"F"位置，显示屏所示数值即为被测电荷的电荷量，如图3-13所示。

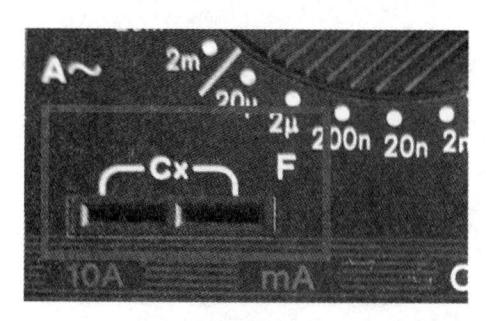

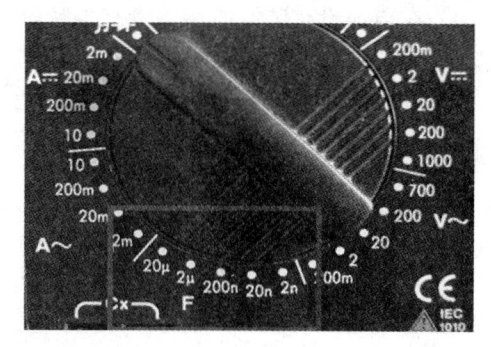

(a) 电容插孔　　　　　　　　　　　(b) 电容挡位

图 3-13　电容的测量

（3）注意事项
- 当显示屏出现"BAT"或"▭"时，表明电池电压不足，应予更换。
- 若测量电流时，没有读数，应检查熔丝是否熔断。
- 测量完毕，应关上电源，若长期不用，应将电池取出。
- 不宜在日光及高温、高湿环境下使用与存放（工作温度为0～40℃，湿度为80%）。
- 使用时应轻拿轻放。

3. 万用表的维护

万用表使用中会由于自身操作及环境问题导致仪器产生一定的故障，对于用户的正常使用会造成一定的影响，所以对于数字万用表的维护和保养是不可缺少的。

（1）维护方法。数字万用表具有很高的灵敏度和准确度，其应用几乎遍及所有企业。但由于其故障出现呈多因素，且遇到问题的随机性大，没有太多规律可循。寻找故障应先外后里，先易后难，化整为零，重点突破。其方法大致可分为以下几种。

1）感觉法。凭借感官直接对故障原因做出判断，通过外观检查，能发现如断线、脱焊、搭线短路、熔丝管断、烧坏元件、机械性损伤、印刷电路上铜箔翘起及断裂等，可以触摸出电池、电阻、晶体管、集成块的温升情况，可参照电路图找出温升异常的原因。另外，用手还可检查元件是否松动、集成电路管脚是否插牢，转换开关是否卡带，可以听到和嗅到有无异声、异味。

2）测电压法。测量各关键点的工作电压是否正常，可较快找出故障点。如测A/D转换器的工作电压、基准电压等。

3）短路法。检查A/D转换器的方法一般采用短路法，这种方法在修理弱电和微电仪器时用得较多。

4）断路法。把可疑部分从整机或单元电路中断开，若故障消失，表示故障在断开的电路中，此法主要适合于电路存在短路的情况。

5）测元件法。当故障已缩小到某处或几个元件时，可对其进行在线或离线测量。必要时，用好的元件进行替换，若故障消失，说明元件已坏。

（2）保养。数字万用表属于精密电子仪器，不要随意更换线路，并注意以下几点：

1）不要接高于1000V直流电压或高于700V交流有效值电压；
2）不要在功能开关处于Ω位置时，将电压源接入万用表；
3）在电池没有装好或后盖没有上紧时，请不要使用此表。

任务二　兆欧表、钳形电流表的使用及维护

能力目标

1．会用兆欧表测量电缆、电动机等设备的绝缘电阻；
2．会使用钳形电流表测量交流电流。

知识目标

1．掌握兆欧表和钳形电流表的原理、使用知识；
2．掌握兆欧表和钳形电流表的正确操作方法。

技能训练　兆欧表、钳形电流表的使用

一、实训前的准备工作
1．知识准备
（1）了解兆欧表、钳形电流表面板各部分的基本结构与作用；
（2）明确钳形电流表的使用方法与安全要求；
（3）明确用兆欧表测量低压电器的方法与注意事项。
2．材料准备
（1）500V兆欧表、钳形电流表各一台；
（2）2.5mm^2塑料绝缘铜线（BV）若干；
（3）电工实训台一套；
（4）单相变压器一台。
二、实训过程
请同学们按照实训任务单卡要求完成实训内容，完成后将任务单卡沿着虚线撕下上交。
三、实训注意事项
（1）实训分组进行，实训期间，请学生严格执行安全操作规程。
（2）在实训操作前，请认真学习实训任务内容，明确实训目的、实训步骤和安全注意事项。
（3）不要在测量过程中切换量程，也不可用钳形电流表去测量高压电路，否则易引起触电，造成事故。
（4）使用兆欧表测量完毕后，被测对象没有放电之前，切不可用手触及被测对象的测量部分及拆线，以免触电。
（5）电工通用实训台的要求：实训台应具有较完善的安全保护措施，能提供三相交流电源、直流电压、直流电流。
（6）实训期间要讲究文明生产、文明工作，各种工具、设备摆放合理、整齐，不要乱摆、乱放，以免发生事故。

学 习 任 务 单 卡

班级：　　　　　组别：　　　　　学号：　　　　　姓名：　　　　　实训日期：

课程信息	课程名称	教学单元	本次课训练任务	学时	实训地点
	电工普训	电工仪表的使用	任务　兆欧表、钳形电流表的使用	2 节	
任务描述	用兆欧表分别测量绝缘电线及变压器的绝缘电阻；用钳形电流表测量三相电源的电流，判别三相回路是否平衡；					
学做过程记录	**任务 1　绝缘电线及变压器绝缘电阻的测量** 实训内容及步骤 1. 绝缘电线绝缘电阻的测量 （1）检查兆欧表的完好情况； （2）用剥线钳剥掉绝缘电线一端的绝缘皮； （3）按照兆欧表的正确使用方法，把绝缘电线的芯线和绝缘皮分别接入兆欧表的两端； （4）摇动兆欧表的手柄，摇动时，注意手不要碰到兆欧表的接线端，以免碰电。 （5）待达到 120r/min 后进行读数，并记录于表中。 2. 单相变压器绝缘电阻的测量 用兆欧表测量单相变压器绕组与外壳的绝缘电阻，并记录于表中。 	测量项目	测量内容	测量结果
---	---	---
绝缘电线	绝缘皮与线芯间绝缘电阻	
变压器	一次侧绕组与外壳间绝缘电阻	
	二次侧绕组与外壳间绝缘电阻		 【教师现场评价：完成□，未完成□】 **任务 2　三相电源电流的测量** 1. 测量三相电源的电流 用钳形电流表分别钳住实验室的三根配电电源线，分别测量三相电源各线的电流。 	测量仪表	测量内容	测量结果
---	---	---
钳形电流表	L_1 线电流	
	L_2 线电流	
	L_3 线电流	
	$L_1+L_2+L_3$	| 【教师现场评价：完成□，未完成□】 2. 判别三相回路是否平衡 将三相电源的三根火线同时钳入钳形表的钳口内，如读数为 0，则表示三相电源处于平衡状态；若读数不为 0，则表示出现了零序电流，说明三相电源不平衡。						

学做过程记录	结论： 【教师现场评价：完成□，未完成□】	
	思考题	
	1.为什么测量绝缘电阻要用兆欧表，而不能用万用表？ 2.用兆欧表测量绝缘电阻时，如何与被测对象连接？ 	
教师评价	A□　　B□　　C□　　D□　　教师签名：	
学生建议		

知识链接　兆欧表、钳形电流表的使用及维护

一、兆欧表

（一）兆欧表外形

兆欧表俗称摇表、绝缘摇表或麦格表。兆欧表主要用来测量电气设备的绝缘电阻，如：电动机、电器线路的绝缘电阻，判断设备或线路有无漏电现象、绝缘损坏或短路。兆欧表的外形如图 3-14 所示。

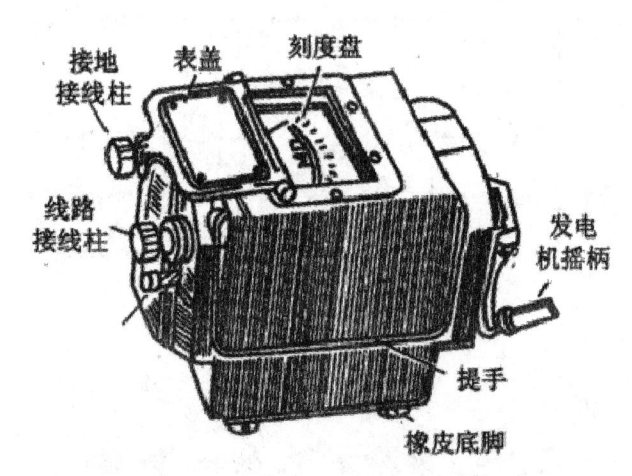

图 3-14　兆欧表的外形

（二）兆欧表的工作原理与线路

与兆欧表表针相连的有两个线圈，一个同表内的附加电阻 R 串联；另一个和被测电阻 R 串联，然后一起接到手摇发电机上。用手摇动发电机时，两个线圈中同时有电流通过，在两个线圈上产生方向相反的转矩，表针就随着两个转矩的合成转矩的大小而偏转某一角度，这个偏转角度决定于两个电流的比值，附加电阻是不变的，所以电流值仅取决于待测电阻的大小，兆欧表的内部线路如图 3-15 所示。

（三）兆欧表的使用

（1）做好准备工作。切断电源，对设备和线路进行放电，确保补充测设备不带电。必要时被测设备加接地线。注意平稳、牢固地放置兆欧表，且远离较大电流导体及强磁场。

（2）选表。根据被测设备的额定电压正确选择其电压和测量范围。一般规定在测量额定电压在 500V 以上的电气设备的绝缘电阻时，必须选用 1000～2500V 兆欧表。测量 500V 以下电压的电气设备，则以选用 500V 兆欧表为宜。500V 以下的电气设备，兆欧表应选用读数从零开始的，否则不易测量。

（3）验表。兆欧表内部由于无机械反作用力矩的装置，指针在表盘上任意位置皆可，无机械零位，因此在使用前不能以指针位置来判别表的好坏，而是要通过验表来判别。在测量前，兆欧表应先做一次开路试验，如图 3-16 所示，然后再做一次短路试验，如图 3-17 所示。表针在开路试验中应指到"∞"（无穷大）处；而在短路试验中能摆到"0"处，表明兆欧表工作状态正常，可测电气设备。

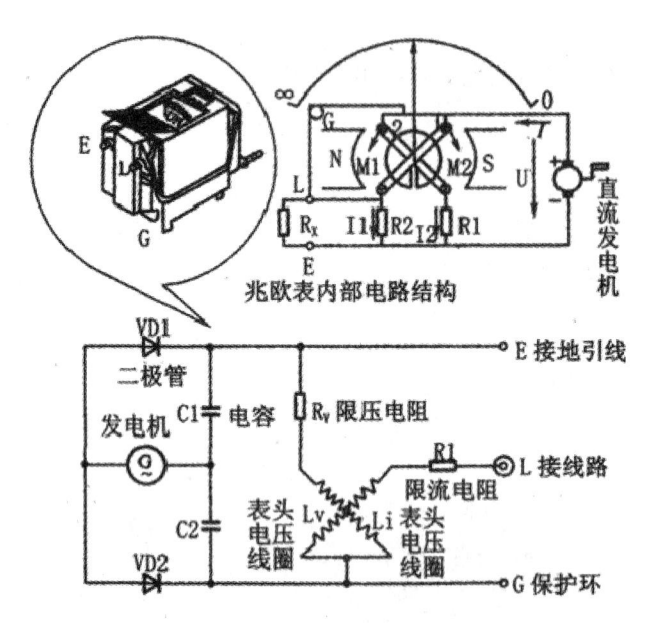

图 3-15 兆欧表的内部线路图

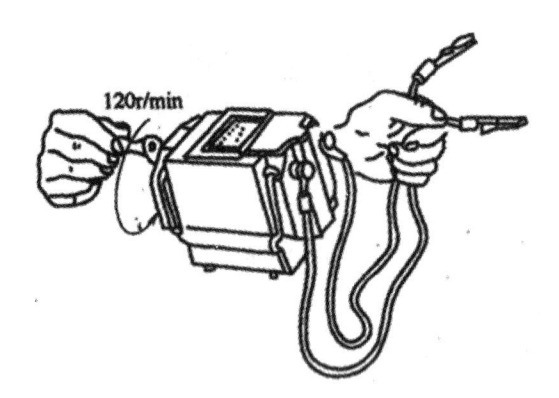

图 3-16 兆欧表开路试验

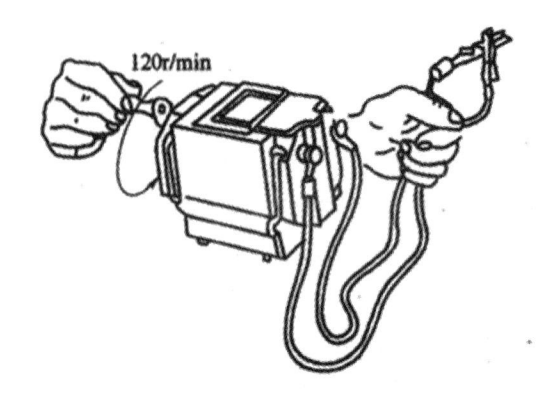

图 3-17 兆欧表短路试验

首先将兆欧表水平放置,两只表夹分开,一只手按住兆欧表,另一只手以 90~130r/min 转速摇动手柄,若指针偏到"∞",则停止转动手柄,再将两只表夹短路,若指针偏到"0",

则说明该表良好，可用。特别要指出的是：兆欧表指针一旦到零，应立即停止摇动手柄，否则将使表损坏，此过程又称校零和校无穷，简称校表。

（4）接线。测量时，应清洁被测电气设备表面，以免引起接触电阻大，测量结果不准。

兆欧表在测量时，一般情况只用 L 和 E 两个接线柱。摇表上"L"端子通入电气设备的带电体一端，而标有"E"接地的端子应接配电设备的外壳或接电动机外壳或地线，如图 3-18 所示。

如果测量电缆等具有较大分布电容设备的绝缘电阻时，除把兆欧表"接地"端接入电气设备地之外，另一端接线路后，还需再将电缆芯之间的内层绝缘物接"保护环"，以消除因表面漏电而引起的读数误差，如图 3-19 所示。如图 3-20 所示为测线路中的绝缘电阻，如图 3-21 所示为测照明线路绝缘电阻，如图 3-22 所示为测架空线路对地绝缘电阻操作方法示意。

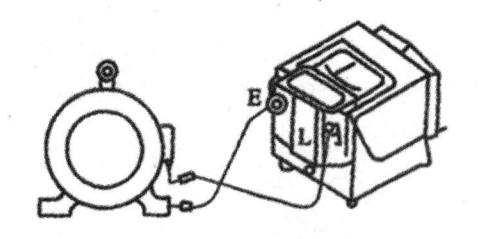

图 3-18　测量电动机绝缘电阻的接线

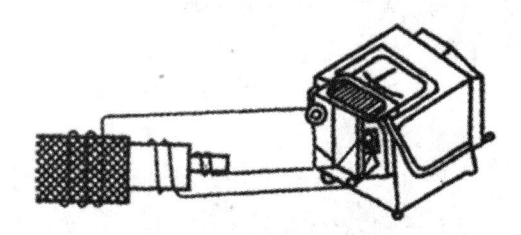

图 3-19　测量电缆绝缘电阻的接线

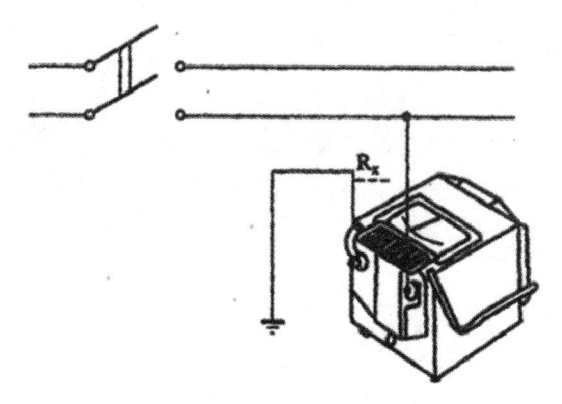

图 3-20　测量线路绝缘电阻的接线

图 3-21　测量照明线路绝缘电阻的接线

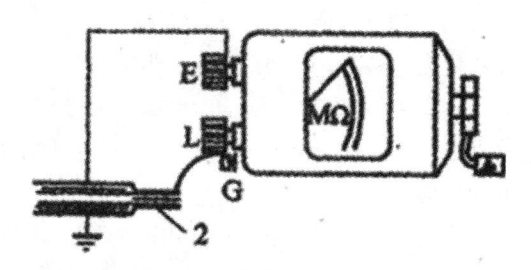

图 3-22　测量架空线路对地绝缘电阻的接线

选用兆欧表外接导线时，应选用单根的多股铜导线，不能用双股绝缘线，绝缘强度要在 500V 以上，否则会影响测量的精确度。

(5)测量。摇动兆欧表手柄,应先慢再逐渐加快,待调速器发生滑动后,应保持转速稳定不变。如果被测电气设备短路,表针摆动到"0"时,应停止摇动手柄,以免兆欧表过流发热烧坏。

使用兆欧表时,要保持一定的转速,按兆欧表的规定一般为 120r/min,容许变动±20%,在 1min 稳定后读数。读数时,应边摇边读,不能停下来读数。测量时不要用手触摸被测物及兆欧表接线柱,以防触电。

(6)拆线。拆线原则是先拆线后停表,即读完数后,不要停止摇动手柄,将 L 线拆开后,才能停摇。如果电气设备容量较小,其内无电容器或分布电容很小,也可停止摇动手柄后再拆线。

(7)放电。使用兆欧表测试完毕后应对电气设备进行一次放电。

(8)清理现场。

(四)兆欧表的使用注意事项

因兆欧表本身工作时产生高压电,为避免人身及设备事故必须重视以下几点:

(1)禁止在雷电时或高压设备附近测绝缘电阻,只能在设备不带电,也没有感应电的情况下测量。

(2)摇、测的过程中,被测设备上不能有人工作。

(3)兆欧表线不能绞在一起,要分开。

(4)兆欧表未停止转动之前或被测设备未放电之前,严禁用手触及。拆线时,也不要触及引线的金属部分。

(5)测量结束时,对于大电容设备要放电。

(6)要定期校验其准确度。

(7)兆欧表在不使用时应放于固定柜橱内,周围温度不宜太冷或太热,切忌放于污秽、潮湿的地面上,并避免置于含侵蚀作用的气体附近,以免兆欧表内部线圈、导流片等元件发生受潮、生锈、腐蚀等现象。

二、钳形电流表

钳形电流表是电机运行和维修工作中最常用的测量仪表之一。特别是增加了测量交、直流电压和直流电阻以及电源频率等功能后,其用途则更为广泛。

(一)简介

钳形电流表简称钳形表。其工作部分主要由一只电磁式电流表和穿心式电流互感器组成。穿心式电流互感器铁心制成活动开口,且成钳形,故名钳形电流表,是一种不需断开电路就可直接测电路交流电流的携带式仪表,在电气检修中使用非常方便,应用相当广泛。

钳形表可以通过转换开关的拨挡,改换不同的量程。但拨挡时不允许带电进行操作。钳形表一般准确度不高,通常为 2.5~5 级。为了使用方便,表内还有不同量程的转换开关供测不同等级电流以及测量电压的功能。

钳形表最初是用来测量交流电流的,但是现在万用表有的功能它也都有,可以测量交直流电压、电流、电容容量、二极管、三极管、电阻、温度、频率等。

(二)结构及原理

钳形电流表实质上是由一只电流互感器、一个钳形扳手和一只整流式磁电系有反作用力仪表所组成,如图 3-23 所示。

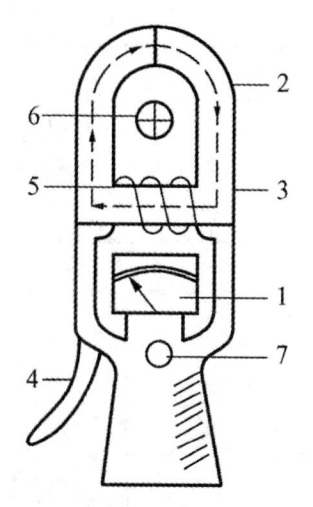

1-电流表；2-电流互感器；3-铁芯；4-手柄； 5-二次绕组；6-被测导线；7-量程开关

图 3-23 交流钳形电流表的结构

钳形表的工作原理和变压器一样。初级线圈就是穿过钳形铁芯的导线，相当于一匝的变压器的一次线圈，这是一个升压变压器。二次线圈和测量用的电流表构成二次回路。当导线有交流电流通过时，就是这一匝线圈产生了交变磁场，在二次回路中产生了感应电流，电流的大小和一次电流的比例，相当于一次和二次线圈的匝数的反比。钳形电流表用于测量大电流，如果电流不够大，可以将一次导线在通过钳形表时增加圈数，同时将测得的电流数除以圈数。钳形电流表的穿心式电流互感器的二次绕组缠绕在铁芯上且与交流电流表相连,它的原边绕组即为穿过互感器中心的被测导线。旋钮实际上是一个量程选择开关，扳手的作用是开合穿心式互感器铁芯的可动部分，以便使其钳入被测导线。

测量电流时，按动扳手，打开钳口，将被测载流导线置于穿心式电流互感器的中间，当被测导线中有交变电流通过时，交流电流的磁通在互感器二次绕组中感应出电流，该电流通过电磁式电流表的线圈，使指针发生偏转，在表盘标度尺上指出被测电流值。

（三）钳形电流表的分类

（1）根据其结构及用途分为互感器式和电磁系两种。常用的是互感器式钳形电流表，由电流互感器和整流系仪表组成，它只能测量交流电流。电磁系仪表可动部分的偏转与电流的极性无关，因此，它可以交直流两用。

（2）按测量结果显示不同分：指针式和数字式。

钳形表的规格有标准型和非标准型两种。

标准型的检测范围：交流、直流均在 20A 到 200A 或 400A 左右，也有可以检测到 2000A 大电流的产品；

非标准型的检测范围：有可检测数 mA 的微小电流的漏电检测产品以及可检测变压器电源、开关转换电源等正弦波以外的非正弦波的真有效值（TrueRMS）的产品。

（四）使用方法

（1）检查钳形表。使用前，检查钳形电流表有无损坏，指针是否指向零位。如发现没有指向零位，可用小螺丝刀轻轻旋动机械调零旋钮，使指针回到零位上。检查钳口的开合情况以及钳口面上有无污物。如钳口面有污物，可用溶剂洗净并擦干；如有锈斑，应轻轻擦去锈斑。

（2）选择合适的量程。将量程选择旋钮置于合适位置，使测量时指针偏转后能停在精确刻度上，以减少测量的误差。转换量程应在退出导线后进行。

（3）测量电流。紧握钳形电流表把手和扳手，按动扳手打开钳口，将被测线路的一根载流电线置于钳口内中心位置，再松开扳手使两钳口表面紧紧贴合，如图3-24所示。

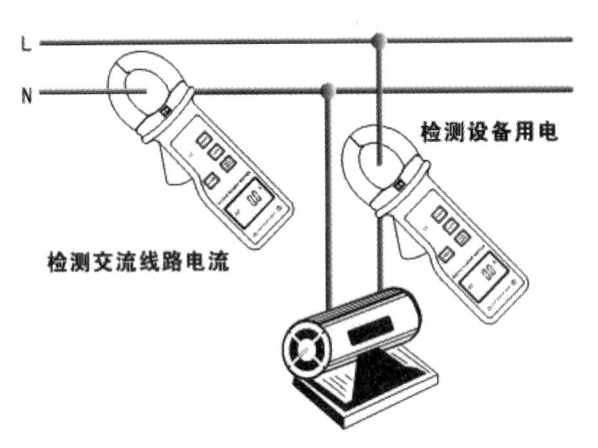

图3-24 钳形电流表的使用

（4）记录测量结果。将表拿平，然后读数，即测得的电流值。被测电流过小（小于5A）时，为了得到较准确的读数，若条件允许，可将被测导线绕几圈后套进钳口进行测量。此时，钳形表读数除以钳口内的导线根数，即为实际电流值。

（5）维护保养。使用完毕，退出被测电线。将量程选择旋钮置于高量程挡位上，以免下次使用时不慎损伤仪表。

（五）注意事项

（1）测量前对表作充分的检查，并正确地选挡。被测线路的电压要低于钳形表的额定电压。

（2）测试时应戴手套（绝缘手套或清洁干燥的线手套），必要时应设监护人。测高压线路电流时，要戴绝缘手套，穿绝缘鞋，站在绝缘垫上。

（3）需换挡测量时，应先将导线自钳口内退出，换挡后再钳入导线测量。

（4）不可测量裸导体上的电流。

（5）测量时，注意与附近带电体保持安全距离。并应注意不要造成相间短路和相对地短路。

（6）使用后，应将挡位置于电流最高挡，有表套时将其放入表套，存放在干燥、无尘、无腐蚀性气体且不受震动的场所。

（六）钳形电流表在几种特殊情况下的应用

（1）测量绕线式异步电动机的转子电流。用钳形电流表测量绕线式异步电动机的转子电流时，必须选用电磁系表头的钳形电流表，如果采用一般常见的磁电系钳形表测量时，指示值与被测量的实际值会有很大的出入，甚至没有指示，其原因是磁电系钳形表的表头与互感器二次线圈连接，表头电压是由二次线圈得到的。根据电磁感应原理可知，互感电动势为 $E_2=4.44fW\Phi_m$，由公式不难看出，互感电动势的大小与频率成正比。当采用此种钳形表测量转子电流时，由于转子上的频率较低，表头上得到的电压将比测量同样工频电流时的电压小得多（因为这种表头是按交流50Hz的工频设计的）。有时电流很小，甚至不能使表头中的整流元件导通，所以钳形表没有指示，或指示值与实际值有很大出入。

如果选用电磁系的钳形表，由于测量机构没有二次线圈与整流元件，被测电流产生的磁通通过表头，磁化表头的静、动铁片，使表头指针偏转，与被测电流的频率没有关系，所以能够正确指示出转子电流的数值。

（2）测量三相平衡负载。用钳形电流表测量三相平衡负载时，钳口中放入两相导线时的电流指示值与放入一相时电流的指示值相同。用钳形电流表测量三相平衡负载时，会出现一种奇怪现象，即钳口中放入两相导线时的指示值与放入一相导线时的指示值相同，这是因为在三相平衡负载的电路中，每相的电流值相等，用公式表示为：$I_u=I_v=I_w$。若钳口中放入一相导线时，钳形表指示的是该相的电流值，当钳口中放入两相导线时，该表所指示的数值实际上是两相电流的相量之和，按照相量相加的原理，$I_1+I_3=-I_2$，因此指示值与放入一相时相同。

如果三相同时放入钳口中，当三相负载平衡时，$I_1+I_2+I_3=0$，即钳形电流表的读数为零。

任务三　直流单臂电桥的使用及维护

能力目标

1．会用直流单臂电桥测量电阻；
2．能够熟练、规范、安全地使用电桥；
3．会测定电桥的灵敏度。

知识目标

1．掌握用直流单臂电桥测电阻的原理和方法；
2．了解用双臂电桥测电阻的原理和方法；
3．掌握线路连接和排除故障的技能；
4．掌握调节电桥平衡的操作方法。

技能训练　直流单臂电桥的使用

一、实训前的准备工作

1．知识准备
（1）了解直流单臂电桥面板各部分的基本结构与作用；
（2）明确直流单臂电桥的使用方法与安全要求；
（3）明确调节电桥平衡的操作方法。

2．材料准备
（1）直流单臂电桥一支；
（2）各类电阻：10Ω、1kΩ、150kΩ电阻各1只；
（3）连接导线若干。

二、实训过程

请同学们按照实训任务单卡要求完成实训内容，完成后将任务单卡沿着虚线撕下上交。

三、实训注意事项

（1）实训分组进行，实训期间，请学生严格执行安全操作规程。

（2）在实训操作前，请认真学习实训任务内容，明确实训目的、实训步骤和安全注意事项。

（3）测量前一定要把电桥放平稳，断开电源和检流计按钮，进行机械调零，使检流计指针和零线重合。

（4）实训期间要讲究文明生产、文明工作，各种工具、设备摆放合理、整齐，不要乱摆、乱放，以免发生事故。

学 习 任 务 单 卡

班级：　　　　　组别：　　　　　学号：　　　　　姓名：　　　　　实训日期：

课程信息	课程名称	教学单元	本次课训练任务	学时	实训地点
	电工普训	电工仪表的使用	任务　直流单臂电桥的使用	2节	

任务描述	分别测出三个未知电阻 R_x 及对应的电桥灵敏度 S_i。

学做过程记录	任务1　直流单臂电桥测电阻 实训内容及步骤 1．测量电阻的步骤 （1）电桥调试 打开检流计机械锁扣，调节调零器使指针指在零位。如发现电桥电池电压不足应及时更换，否则将影响电桥的灵敏度。 （2）估测被测电阻，选择比例臂 选择适当的比例臂，使比例臂的四挡电阻都能被充分利用，以获得四位有效数字的读数。估测电阻值为几千欧姆时，比例臂应选×1挡；估测电阻值为几十欧时，比例臂应选×0.01挡；估测电阻值为几欧姆时，比例臂应选×0.001挡。 （3）把被测电阻接在"R_x"的位置上 接入被测电阻时，应采用较粗较短的导线连接，并将漆膜刮净。接头拧紧，避免采用线夹。因为接头接触不良将使电桥的平衡不稳定，严重时可能损坏检流计。 （4）接通电路，调节电桥比例臂使之平衡 先按电源按钮B（锁定），再按下检流计的按钮G（点接），使电桥电路接通。调整比较臂电阻使检流计指向零位，电桥平衡。若指针指"+"，则需增加比较臂电阻，若指针指"-"，则需减小比较臂电阻。 （5）计算电阻值 读取数据，计算公式：被测电阻值＝比例臂读数×比较臂读数，并填入表中。 （6）关闭电桥 测量完毕，先断开检流计按钮，再断开电源按钮，然后拆除被测电阻，再将检流计锁扣锁上，以防搬动过程中损坏检流计。 （7）整理现场 测量结束，将盒盖盖好，存放于干燥、避光、无震动的场合。发现电池电压不足应及时更换，否则将影响电桥的灵敏度。 | 被测电阻标称值(Ω)	比例臂读数 k	比较臂读数 $R_S(\Omega)$	被测电阻 $R_x(\Omega)$
10			
1k			
150k			| 【教师现场评价：完成□，未完成□】

任务2 电桥灵敏度的测定

1. 根据测量数据计算对应电桥的灵敏度

根据上述测量结果，计算出对应电桥的灵敏度，以及附加电阻给被测电阻带来的改变量。

被测电阻标称值 (Ω)	比较臂 $R_S(\Omega)$	测量值 $R_x(\Omega)$	Δd_i(格)	改变量 $\Delta R_S(\Omega)$	灵敏度 S	改变量 $\Delta R_x(\Omega)$	测量值 $R'_X(\Omega)$
10			5				
1k			5				
150$			5				

备注：

$$S_i = \frac{\Delta d_i}{\Delta R_S / R_S} \; ; \quad \Delta R_x = \frac{0.5}{S_i} R_x \; ; \quad R'_x = R_x \pm \Delta R_x$$

【教师现场评价：完成□，未完成□】

思考题

1. 电桥仪器主要分为_____和_____两大类。直流电桥按其结构又可分为_____和_____。

2. 在通常温度下，多数纯金属的电阻，其阻值的大小随温度的变化呈_____关系，具有正的电阻温度系数。利用导体材料的这种性质，可以做成温度计，把温度的测量转换成_____的测量。

3. 康铜、锰钢等合金电阻几乎不随温度变化，利用合金的这一性质，可制成_____。

4. 用QJ24箱式电桥测电阻，选择比率的原则是_____。

5. 用箱式QJ24型直流单臂电桥测量一个阻值约为120欧姆的中值电阻，调节平衡后电桥示值为1215，则选择的测量比率是_____，电阻的测量结果为_____。

6. 用QJ24箱式电桥测电阻温度特性，调节电桥平衡要迅速，电桥平衡时应首先读取_____的读数，再记录_____。

7. 为什么要先粗测待测电阻的阻值后再接入电桥测量？

教师评价：A□ B□ C□ D□ 教师签名：

知识链接　直流电桥的使用及维护

电桥电路是电磁测量中电路连接的一种基本方式。由于它测量准确，方法巧妙，使用方便，所以得到广泛应用。电桥电路不仅可以使用直流电源，而且可以使用交流电源，故有直流电桥和交流电桥之分。

直流电桥主要用于电阻测量，它有单电桥和双电桥两种。前者常称为惠斯通电桥或惠登电桥，用于 $1\sim10^6\Omega$ 范围的中值电阻测量；后者常称为开尔文电桥，用于 $10^{-3}\sim1\Omega$ 范围的低值电阻测量。

电桥的种类繁多，但直流单电桥是最基本的一种，它是学习其他电桥的基础。

一、直流单臂电桥

（一）工作原理

直流单臂电桥的电路如图 3-25 所示，被测电阻 R_x 和标准电阻 R_0，R_1，R_2 构成电桥的四个臂。在 CD 端加上直流电压，AB 间串接检流计 G，用来检测其间有无电流（即 A、B 两点有无电势差）。"桥"指 AB 这段线路，它的作用是将 A、B 两点的电势直接进行比较，以确定电桥的平衡状态。

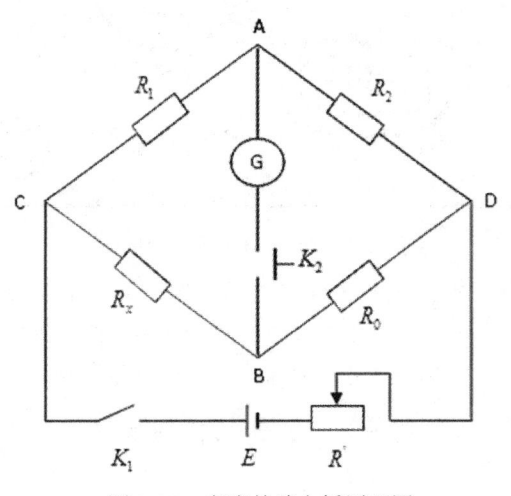

图 3-25　直流单臂电桥原理图

当电源接通后，电路中将有电流通过，并分别在各桥臂的电阻上产生电压降。在一般情况下，A、B 两点间将有电位差，因而，有电流 I_g 通过检流计，使检流计指针偏转。适当调节 R_1、R_2 或 R_0 的电阻值，可以使 A、B 两点的电位相等，检流计中无电流通过，即 $I_g=0$，称电桥达到了平衡。这时，电桥四个臂上电阻的关系为：

$$\frac{R_x}{R_0}=\frac{R_1}{R_2}，\text{ 或 } R_x=\frac{R_1}{R_2}\cdot R_0=kR_0$$

上式称为电桥平衡条件。其中，$k=\dfrac{R_1}{R_2}$ 称为比率臂倍率，R_0 称为比较臂，R_x 称为测量臂。

若 R_0 的阻值和倍率 k 已知，即可由上式求出 R_x。

调节电桥平衡方法有两种：一种是保持 R_0 不变，调节 R_1/R_2 的比值；另一种是保持 R_1/R_2

的比值不变，调节电阻 R_0。

（二）直流单臂电桥的面板结构

直流单臂电桥的型号有 QJ23 型和 QJ24 型，老型号还有惠登电桥 850 型。测量范围一般为 $1\sim 999000\Omega$，精度可达 0.2%。

本节以 QJ23 型直流单臂电桥为例介绍直流单臂电桥的面板组成，图 3-26 所示。

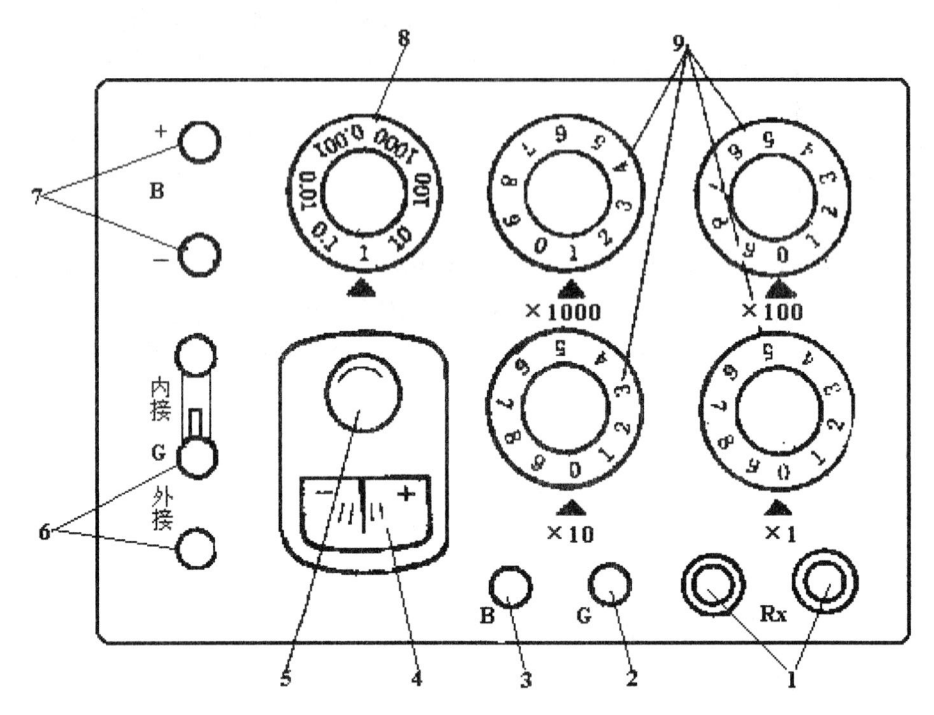

1-待测电阻 R_x 接线柱；2-检流计按钮 G；3-电源按钮 B；4-检流计；5-检流计调零旋钮；
6-内接、外接检流计转换接线端子；7-外接电源接线柱；8-比例臂；9-比较臂

图 3-26 QJ23 型直流单臂电桥的面板结构

（1）检流计。当有电流流过检流计时，指针会发生偏转，流过电流的方向不同，指针偏转的方向也不同。

（2）比例臂旋钮、比较臂旋钮。分别连接 R_1 以及 R_2、R_3 电阻（实际电路中电阻有多组），通过调节旋钮可以选择相应的电阻与之相连接，最后的 R_x 读数为比例臂和比较臂读数的乘积。

（3）调零器。用于测量前的指针调零工作。必须先将检流计锁扣打开，才能进行调零。

（4）R_x 接线柱：用以连接被测电阻。

（5）检流计连接片。通常放在"外接"位置。为提高高阻值测量中的精度，需外接高灵敏度检流计时，应将连接片放在"内接"位置，外接检流计接在"外接"两端钮上。

（6）检流计按钮开关"G"和电源（按钮）开关"B"。检流计按钮开关"G"和电源开关"B"按下，并旋转 90°可锁住，测量过程中调平衡时按下电源开关（按钮）"B"，然后轻轻按下检流计按钮开关"G"；在测量具有电感的元件（如线圈）完毕时，需先松开检流计按钮开关"G"，后松开电源按钮"B"。

QJ23 型直流单臂电桥的参数如表 3-2 所示。

表 3-2　QJ23 型直流单臂电桥的参数表

型号	QJ23 直流单臂电桥		
测量范围	0-11.110MΩ		
量程	有效量程	等级指数	分辨率
×10⁻³	0-11.110Ω	1	1mΩ
×10⁻²	0-111.10Ω	0.5	10mΩ
×10⁻¹	0-1.1110kΩ	0.1	100mΩ
×1	0-11.110kΩ	0.1	1Ω
×10	0-111.10kΩ	0.1	10Ω
×10²	0-1.1110MΩ	0.5	100Ω
×10³	0-5.000MΩ	2	1kΩ
×10³	5-11.110MΩ	5	1kΩ
指零仪电源	9V（6F22 型）电池 1 节		
电桥电源	1.5V 2 号电池 3 节		
外型尺寸	258mm×213mm×144mm		
重量	3kg		

（三）QJ23 型直流单臂电桥的基本使用步骤

（1）将电桥水平放置稳定，将检流计由内接转向外接，在使用内部检流计情况下，调节检流计 G 调零旋钮，使指针指零。

（2）使用万用表粗测被测电阻的阻值，根据粗测结果选择适当的比例臂与比较臂值。

为减少测量误差，要求选择合适的比例臂和比较臂值，使测量结果具有 4 位有效数字（实际使用比较臂电阻值为 1000～9999）。

（3）将被测电阻 R_x 接入电桥，按下电源按钮 B，并顺时针旋转适当角度将电源按钮锁住。

（4）试探按下检流计按钮 G 并立即释放，观察检流计指针偏转方向与偏转的速度及角度。

若检流计指针偏转速度快或偏转角度大，说明电桥远离平衡状态，可在高位调节比较臂阻值。初始调节时，建议根据情况优先考虑调节十位或百位电阻值；若检流计指针偏向"＋"侧，则应适当增加比较臂阻值，反之减小。

根据每次试探按动检流计按钮时的指针偏转情况，反复调节比较臂阻值，直到电桥接近平衡。

（5）按下并顺时针旋转适当角度锁住检流计按钮 G，自最低位起仔细调节比较臂电阻。若仍无法达到平衡再调节上一位比较臂电阻，注意观察指针偏转情况，直到电桥最终平衡。

（6）松开检流计按钮并读数。

（7）松开电源按钮 B。

（8）将检流计由外接转回内接，防止电桥在移动过程中损坏检流计。

（四）QJ23 型直流单臂电桥使用注意事项

（1）使用过程中，应密切关注检流计指针偏转情况。在调节进程的初期，试探按下检流计按钮后应立即释放，防止因调节不当或错误调节引起的冲击电流打弯检流计指针或烧坏检流计。

（2）如电桥长时间不使用，应打开背板电池盖取出电池，防止电池漏液腐蚀电极。使用外接电源时，电源电压应符合产品规定，并按规定极性接入。

（3）检流计灵敏度高，一般采用悬丝及无骨架线圈结构减少转动部分的阻力，抗震性差。某些电桥带有检流计锁扣（止动器），搬运时应锁住锁扣并轻拿轻放，防止因振动而震断悬丝。

（4）使用外部检流计需注意检流计的规格、参数（如：电流常数、阻尼时间等）应与电桥匹配，一般情况下应优先考虑使用内部检流计。

（五）电桥的灵敏度

在测试中，检流计指向零即认为电桥达到平衡。因检流计的灵敏度是有限的，从而给测量带来误差。为此引入电桥灵敏度 S 的概念：

$$S = \frac{\Delta n}{\Delta R_x}$$

式中 ΔR_x 是电桥平衡后 R_x 的微小改变量，Δn 是由改变量 ΔR_x 而引起的检流计指针偏转格数。灵敏度 S 的物理意义是电桥平衡后，改变待测电阻阻值大小引起检流计指针偏转的格数。S 越大，灵敏度越高。S 还可以写成

$$S = \frac{\Delta n}{\Delta I_G} \cdot \frac{\Delta I_G}{\Delta R_x} = S_i \cdot S_l$$

式中 S_i 为检流计的灵敏度；S_l 为线路灵敏度，它与电源电压、桥臂电阻及电阻位置有关。电源电压越高，电桥灵敏度越高；桥臂电阻值越大，电桥灵敏度越低。定义相对灵敏度 $S_{相}$ 为

$$S_{相} = \frac{\Delta n}{\frac{\Delta R_x}{R_x}} = \frac{\Delta n}{\frac{\Delta R_0}{R_0}} = \frac{\Delta n}{\frac{\Delta R_1}{R_1}} = \frac{\Delta n}{\frac{\Delta R_2}{R_2}}$$

上式表明，可以通过测量相对于标准电阻 R_0 的变化 ΔR_0，测量电桥的相对灵敏度。在计算由灵敏度带来的不确定度时，通常假定检流计的 0.2 分度为难以分辨的界限，即取 $\Delta n = 0.2$，由灵敏度带来的不确定度为

$$u_x = \frac{0.2}{S}, \quad \frac{u_x}{R_x} = \frac{0.2}{S_{相}}$$

电桥平衡时，若将检流计与电源易位，电桥仍然是平衡的，但易位前后电桥的灵敏度是不同的。可以证明，电桥中 $R_1 = R_2$，即 $R_1/R_2 = 1$ 为最佳实验条件，此时灵敏度最高，相对不确定度最小。

二、直流双臂电桥

双臂电桥又名开尔文电桥，是在单臂电桥的基础上增加特殊结构，以消除测试时连接线和接线柱接触电阻对测量结果的影响，特别是在测量低电阻时，由于被测电阻值很小，试验时的连接线和接线柱接触电阻会对测试结果产生很大的影响，造成很大误差。因此测量 10Ω 以下的低值电阻应使用双臂电桥。

这种电桥消除了附加电阻的影响，适用于 $10^{-6} \sim 10^2 \Omega$ 电阻的测量。常用来测量金属材料的电阻率，电机、变压器绕组的电阻，低阻值线圈电阻，电缆电阻，开关接触电阻以及直流分流器电阻等。

（一）工作原理

直流双臂电桥工作原理电路如图 3-27 所示，图中 R_x 是被测电阻，R_n 是比较用的可调电

阻。R_x 和 R_n 各有两对端钮：C_1 和 C_2、C_{n1} 和 C_{n2} 是它们的电流端钮，P_1 和 P_2、P_{n1} 和 P_{n2} 是它们的电位端钮。接线时必须使被测电阻 R_x 只在电位端钮 P_1 和 P_2 之间，而电流端钮在电位端钮的外侧，否则就不能排除和减少接线电阻与接触电阻对测量结果的影响。比较用可调电阻的电流端钮 C_{n2} 与被测电阻的电流端钮 C_2 用电阻为 r 的粗导线连接起来。R_1、R_1'、R_2 和 R_2' 是桥臂电阻，其阻值均在 10Ω 以上。在结构上把 R_1 和 R_1' 以及 R_2 和 R_2' 做成同轴调节电阻，以便改变 R_1 或 R_2 的同时，R_1' 和 R_2' 也会随之变化，并能始终保持。

$$\frac{R_1'}{R_1} = \frac{R_2'}{R_2}$$

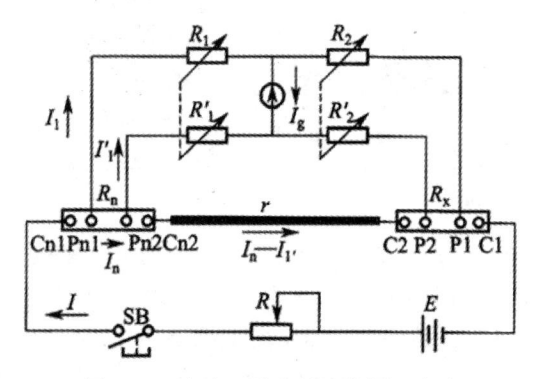

图 3-27 直流双臂电桥工作原理电路

测量时接上 R_x 调节各桥臂电阻使电桥平衡。此时，因为 $I_g = 0$，可得到被测电阻 R_x 为

$$R_x = \frac{R_2}{R_1} R_n$$

可见，被测电阻 R_x 仅决定于桥臂电阻 R_2 和 R_1 的比值及比较用可调电阻 R_n，而与粗导线电阻 r 无关。比值 R_2/R_1 称为直流双臂电桥的倍率。所以电桥平衡时

被测电阻值=倍率读数×比较用可调电阻读数

因此，为了保证测量的准确性，连接 R_x 和 R_n 电流端钮的导线应尽量选用导电性能良好且短而粗的导线。

只要能保证 $\frac{R_1'}{R_1} = \frac{R_2'}{R_2}$，$R_1$、$R_2$、$R_1'$ 和 R_2' 均大于 10Ω，r 又很小，且接线正确，直流双臂电桥就可较好地消除或减小接线电阻与接触电阻的影响。因此，用直流双臂电桥测量小电阻时，能得到较准确的测量结果。

（二）面板结构

常用的双臂电桥有 QJ28 型，QJ44 型和 QJ101 型等。QJ44 型携带式直流双臂电桥，内附晶体管检流计和工作电源，适合于工矿企业、实验室或车间现场对直流低值电阻作准确测量。如用来测量金属导体的导电系数、接触电阻、电动机、变压器绕组的电阻值，以及其他各类直流低值电阻。QJ44 型双臂电桥面板布置图如图 3-28 所示。

（1）QJ44 型双臂电桥比例臂由×100、×10、×1、×0.1 和×0.01 所组成。读数盘由一个十进盘和一个滑线盘组成。

（2）检流计包括一个调制型放大器、一个调零电位器和一个调节灵敏度电位器以及一个

检流计表头。表头上备有机械调零装置，在测量前，可预先调整零位。当放大器接通电源后，若表针不在中间零位，可用调零电位器调整表针至中间零位。

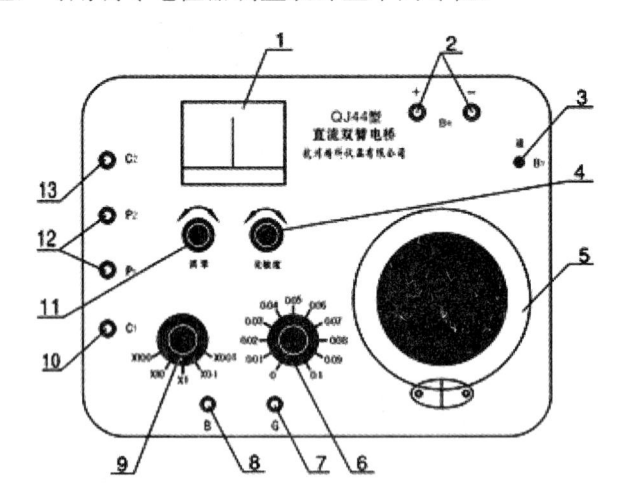

1-检流计；2-电桥外接工作电源接线柱；3-检流计电源开关；4-检流计灵敏度调节旋钮；5-滑线读数盘；6-步进读数开关；7-检流计按钮开关；8-电桥工作电源按钮开关；9-倍率读数开关；10、13-被测电阻电流端接线柱；11-检流计电气调零旋钮；12-被测电阻电位端接线柱

图 3-28 QJ44 型双臂电桥面板布置图

（3）在检流计和电源回路中设有可锁住的按钮开关。

（三）电桥的基本参数

QJ44 型双臂电桥各量程，有效量程，等级指数和基准值如表 3-3 所示。

表 3-3 QJ44 型双臂电桥的基本参数

量程倍率	有效量程（Ω）	等级指数（C）	基准值 R_N（Ω）
×100	1～11	0.2	10
×10	0.1～1.1	0.2	1
×1	0.01～0.11	0.2	0.1
×0.1	0.001～0.011	0.5	0.01
×0.01	0.0001～0.0011	1	0.001

（四）双臂电桥的使用方法

（1）将电桥放置于平整位置，放入电池。在电池盒内，装入 4～6 节 1.5V、1 号电池并联使用和 3 节 6F22、9V 并联使用，此时电桥就能正常工作。注意：如用外接直流电源 1.5～2V 时，电池盒内的 1.5V 电池应预先全部取出。

（2）接通电桥电源开关"B1"，待放大器稳定后检查检流计是否指零位，如不在零位，调节调零旋钮，使检流计指针指示零位。

（3）检查灵敏度旋钮，应放在最低位置。

（4）将被测电阻按四端连接法，接在电桥相应的 C_1、P_1、C_2、P_2 的接线柱上。如图 3-29 所示，AB 之间为被测电阻。

图3-29　四端连接法

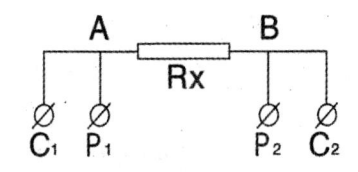

试验引线四根，分别单独从双臂电桥的 C_1、P_1、C_2、P_2 四个接线柱引出，由 C_1、C_2 与被测电阻构成电流回路，而 P_1、P_2 则是电位采样，供检流计调平衡使用。必须注意的是电流接线端子 C_1、C_2 的引线应接在被测绕组的外侧，而电位接线端子 P_1、P_2 的引线应接在被测绕组的内侧。目的是可以避免将 C_1、C_2 的引线与被测绕组连接处的接触电阻测量在内。

（5）估计被测电阻值大小，将倍率开关和电阻读数步进开关放置在适当位置。

（6）先按下电池按钮"B"，对被测电阻 R_x 进行充电，待一定时间后，估计充电电流逐渐趋于稳定，再按下检流计按钮"G"，根据检流计指针偏转的方向，逐渐增加或减小步进读数开关的电阻数值，使检流计指针指向"零"位，并逐渐调节灵敏度旋钮，使灵敏度达到最大，同时调节电阻滑线盘，使检流计指针指零。

1）当移动滑线盘4小格，检流计指针偏离零位约1格，灵敏度就能满足测量要求。

2）在改变灵敏度时，会引起检流计指针偏离零位，在测量之前，随时都可以调节检流计零位。

（7）在灵敏度达到最大，检流计指针指示"零"位，稳定不变的情况下，读取步进开关和滑线盘两个电子读数并相加，再乘上倍率开关的倍率读数，即为被测电阻阻值。

操作经验：在灵敏度达到最大，检流计指针指示"零"位，稳定不变的情况下，可先断开检流计按钮"G"，在读数结束经复核无疑问后，再断开电池按钮开关"B"。

1）被测电阻按下式计算：

被测电阻值=倍率读数×（步进读数+滑线读数）

2）按表3-4选择被测电阻范围与倍率位置。

表3-4　被测电阻范围与倍率位置表

序号	倍率	被测电阻范围（Ω）
1	×100	1.1～11
2	×10	0.11～1.1
3	×1	0.011～0.11
4	×0.1	0.0011～0.011
5	×0.01	0.00001～0.0011

（8）测试结束时，先断开检流计按钮开关"G"，然后才可以断开电池按钮开关"B"，最后拉开电桥电源开关"B1"，拆除电桥到被测电阻的四根引线 C_1、P_1、C_2 和 P_2。

提醒：为了测量准确，采用双臂电桥测试小电阻时，所使用的四根连接引线一般采用较粗、较短的多股软铜绝缘线，其阻值一般不大于0.01Ω。因为如果导线太细、太长，电阻太大，则导线上会存在电压降，而电桥测试时使用的电池电压就不高，如果引线上存在的压降过大，会影响测试时的灵敏度，影响测试结果的准确性。

（五）注意事项和维护保养

（1）在测电感电路的直流电阻时，应先按下"B"按钮，再按下"G"按钮，断开时，应先断开"G"按钮，后断开"B"按钮。

（2）测量 0.1Ω 以下阻值时，"B"按钮应间歇使用。

（3）在测量 0.1Ω 以下阻值时，C_1、P_1、P_2、C_2、接线柱到被测量电阻之间的连接导线电阻为 0.005Ω～0.01Ω；测量其他阻值时，连接导线电阻可不大于 0.05Ω。

（4）电桥使用完毕后，"B"与"G"按钮应松开。"B1"开关应扳向"断"位置，避免浪费晶体管检流计放大工作电源。

（5）如电桥长期搁置不用，应将电池取出。

（6）如电桥长期搁置不用，在接触处可能产生氧化，造成接触不良，为使接触良好，再涂上一薄层无酸性凡士林，予以保护。

（7）电桥应贮放在环境温度+5℃～+45℃，相对湿度小于 30% 的条件下，室内空气中不应含有能腐蚀仪器的气体和有害杂质。

（8）仪器应保持清洁，并避免直接曝晒和剧烈震动。

（9）仪器在使用中，如发现检流计灵敏度显著下降，可能因电池寿命完毕引起，应更换新的电池。

（10）在用户遵守技术条件所规定的使用、运输及储藏的条件下，从交货之日起一年内，因制造质量不良而发生损坏或不能正常工作时，制造厂应免费为用户修理产品，如无法修好时，则应免费给用户更换部件。

项目四　家庭照明线路的安装和设计

学习目标

照明线路是最常用的室内线路，照明线路的安装与检修，是家庭、楼宇及工矿企业布线中最简单最基本的内容，也是电气职业人员必须掌握的一项基本功。熟悉基本的常用电工工具的使用，掌握常用的照明线路的安装，熟知常用照明线路的安装规程，培养自己的安全用电的素养，是从事电类行业的基础。

任务一　带单相电度表的白炽灯线路安装与调试

能力目标

1．能正确地安装单相电度表、漏电开关等电器元件；
2．能按照原理图接线，暗线布线；
3．能正确识别照明器件与材料，并能检查其好坏和正确使用。

知识目标

1．了解照明电路的基本原理；
2．熟悉照明电路常用电器元件的结构和用途；
3．连接安装照明电路的工艺规程。

技能训练　带单相电度表的白炽灯线路安装与调试

一、实训前的准备工作

1．知识准备

（1）了解照明电路的实际应用、照明原理图和系统图，以及线路敷设的种类；
（2）明确照明电路接线方法、安装与工艺要求；
（3）明确元器件的基本分类与常用型号安装要求。

2．材料准备

（1）电工刀、尖嘴钳、钢丝钳、剥线钳、旋具各1把，木质配电盘面板1块。
（2）1mm^{2}和2.5mm^{2}的塑料绝缘铜线若干；线槽、线管若干；绝缘胶带若干；固定用材料等。
（3）照明器件：单相电度表1只，两极漏电开关1个，白炽灯1只、白炽灯座1只，二三插座1个，开关底盒1个，墙壁开关1只。
（4）电工常用仪表（如万用表）1只。

二、实训过程

请同学们按照实训任务单卡要求完成实训内容,完成后将任务单卡沿着虚线撕下上交。

三、实训注意事项

(1) 实训分组进行,实训期间,请学生严格执行安全操作规程。

(2) 在实训操作前,请认真学习实训任务内容,明确实训目的、实训步骤和安全注意事项。

(3) 严禁带电操作,火线、零线不能接反。

(4) 实训期间要讲究文明生产、文明工作,各种工具、设备摆放合理、整齐,不要乱摆、乱放,以免发生事故。

学习任务单卡

班级：　　　　组别：　　　　学号：　　　　姓名：　　　　实训日期：

课程信息	课程名称	教学单元	本次课训练任务	学时	实训地点
	电工普训	家庭照明线路的安装和设计	任务　带单相电度表的白炽灯线路安装与调试	2节	

任务描述	在电工实训板上安装一个由单相电度表、漏电保护器、白炽灯、单极开关和插座等元器件组成的简单照明电路，要求安装的照明电路走线规范，布局美观、合理；安装的照明电路可以正常工作，并能排除常见的照明电路故障。

学做过程记录	任务1　开关、插座、白炽灯、电度表的器件测试 实训内容及步骤 1. 开关等器件的外观检查 通过目力观察和手动的方法来检查开关等器件的装配质量；开关、插座等器件的塑料表面应光滑平整、无明显斑痕、划痕，颜色同封装样品一致；单相电度表的标识是否清晰，电度表壳上的铅封是否损坏。 2. 开关等器件的质量检查 用万用表检查开关、断路器的通断是否良好。触点应接触良好，按键应灵活、无卡滞现象，按键动作应清晰有手感。插座尺寸的检查、防触电保护、端子、插头和移动式插座的结构、拔出插头所需的力、软缆及其连接等参数是否符合相关国家标准。 根据铭牌数据，判断单相电度表的选用是否合理。 目力观察白炽灯的钨丝是否掉落，用万用表测量灯泡两端的等效电阻。 | 元器件名称	型号规格	额定电压	额定电流	寿命（使用次数）	外观 | |---|---|---|---|---|---| | 开关 | | | | | | | 插座 | | | | | | | 断路器 | | | | | | 电度表的铭牌数据摘抄： 【教师现场评价：完成□，未完成□】 任务2　带单相电度表的白炽灯线路的安装与调试 1. 用木螺丝对开关、插座底盒、灯具、断路器、电度表固定； 2. 在电工实训板上按照给出的图纸完成线路的安装； ① 板面导线必须横平、竖直，尽可能避免交叉。 ② 绝缘导线平行敷设时，应紧密，线与线之间不能有明显的空隙。

项目四　家庭照明线路的安装和设计

学做过程记录	③ 绝缘导线转弯成圆弧直角时，转弯圆度不能过小，以免损伤导线，转弯前后距转弯 30～50mm 处应各用一个线卡。 ④ 绝缘导线不可在线路上直接连接，可通过接线盒或借用其他电器的接线桩来连接线头。 ⑤ 绝缘导线进入明线盒前 30～50mm 处应安装一个线卡，盒内应留出剥削 2～3 次的剥削长度。 ⑥ 布线时，严禁损伤线芯和导线绝缘层。 3．布线完工后，先检查绝缘导线布局的合理性，然后按电路要求将元器件面板装上，注意接点不得松动。 4．通电前，必须先清理接线板上的工具、多余的器件以及断线头，以防造成短路和触电事故。然后对配电板线路的正确性进行全面的自检（用万用表电阻挡），以确保通电一次性成功。 5．通电试车，将控制板的电源线接入电表箱各自电度表的出线端，征得指导老师同意，并由老师接通电源和现场监护，方可通电。 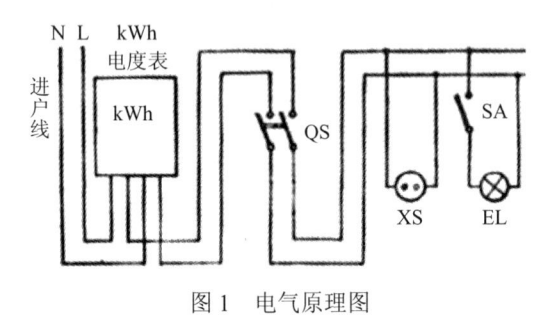 图 1　电气原理图 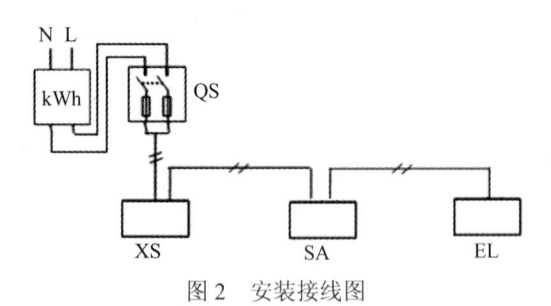 图 2　安装接线图 【教师现场评价：完成□，未完成□】
	思考题
	1．什么是中性线（零线）和相线（火线）？ 2．照明电路的布局、布线、走线、安装的基本要求。
教师评价	A□　　B□　　C□　　D□　　教师签名：
学生建议	

知识链接Ⅰ　单相电度表的工作原理

1. 电度表的功能和作用

电能计量装置，是通过电度表等电气装置对用户消耗的电力进行计量，即对电能进行累计，以此作为电费的结算依据。低压用户的量电装置主要由进户总熔断器盒和电度表两大部分组成，但较大容量的凡任何一相的计算负载电流达100A的，则应加装电流互感器。

电度表又叫千瓦小时计，是计量耗电量的仪表，具有累计功能。它的种类繁多，最常用的是交流式电度表。按用途分有功电度表和无功电度表；按结构分有单相表、三相三线表和三相四线表。

2. 电度表的面板组成和外形

电度表的面板组成和外形示意图，如图4-1和图4-2所示。

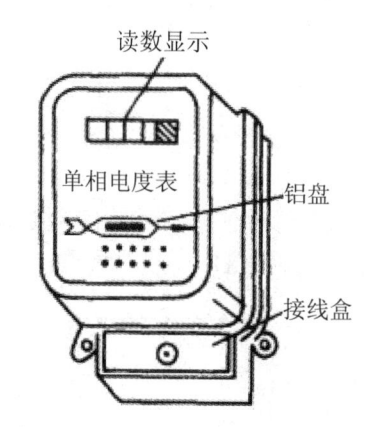

图4-1　电度表的面板组成和外形

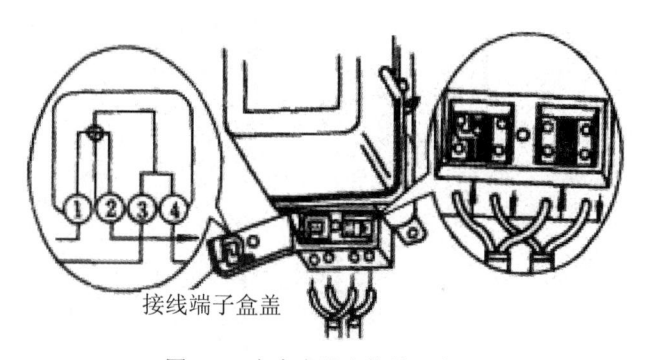

图4-2　电度表进出接线示意图

3. 电度表的工作原理和接线

（1）基本工作原理。交流感应式电度表由励磁、阻尼、走字和基座等部分组成，其中励磁部分又分电流和电压两部分，它的构造和基本工作原理如图4-3所示。电压线圈是常通电流的，产生磁通Φ_u、Φ_u的大小与电压成正比；电流线圈在有负载时才通过电流产生磁通Φ，Φ与通过的电流大小成正比。在构造上置Φ于两点，而方向相反；同时置Φ_u于Φ的两点中间，如图4-3所示；又置走字系统的铝盘于上述磁场中，因此铝盘切割上述三点交变磁场产生力矩而转动，转动速度取决于三点合力的大小。阻尼部分由永久磁铁组成，避免因惯性作用而使铝盘越转越快，以及在负载消除后阻止铝盘继续旋转。走字系统除铝盘外，尚有轴、齿轮和计数器等部分。基座部分由底座、罩盖和接线端子等组成。

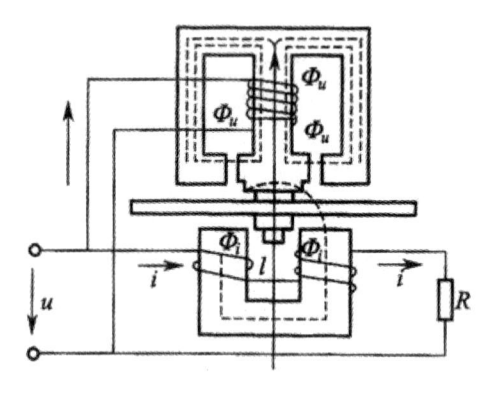

图 4-3 电度表的工作原理图

（2）接线方式。单相电度表有 4 个接线端子，进出线有两种排列形式：一种是跳入式接线法，1、3 接进线，2、4 接出线，如图 4-4 所示；另一种是顺入式接线法，1、2 接进线，3、4 接出线，如图 4-5 所示。在实际接线时，应参照说明书或接线图正确接线。电度表接线完毕，在接电前，应由供电部门把接线盒盖加铅封，用户不可擅自打开。

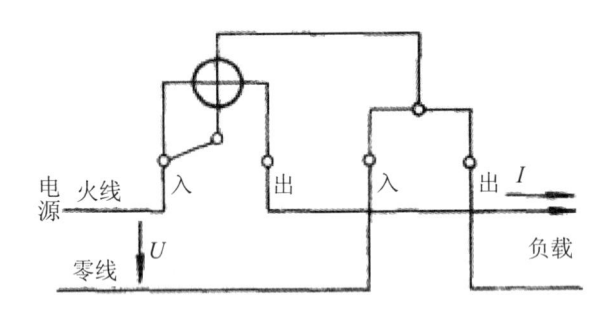

图 4-4 跳入式接线法

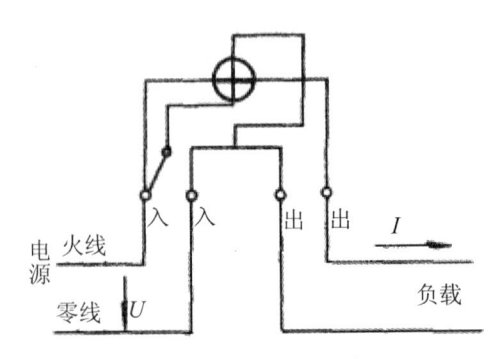

图 4-5 顺入式接线法

4. 电度表的读数

（1）单相电度表的测量单位为千瓦小时（kW·h），在日常生活中称为"度"，1 度 =1 000W

（瓦）×1h（小时）。

（2）单相电度表的读数可从计数器上直接读取。

（3）两次抄表读数的差值，就是从上次抄表之后到本次抄表为止，在这期间负载电器所消耗的电能，如上次抄表读数为 2995.4，本次抄表读数为 3008.5，实际耗电量为 3008.5-2995.4≈13（度）。

（4）有的电度表的读数要乘上一个倍率之后，才是电路实际消耗的电度数，这是因为这些电度表采用了电感器来扩大电度表的量程。

知识链接 Ⅱ　电气照明的基本知识

照明线路的定义是电网提供照明电压，我国标准为 220V、50Hz，照明电源取自三相四线制，低压线路上任一根相线与中性线构成照明电路的线路。

1. 单相正弦交流电

（1）交流电路中的电压和电流的大小和方向是随时间做周期性变化，随时间按正弦规律变化的电压、电流、电动势统称为正弦交流电。

正弦交流电的数学表达式为

$$i = I_m \sin(\omega t + \psi_i)\ ;\quad u = U_m \sin(\omega t + \psi_u)\ ;\quad e = E_m \sin(\omega t + \psi_e)$$

（2）正弦交流电的三要素是周期（频率）、幅值（有效值）、初相位（相位）。

1）正弦交流电的周期、频率、角频率的关系是：$T = \dfrac{1}{f}$，$\omega = 2\pi f = \dfrac{2\pi}{T}$。

其中 T——周期，单位是秒（s）；f——频率，单位是赫兹（Hz）；ω——角频率，单位是弧度/秒（rad/s）。我国和世界上大多数国家都采用 50Hz 作为工业和民用电频率，称为工频，通常交流电动力电路、照明电路都用工频电。

2）正弦交流电的瞬时值、幅值和有效值的关系

交流电在变化过程中某一时刻的值称为瞬时值。用小写字母来表示，如 i，u，e 分别表示电流、电压、电动势的瞬时值。

数值最大的瞬时值称幅值（又称最大值），用带有下标 m 的英文大写字母表示，如 I_m、U_m 和 E_m 等。

有效值是根据电流的热效应来定义的，即某一交流电流通过电阻 R，经过一周期所产生的热量与另一直流电流通过相同电阻经过相同时间所产生的热量相等，即经此直流电流的数值作为交流电流的有效值。有效值用英文大写字母表示，如 I、U、E 等。

正弦交流电电流、电压、电动势的有效值和最大值的关系为：

$$I = \dfrac{I_m}{\sqrt{2}} = 0.707 I_m\ ;\quad U = \dfrac{U_m}{\sqrt{2}} = 0.707 U_m\ ;\quad E = \dfrac{E_m}{\sqrt{2}} = 0.707 E_m$$

注意：用万用表测量的交流电压是电压有效值，照明电路的额定电压有效值为 U=220V；额定电压最大值 U_m=311V。

3）正弦交流电的相位、初相位和相位差

① 相位。在正弦交流电的表达式 $i = I_m \sin(\omega t + \varphi)$ 中，$(\omega t + \varphi)$ 称为正弦交流电的相位角，简称相位。相位是随时间 t 变化的，它表示交流电变化的进程。

② 初相位。计时起点，即 $t=0$ 时的相位称为初相位 φ_i。

③ 相位差。在正弦交流电路的分析中，常常会出现多个同频率的正弦量，例如：

$$u_1 = U_m \sin(\omega t + \psi_1)$$
$$u_2 = U_m \sin(\omega t + \psi_2)$$

因为初相不同，相位就不一样。即 $(\omega t + \psi_1) \neq (\omega t + \psi_2)$。

对于两个同频率的正弦量，它们的相位之差称为相位差。

上面两个正弦量的相位差为

$$(\omega t + \psi_1) - (\omega t + \psi_2) = \psi_1 - \psi_2$$

2. 三相交流电路

（1）由一个交流电源供电的电路称为单相交流电路，而由频率和幅值相同、相位互差 $120°$ 的 3 个正弦交流电源同时供电的系统，称为三相交流电路。日常生活中使用的单相电源实际上是三相电源中的一相。

（2）三相四线制

若将三相绕组的末端连在一起，如图 4-6 所示，这种连接方法称为电源的星型连接。其中，连接点称为中性点（或零点），这样可从三个绕组的始端和中性点分别引出四根导线，从中性点引出的线称为中性线（或零线），从始端 U_1、V_1、W_1 引出的线称为相线（或火线）。共有三相对称电源、四根引出线，因此这种电源连接方式习惯称之为三相四线制。

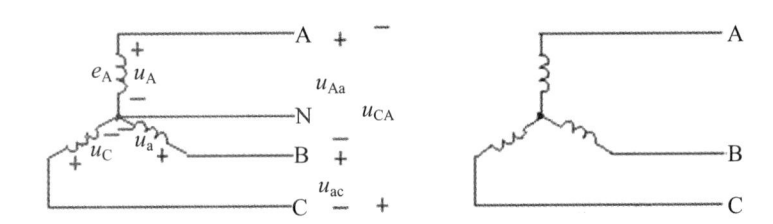

图 4-6 三相电源的星形连接

注意：照明电路中用 L_1、L_2、L_3 表示相线（火线），用 N 表示中性线（零线）。

我们把相线与中性线间的电压，称为相电压（用 U_P 表示），任意两根相线间的电压，称为线电压（用 U_L 表示）；相电压和线电压的关系：$U_L = \sqrt{3} U_P$。照明电路中相电压 U_P=220V，线电压 U_L=380V。

如图 4-7 所示电路为一个三相四线制电路，设其线电压为 380V。电路中各负载按其额定电路的要求连接。在电路中，通常电灯的额定电压为 220V，则连接在相电压上；三相电动机的额定电路为 380V，则连接在线电压上。

3. 白炽灯照明电路的组成

室内照明线路由电源、导线、开关、插座和照明灯具组成。电源主要使用 220 V 单相交流电。开关用来控制电路的通断。导线是电流的载体，应根据电路允许载流量选取。照明灯为人们的日常生活提供各种各样的可见光源。

（1）闸刀开关

闸刀开关是一种手动配电电器，主要用来隔离电源或手动接通与断开交直流电路，也可用于不频繁的接通与分断额定电流以下的负载，如小型电动机、电炉等。闸刀开关是最经济但技术指标偏低的一种刀开关。闸刀开关也称开启式负荷开关。

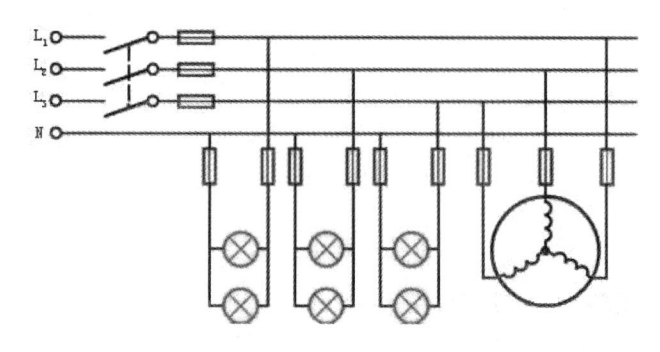

图 4-7　三相四线制电路

闸刀开关种类很多，有两极的（额定电压 250V）和三极的（额定电压 380V），额定电流 10A～100A 不等，其中 60A 及以下的才用来控制电动机。常用的闸刀开关型号有 HK1、HK2 系列，如图 4-8 所示。

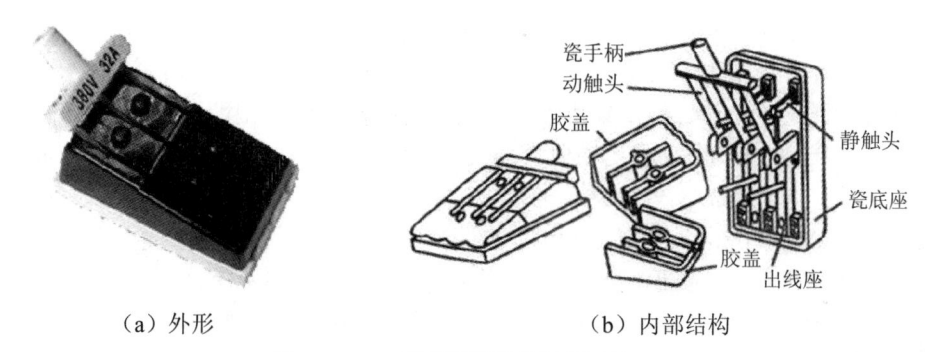

（a）外形　　　　　　　　　　（b）内部结构

图 4-8　HK 系列瓷底胶盖闸刀开关

使用闸刀开关时应注意要将它垂直地安装在控制屏或开关扳上，不可随意搁置；进线座应在上方，接线时不能把它与出线座搞反，否则在更换熔丝时将会发生触电事故；更换熔丝必须先拉开闸刀，并换上与原用熔丝规格相同的新熔丝，同时还要防止新熔丝受到机械损伤；若胶盖和瓷底座损坏或胶盖失落，闸刀开关就不可再使用，以防引发安全事故。

（2）漏电开关

漏电保护的主要作用是解决漏电问题（相线流出多少电流，中性线就要回来多少电流，一旦有电流缺失，比如人体触电，电流通过人体流到地上的时候，一般超过 30mA，漏电保护器就会工作，切断电源，从而杜绝了电流对人体的伤害），但是一般专用的漏电保护开关是不起过载保护用的（现在大多带过载保护）。当电流超过一定的电流的时候自身会发热（利用双金属片受热弯曲的道理），导致开关里面的脱扣装置脱扣，从而切断电源，保护电路不因过大的电流而烧毁，同时也起到保护电路的作用。

漏电保护开关的类型划分方式有多种。

1）按工作原理划分

漏电保护开关按工作原理分为电压型与电流型漏电保护开关。

2）按极数和线数划分

漏电保护开关按极数和线数有单极二线、二极二线、三极三线、三极四线及四极四线等数种漏电保护开关。

3）按脱扣器方式划分

① 电磁式剩余电流保护器：零序电流互感器的二次回路输出电压不经任何放大，直接激励剩余电流脱扣器，称为电磁式剩余电流保护器，其动作功能与线路电压无关。

② 电子式剩余电流保护器：零序电流互感器的二次回路和脱扣器之间接入一个电子放大线路，互感器二次回路的输出电压经过电子线路放大后再激励剩余电流脱扣器，称为电子式剩余电流保护器，其动作功能与线路电压有关。

4）根据剩余电流保护器的使用场合划分

① 专业人员使用的剩余电流保护器：一般额定电流比较大，作为配电装置中主干线或分支线的保护开关用，发生故障影响范围比较大，要求由专业人员来安装、使用和维护。剩余电流继电器和大电流剩余电流断路器属于这种形式的剩余电流保护器。

② 家用和类似用途的剩余电流保护器：它是用于商用、办公楼及城乡居民住宅等建筑物中的剩余电流保护器，一般额定电流比较小，作为终端电气线路的漏电保护装置，适合于非专业人员使用。主要有家用剩余电流断路器和移动式剩余电流保护器。

目前家庭常用的漏电断路器一般有两种：单纯的漏电断路器，如图 4-9 所示，和附带有漏电保护功能的空气开关，如图 4-10 所示，目前后者用得更多，因为它还有过载保护功能。常用型号为 DZL18-20 的漏电保护器，放大器采用集成电路，具有体积小、动作灵敏、工作可靠的优点。适用于交流额定电压 220V、额定电流 20A 及以下的单相电路中，额定漏电动作电流有 30mA、15mA 和 10mA 可选用，动作时间小于 0.1 秒。

在安装空气开关时，要搞清楚入线是不是三相电路。如果确定是两相的，就应该零线接零线，地线接外壳，火线随便接一个就可以了。现在一般家用空气开关都是导轨式安装，开关下部有一个拉片，插上螺丝刀向下扳一下就能从导轨上取下，要把连线拆除。带电拆除时，要请有经验的电工来做。

图 4-9　LB 系列漏电保护开关　　　　　图 4-10　DZ 系列漏电断路器

（3）电线

照明电路里有两根电线，一根叫火线，一般为红色或黄色或绿色；另一根则叫零线，一般为蓝色或黄色；此外还有地线，一般为黄绿双色或黑色。

火线和零线的区别在于它们的对地电压不同：火线的对地电压等于220V；零线的对地电压等于零（它本身跟大地是连接在一起的）。所以当人的一部分碰上了火线，另一部分站在地上，人的这两个部分之间的电压等于220V，就有触电的危险了。反之，人即使用手去抓零线，如果是站在地上的话，由于零线的对地电压等于零，所以人的身体各部分之间的电压等于零，人就没有触电的危险。

火线是照明电路里的对地电压等于220V的线，用家用试电笔可以测试出来。零线是变压器中性点引出的线路，与相线构成回路对用电设备进行供电，通常情况下，零线在变压器中性点处与地线重复接地，起到双重保护作用。

接地是电气设备安全技术中最重要的工作，应该认真对待。不加考虑随意接地的做法常常会给电气设备造成不良的后果，严重时会烧毁整个配电系统，甚至造成人身伤害。

在连接导线时千万不要将零线端和定位用的地线端连在一起，因为有的设备采用二线插头，如果设备的电源火线、零线接反或使用中插错位置，必将造成火线、零线短路，烧坏设备，造成不可弥补的损失。因此，即使家里或单位的三线插座中没有接地，也最好使用三线电源插头和三线插座。交流电源线分为零线和火线。零线总是与大地的电位相等（但并不是说大地的电位就一定低），火线与零线保持呈正弦振荡式的压差。因为人在自然状态下与大地是零电位差的，所以一般情况下，人接触零线是不会被电击的。用电器把外壳与地线连接（接地）就可以保护人不触电，就是这个原因。所以，火线与零线接反，会埋下用电安全隐患，一定要严格区分。

（4）电灯开关

开关的词语解释为开启和关闭。它还是指一个可以使电路、使电流中断或使其流到其他电路的电子元件。最常见的开关是让人操作的机电设备，其中有一个或数个电子接点。接点的"闭合"表示电子接点导通，允许电流通过；开关的"开路"表示电子接点形成开路，不允许电流通过。

按其控制方式可分为单控开关、双控开关、多控开关和延时开关。家居常用开关多为单控开关和双控开关。单控开关相对简单，一个开关控制一个或一组用电器，而与其他线路上的用电器无关。而双控开关能在两个不同位置控制同一个用电器，在某些场所（如步行楼梯间内，酒店等）特别实用。

现在家庭用的电灯开关大多是墙壁开关，外形如图4-11所示。墙壁开关就是安装在墙壁上使用的电器开关，是一种家居装饰功能用品，是用来接通和断开家用电器使用的电路。

图4-11 墙壁开关的正面和背面

项目四 家庭照明线路的安装和设计 127

开关上有三个孔的可以用于接双连控制的开关，如果不接双连控制，就是这个开关来控制灯，那接法是：电源火线接开关的两边的任意一个接线端，开关中间的接线端是接到通往灯上的"火线控制"（输出）线，电路的零线是直接接到灯上的另外一个接点上的，不由开关控制。家用的照明灯开关内是不能接零线的，如果接零线，那会在关了开关后灯上仍然有电，如果是火线和零线都进入开关，那在开关闭合时将发生线路短路现象，发生危险。

（5）插座

插座是我们接触频繁的电路终端，插座电路用漏电保护开关的话，最大限度上保证了人体安全。而且插座线路都分几路走线，一旦一路有问题，其他电路上的插座都还可以正常工作。照明线路一旦有问题的话，我们接在插座上的台灯或落地灯，都还能正常工作，不会让屋里漆黑一片，给照明电路的检修还能提供方便。明装插座的安装步骤和工艺与安装吊线盒大致相同。先安装圆木或木台，然后把插座安装在圆木或木台上，对于暗敷线路，需要使用暗装插座，暗装插座应安装在预埋墙内的插座盒中。

安装插座时应尽量靠墙边，插座有两孔插座、三孔插座和复合插座，复合插座如图 4-12 所示。按照施工规范的要求，两孔插座在水平排列安装时，应零线接左孔，相线接右孔，即"左零右火"；垂直排列安装时，应零线接上孔，相线接下孔，即"上零下火"。三孔插座安装时，下方两孔接电源线，零线接左孔，相线接右孔，上面大孔接保护接地线，"左零右火上地"。在装修过程中，插座的数量、位置、高度以及承载电流大小等诸多因素都需要根据今后的使用仔细考虑，以免使用中不顺手甚至出危险。另外，插座的安装位置也很重要。一般情况下，插座尽可能靠墙边安装，如果插座的位置留得不当，就有可能与后期的家具摆放或者电脑安装发生冲突。同一房间内的开关、插座距地面高度应一致，插座的安装高度一般应与地面保持 1.4m 的垂直距离，特殊需要时可以低装，离地高度不得低于 0.15m，且应采用安全插座，边缘距门框的距离为 150～200mm。但托儿所、幼儿园和小学等儿童集中的地方禁止低装。插座要选用插头和插座的连接点是螺纹端子的，而且要有软线固定部件，这样可以防止意外拉动造成连线被拉出插头或插座。

图 4-12 复合插座的外形和背面

在同一块木台上安装多个插座时，每个插座相应位置和插孔相位必须相同，接地孔的接地必须正规，相同电压和相同相数的插座，应选用统一的结构形式，不同电压或不同相数的插座，应选用有明显区别的结构形式，并标明电压。

（6）电光源

照明电光源一般分为白炽灯、气体放电灯和其他电光源三大类。家庭常用的电灯为白炽灯，如图 4-13 所示。普通白炽灯即一般常用的白炽灯泡特点：显色性好（Ra＝100）、开灯即亮、可连续调光、结构简单、价格低廉，但寿命短、光效低。白炽灯是将电能转化为光能的，以提供照明的设备。其工作原理是：电流通过灯丝时产生热量，螺旋状的灯丝不断将热量聚集，使得灯丝的温度达 2000 摄氏度以上，灯丝在处于白炽状态时，就像烧红了的铁能发光一样而发出光来。灯丝的温度越高，发出的光就越亮。故称之为白炽灯。

图 4-13　常用白炽灯

灯具安装最基本的要求是必须牢固。室内安装壁灯、床头灯、台灯、落地灯、镜前灯等灯具时，高度低于 2.4m 及以下的，灯具的金属外壳均应接地以保证使用安全。卫生间及厨房装矮脚灯头时，宜采用瓷螺口矮脚灯头。螺口灯头的接线、相线（开关线）应接在中心触点端子上，零线接在螺纹端子上。台灯等带开关的灯头，为了安全，灯头手柄不应有裸露的金属部分。装饰吊平顶安装各类灯具时，应按灯具安装说明的要求进行安装。灯具重量大于 3kg 时，应采用预埋吊钩或从屋顶用膨胀螺栓直接固定支吊架安装（不能用吊平顶吊龙骨支架安装灯具）。从灯头箱盒引出的导线应用软管保护至灯位，防止导线裸露在平顶内。吊顶或护墙板内的暗线必须有阻燃套管保护。

任务二　日光灯异地控制线路的安装与调试

能力目标

1．能正确识别照明器件与材料，并能检查其好坏和正确使用；
2．能根据控制要求和提供的器件，设计出控制原理图；
3．了解调光原理，学会较复杂照明电路各种线路敷设的装接和维修，掌握工艺要求。

知识目标

1．了解照明电路的基本原理；
2．熟悉照明电路常用电器元件的结构和用途；
3．连接安装照明电路的工艺规程。

技能训练　日光灯异地控制线路的安装与调试

一、实训前的准备工作

1. 知识准备

（1）了解照明电路的实际应用、照明原理图和系统图，以及线路敷设的种类；

（2）明确照明电路接线方法、安装与工艺要求；

（3）明确元器件的基本分类与常用型号安装要求。

2. 材料准备

（1）电工刀、尖嘴钳、钢丝钳、剥线钳、旋具各1把，木质配电盘面板1块。

（2）1mm^{2}和2.5mm^{2}的塑料绝缘铜线若干；线槽、线管若干；绝缘胶带若干；固定用材料等。

（3）照明器件：单相电度表1只，两极漏电开关1个，日光灯座1套，整流器1只，起动器1个，二三插座1个，开关底盒2个，双控墙壁开关2只。

（4）电工常用仪表（如万用表）1只。

二、实训过程

请同学们按照实训任务单卡要求完成实训内容，完成后将任务单卡沿着虚线撕下上交。

三、实训注意事项

（1）实训分组进行，实训期间，请学生严格执行安全操作规程。

（2）在实训操作前，请认真学习实训任务内容，明确实训目的、实训步骤和安全注意事项。

（3）未经指导教师同意，不得私自通电，通电要按电工安全要求操作。

（4）要节约导线材料（尽量利用使用过的导线）。

（5）实训期间要讲究文明生产、文明工作，各种工具、设备摆放合理、整齐，不要乱摆、乱放，以免发生事故。

学 习 任 务 单 卡

| 班级: | | 组别: | | 学号: | | 姓名: | | 实训日期: | |

课程信息	课程名称	教学单元	本次课训练任务	学时	实训地点
	电工普训	家庭照明线路的安装和设计	任务 日光灯异地控制线路的安装与调试	2节	

任务描述	在电工实训板上安装一个由单相电度表、漏电保护器、日光灯、双控开关和插座等元器件组成的照明电路，要求安装的照明电路走线规范，布局美观、合理；安装的照明电路可以正常工作，并能排除常见的照明电路故障。

学做过程记录	任务1 日光灯的检测
	实训内容及步骤
	1. 日光灯的外观检查
	主要检查外形尺寸与灯头型号尺寸应与普通照明用直管形荧光灯安装尺寸相符，符合普通照明用直管形荧光灯灯座安装要求。表面应平整、光洁，应无影响照明性能和使用的划伤等缺陷。灯的标志应清晰，无缺划、断划、少字等。所有零件均应定位安装、牢固可靠，不应有松动现象；转动件应能灵活转动、接触良好、无轴向窜动。焊接部位应平整、牢固，无焊穿、虚焊、飞溅等现象。
	2. 日光灯的检测
	（1）灯具参数

参数	数值	参数	数值
电压		电流	
功率		功率因数	
频率			

（2）日光灯的好坏判断

① 灯管的判断

用万用表测量日光管，测一头的两脚，如果是断路的，灯管就不能起辉，灯管是坏的（同一端的两个脚是同一根灯丝）。

② 电感式镇流器的判断

电感式镇流器内部是一个带铁芯的电感线圈。

调到欧姆挡，用万用表的红黑表笔去测试镇流器的接线端子，如果万用表显示有一定的阻值的，表明断路了，则镇流器是坏的。

③ 启辉器的判断

启辉器里边有一个氖泡，氖泡里面有一个双金属片是断开的，通电后氖气发光发热使双金属片受热变形接通，所以通常情况下是断路的。

调到欧姆挡，用万用表的红黑表笔去测试启辉器的两端子，如果万用表显示是通路，表明启辉器是坏的。

【教师现场评价：完成□，未完成□】

任务2 日光灯异地控制线路的安装与调试
1. 元器件检测，定位及划线。
2. 按图2固定元器件（对于接线盒要注意开口方向），要求布局合理。
3. 根据图1在配电板上进行明线布线，要求符合明线布线工艺要求。

学做过程记录	要求接头连接：零线直接进灯头，火线经开关后再进另一灯头；零线、火线直接进插座。导线必须铺得横平、竖直和平服，线路应整齐、美观，符合工艺要求。 4．布线完工后，先检查护套线布局的合理性，然后按电路要求将元器件面板装上，注意接点不得松动。 5．通电前，必须先清理接线板上的工具、多余的器件以及断线头，以防造成短路和触电事故。然后对配电板线路的正确性进行全面的自检（用万用表电阻挡），以确保通电一次性成功。 6．通电试车，将控制板的电源线接入电表箱各自电度表的出线端，征得指导老师同意，并由老师接通电源和现场监护，方可通电。 注意操作时的安全。 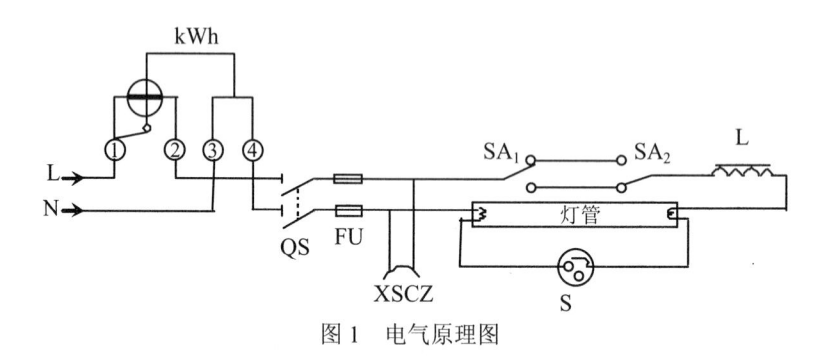 图1　电气原理图 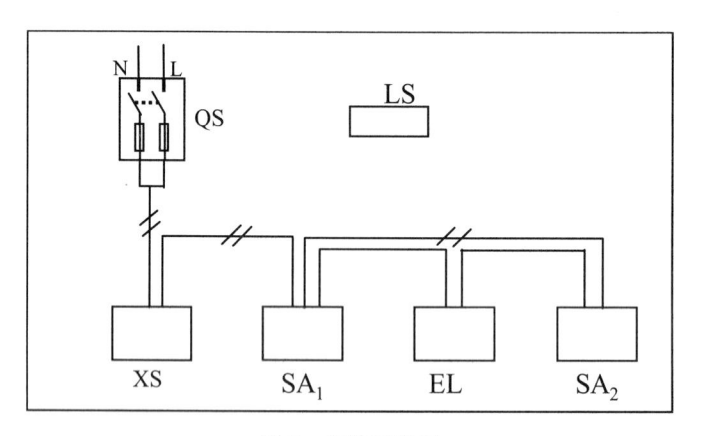 图2　安装接线图 【教师现场评价：完成□，未完成□】
	思考题
	1．照明电路有哪些常见的故障？应如何检查？
教师评价	A□　　B□　　C□　　D□　　教师签名：
学生建议	

知识链接 I　日光灯

日光灯又称荧光灯，它是由灯管、启辉器、镇流器、灯座和灯架等部件组成的，如图 4-14 所示。在灯管中充有水银蒸气和氩气，灯管内壁涂有荧光粉，灯管两端装有灯丝，通电后灯丝能发射电子轰击水银蒸气，使其电离，产生紫外线，激发荧光粉而发光。

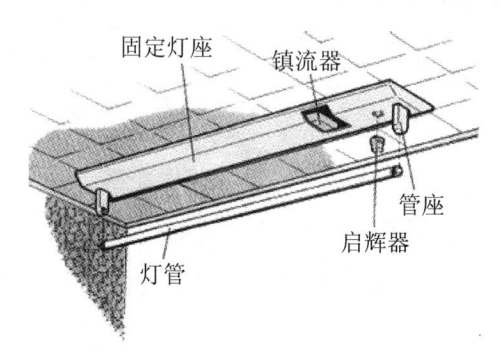

图 4-14　日光灯的组成部分

日光灯发光效率高、使用寿命长、光色较好、经济省电，故也被广泛使用。日光灯按功率分，常用的有 6W、8W、15W、20W、30W、40W 等多种；按外形分，常用的有直管形、U 形、环形、盘形等多种；按发光颜色分，又分为日光色、冷光色、暖光色和白光色等多种。

日光灯的安装方式有悬吊式和吸顶式，吸顶式安装时，灯架与天花板之间应留 15mm 的间隙，以利通风。

1. 日光灯管

日光灯管包括灯脚、灯丝、玻璃管、灯夹、荧光粉涂层，结构如图 4-15 所示。

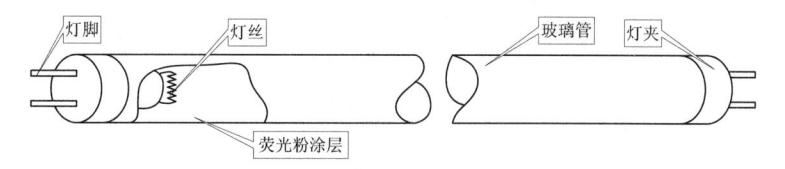

图 4-15　日光灯管的结构图

日光灯管是内壁涂有荧光粉的玻璃管，两端有钨丝，钨丝上涂有易发射电子的氧化物，玻璃管抽成真空后充入一定量的氩气和少量水银，氩气具有使灯管易发光和保护电极延长灯管寿命的作用。当灯丝导电加热，阴极发射出电子，与惰性气体碰撞而电离，汞汽化为汞蒸汽，在电子撞击和两端电场作用下，汞离子大量电离，正负离子运动形成气体放电，产生紫外线，玻璃管内壁上的荧光粉吸收紫外线的能量后，被激发而放出可见光。

2. 启辉器

启辉器是由玻璃管制成的辉光放电管与一只小电容器并联而成（没有电容器也能工作）。玻璃管制成的辉光放电管内有一个 U 形双金属片，一个静触片，玻璃管内充有氖气，如图 4-16 所示。当电路接通，启辉器两端极片得电，击穿惰性气体而导电（辉光放电过程），双金属片发热弯曲而与静触板接通形成闭合电路。此时电流直接经过双金属片与静触片导通，惰性气体失去作用而不放电，双金属片开始冷却，经过 1~8 秒的时间，双金属片收缩回原来状态，启辉器停止工作。因此，起动时间主要取决于双金属片的弯度和双金属片的膨胀特性。一般情况下，启辉器应使灯管在 8 秒内起动工作。

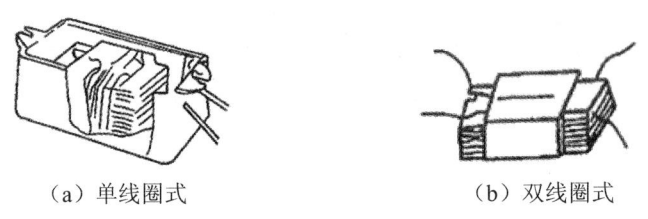

（a）单线圈式　　（b）双线圈式

图 4-16　启辉器的结构

3. 日光灯镇流器

如图 4-17 所示，日光灯镇流器是一个具有铁心的线圈，也称为电感镇流器。在日光灯起动时，它和启辉器配合产生瞬间高压促使灯管导通，管壁荧光粉发光。灯管发光后在电路中起限流作用。

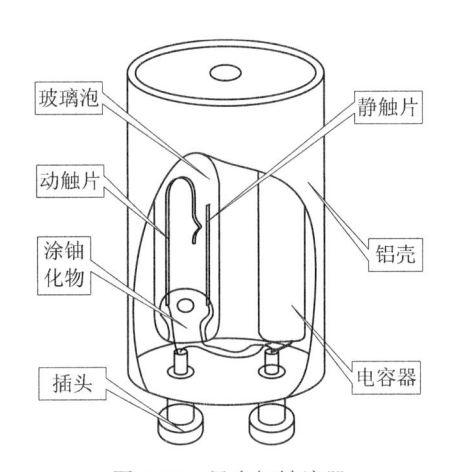

图 4-17　日光灯镇流器

当电路中电流突然中断时，使电感镇流器两端产生一个比电源电压高得多的感应电动势，同时与电源电压叠加在灯管两端，使灯管两端电极之间形成一个强电场。

4. 日光灯的工作原理

当电路接通时，电源电压（220V）全部加在启辉器静触片和双金属片两极间，高压产生强电场使氖气放电（红色辉光），使其 U 形双金属片受热而膨胀与静触极接触，使灯丝、启辉器、镇流器与电源构成一个闭合回路，灯丝流过电流被加热（温度可达 800～1000 度）后产生热电子发射，释放大量电子，致使管内氩气电离，水银蒸发为水银蒸汽，为灯管导通创造了条件。

由于启辉器玻璃泡内两电极的接触，电场消失，使氖气停止放电。从而玻璃泡内温度下降，双金属片因冷却而恢复原来状态，致使启辉电路断开。瞬间，电路中电流突然中断，使镇流器两端产生一个比电源电压高得多的感应电动势，同时与电源电压叠加在灯管两端，使灯管两端电极之间形成一个强电场。灯丝阴极发射的电子，在强电场的作用下，引起管内汞蒸汽电离而形成弧光放电，同时产生大量的紫外线激发管壁的荧光粉而发出可见光。此时，灯管电流在不断增长，是靠镇流器的阻抗将灯管电流限制和稳定在正常工作数值上。

灯管起动后，感应电势消失，是靠电源电压与镇流器维持灯管的正常工作。启辉器在电路中只起控制灯管预热电流的时间和断开电路时使镇流器产生感应电动势的作用。在荧光灯正常工作时，启辉器是停止工作的。

5. 日光灯的安装步骤

（1）安装前的检查。安装前先检查灯管、镇流器、启辉器等有无损坏，镇流器和启辉器是否与灯管的功率相配合。特别注意，镇流器与日光灯管的功率必须一致，否则不能使用。

（2）各部件安装。悬吊式安装时，应将镇流器用螺钉固定在灯架的中间位置；吸顶式安装时，不能将镇流器放在灯架上，以免散热困难，可将镇流器放在灯架外的其他位置。

将启辉器座固定在灯架的一端或一侧边上，两个灯座分别固定在灯架的两端，中间的距离按所用灯管长度量好，使灯脚刚好插进灯座的插孔中。

吊线盒和开关的安装与白炽灯的安装方法相同。

（3）电路接线。各部件位置固定好后，进行接线。接线完毕要对照电路图仔细检查，以防接错或漏接。然后把启辉器和灯管分别装入插座内。接电源时，其相线应经开关连接在镇流器上，通电试验正常后，即可投入使用。

6. 常见故障及处理方法。

由于日光灯的附件较多，故障相对来说比白炽灯要多。日光灯常见的故障有：灯管完全不发光；灯管两端闪跳，不能正常发光；开关断开以后灯管仍有微光不熄等情况。日光灯的常见故障及处理方法可参考表4-1。

表4-1 日光灯的常见故障及处理方法

故障现象	产生故障的可能原因	排除方法
灯管不发光	① 停电或保险丝烧断导致无电源 ② 灯座触点接触不良或电路线头松散 ③ 启辉器损坏或与基座触点接触不良 ④ 镇流器绕组或管内灯丝断裂或脱落	① 找出断电原因，检修好故障后恢复送电 ② 重新安装灯管或连接松散线头 ③ 旋动启辉器看是否损坏，再检查线头是否脱落 ④ 用欧姆表检测绕组和灯丝是否开路
灯丝两端发亮	启辉器接触不良，或内部小电容击穿，或基座线头脱落，或启辉器已损坏	按上一个故障现象的排除方法③，若启辉器内部电容击穿，可剪去断续使用
启辉困难（灯管两端不断闪烁，中间不亮）	① 启辉器为配套 ② 电源电压太低 ③ 环境温度太低 ④ 镇流器不配套，启辉器电流过小 ⑤ 灯管老化	① 换配套启辉器 ② 调整电压或降低线损，使电压保持在额定值 ③ 对灯管热敷（注意安全） ④ 换配套镇流器 ⑤ 更换灯管
灯光闪烁或管内有螺旋形滚动光带	① 启辉器或镇流器连接不良 ② 镇流器不配套（工作电压太大） ③ 新灯管暂时现象 ④ 灯管质量差	① 接好连接点 ② 换上配套的镇流器 ③ 使用一段时间，会自行消失 ④ 更换灯管
镇流器过热	① 镇流器质量差 ② 启辉系统不良，镇流器负担加重 ③ 镇流器不配套 ④ 电源电压过高	① 温度超过65º应更换镇流器 ② 排除启辉系统故障 ③ 换配套镇流器 ④ 调低电压至额定工作电压

续表

故障现象	产生故障的可能原因	排除方法
镇流器异声	① 铁心叠片松动 ② 铁心硅钢片质量差 ③ 绕组内部短路（伴承受过热现象） ④ 电源电压过高	① 紧固铁心 ② 换硅钢片或整个镇流器 ③ 换绕组或整个镇流器 ④ 调低电压至额定工作电压
灯管两端发黑	① 灯管老化 ② 启辉不佳 ③ 电压过高 ④ 镇流器不配套	① 更换灯管 ② 排除启辉系统故障 ③ 调低电压至额定工作电压 ④ 换配套镇流器
灯管光通量下降	① 灯管老化 ② 电压过低 ③ 灯管处于冷风吹位置	① 更换灯管 ② 调整电压，缩短电源线路 ③ 采取遮风措施
开灯后灯管马上烧毁	① 电压过高 ② 镇流器短路	① 检查电压过高的原因并排除 ② 更换镇流器
断电后灯管仍发微光	① 荧光粉余辉特性 ② 开关接到了零线上	① 过一会将自行消失 ② 将开关改接至相线

知识链接 Ⅱ　室内配电线路布线

室内布线就是敷设室内用电器具的供电电路和控制电路，室内布线有明装式和暗装式两种。明装式是导线沿墙壁、天花板、横梁及柱子等表面敷设；暗装式是将导线穿管埋设在墙内、地下或顶棚里。

室内布线方式分有瓷夹板布线、绝缘子布线、槽板布线、护套线布线和线管布线等，暗装式布线中最常用的是线管布线，明装式布线中最常用的是绝缘子布线和槽板布线。

1. 室内布线的技术要求

室内布线不仅要使电能安全、可靠地传送，还要使线路布置正规、合理、整齐和牢固，其技术要求如下：

（1）所用导线的额定电压应大于线路的工作电压，导线的绝缘应符合线路的安装方式和敷设环境的条件。导线的截面积应满足供电安全电流和机械强度的要求，一般的家用照明线路选用 2.5mm² 的铝芯绝缘导线或 1.5mm² 的铜芯绝缘导线为宜。

（2）布线时应尽量避免导线有接头，若必须有接头时，应采用压接或焊接，连接方法按导线的电连接中的操作方法进行，然后用绝缘胶布包缠好。穿在管内的导线不允许有接头，必要时应把接头放在接线盒、开关盒或插座盒内。

（3）布线时应水平或垂直敷设，水平敷设时导线距地面不小于 2.5m，垂直敷设时导线距地面不小于 2m，布线位置应便于检查和维修。

（4）导线穿过楼板时，应敷设钢管加以保护，以防机械损伤。导线穿过墙壁时，应敷设塑料管保护，以防墙壁潮湿产生漏电现象。导线相互交叉时，应在每根导线上套绝缘管，并将套管牢靠固定，以避免碰线。

（5）为确保用电的安全，室内电气线路及配电设备和其他管道、设备间的最小距离，应符合有关规定，否则应采取其他保护措施。

2. 室内布线的工艺步骤

室内布线无论何种方式，主要有以下工序：

（1）按设计图样确定灯具、插座、开关、配电箱等装置的位置。

（2）勘察建筑物情况，确定导线敷设的路径，穿越墙壁或楼板的位置。

（3）在土建未涂灰之前，打好布线所需的孔眼，预埋好螺钉、螺栓或木榫。暗敷线路，还要预埋接线盒、开关盒及插座盒等。

（4）装设绝缘支撑物、线夹或管卡。

（5）进行导线敷设，导线连接、分支或封端。

（6）将出线接头与电器装置或设备连接。

3. 室内线管布线工艺

把绝缘导线穿在线管内敷设，称为线管布线。这种布线方式比较安全可靠，可避免腐蚀性气体侵蚀和遭受机械损伤，适用于公共建筑和工业厂房中。

线管布线有明装式和暗装式两种，明装式布线要求线管横平竖直、整齐美观；暗装式布线要求线管短、弯头少。线管布线的步骤与工艺要点如下：

（1）选择线管规格。用作线管的管材有水煤气钢管、电线管和硬聚氯乙烯管三种。水煤气管的管壁较厚，机械强度好，适用于潮湿和有腐蚀性气体的场所内明敷或暗埋，电线管的管壁较薄，适用于干燥场所明敷或暗敷，硬质塑料管耐腐蚀性较好，但机械强度不如水煤气管和电线管，它适用于腐蚀性较大的场所明敷或暗敷。

线管种类选择好后，还应考虑管子的内径与导线的直径、根数是否合适，一般要求管内导线的总面积（包括绝缘层）不应超过线管内径截面积的40%。线管的直径可按表4-2来选择。

表4-2 线管的直径选择表

导线截面 (mm^2)	线管直径（mm）										
	水煤气钢管穿入导线根数				电线管穿入导线根数				硬塑料管穿入导线根数		
	2	3	4	5	2	3	4	5	2	3	4
1.5	15	15	15	20	20	20	20	25	15	15	15
2.5	15	15	20	20	20	20	25	25	15	15	20
4	15	20	20	20	20	20	25	25	15	20	25
6	20	20	20	25	20	25	25	32	20	20	25
10	20	25	25	32	25	32	32	40	25	25	32
16	25	25	32	32	32	32	40	40	25	32	32
25	32	32	40	40	32	40	----	----	32	40	40
35	32	40	50	50	40	40	----	----	40	40	50
50	40	50	50	70					40	50	50
70	50	50	70	70					40	50	50
95	50	70	70	80					50	70	70
120	70	70	80	80					50	70	80
150	70	70	80	----					50	70	80
185	70	80	----	----							

为了便于穿线，当线管较长时，须装设拉线盒，在无弯头或有一个弯头时，管长不超过50m；当有两个弯头时，管长不超过40m；当有三个弯头时，管长不超过20m，否则应选大一级的线管直径。

（2）线管防锈与涂漆。为防止线管年久生锈，应对线管进行防锈处理。管内除锈可用圆形钢丝刷，两头各绑一根钢丝，穿入管内来回拉动，把管内铁锈清除干净。管子外壁可用钢丝刷或电动除锈机进行除锈。除锈后在管子的内外表面涂以防锈漆或沥青。对埋设在混凝土中的线管，其外表面不要涂漆，以免影响混凝土的结构强度。

（3）锯管、套丝与弯管。按所需线管的长度将线管锯断，为使管子与管子或接线盒之间连接起来，需在管子端部进行套丝。水煤气管套丝，可用管子绞扳。电线管和硬塑料管套丝，可用圆丝扳，钢管套丝绞板如图4-18（a）所示，电线管圆丝板由板架和板牙组成，如图4-18（b）所示。套丝完后，应去除管口毛刺，使管口保持光滑，以免划破导线的绝缘层。

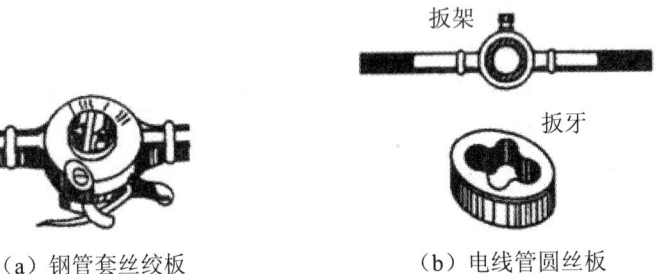

（a）钢管套丝绞板　　（b）电线管圆丝板

图4-18　电线管和硬塑料管套丝工具

根据线路敷设的需要，在线管改变方向时，需将管子弯曲。为便于穿线，应尽量减少弯头。需弯管处，其弯曲角度一般要在90°以上，其弯曲半径，明敷管应大于管子直径的6倍，暗敷管应大于管子直径的10倍。

对于直径在50mm以下的电线管和水气管，可用手工弯管器弯管，做法如图4-18所示。对于直径在50mm以上的管子，可使用电动或液压弯管机弯管。塑料管的弯曲，可采用热弯法，直径在50mm以上时，应在管内填沙子进行热弯，以避免弯曲后管径粗细不匀或弯扁。

（4）布管与连接。管子加工好后，就可以按预定的线路布管。布管工作一般从配电箱开始，逐段布至各用电装置处，有时也可相反。无论从哪端开始，都应使整个线路连通。

① 固定管子。对于暗装管，如布在现场浇注的混凝土构件内，可用铁丝将管子绑扎在钢筋上，也可用垫块垫起、铁丝绑牢，用钉子将垫块固定在模板上；如布在砖墙内，一般是在土建砌砖时预埋，否则应先在砖墙上留槽或开槽；如布在地平面下，需在土建浇注混凝土前进行，用木桩或圆钢打入地中，并用铁丝将管子与其绑牢。

对于明装管，为使布管整齐美观，管路应沿建筑物水平或垂直敷设。当管子沿墙壁、柱子和屋架等处敷设时，可用管卡或管夹固定；当管子沿建筑物的金属构件敷设时，薄壁管应用支架、管卡等固定，厚壁管可用电焊直接点焊在钢构件上；当管子进入开关、灯头、插座等接线盒内和有弯头的地方时，也应用管卡固定。

对于硬塑料管，由于其膨胀系数较大，因此沿建筑物表面敷设时，在直线部分每隔30m要装一个温度补偿盒。对于安装在支架上的硬塑料管，可以用改变其挠度来适应其长度的变化，故可不装设温度补偿盒。硬塑料管的固定，也要用管卡，但对其间距有一定的要求。

② 管子连接。无论是明装管还是暗装管，钢管与钢管最好是采用管接头连接。特别是埋地和防爆线管，为了保证接口的严密性，应涂上铅油缠上麻丝，用管子钳拧紧。直径 50mm 以上的管子，可采用外加套管焊接。硬塑料管之间的连接，可采用插入法或套接法。插入法是在电炉上加热管子至柔软状态后扩口插入，并用粘接剂或塑焊密封；套接法是将同直径的塑料管加热扩大成套筒套在管子上，再用粘接剂或塑焊密封。

③ 管子接地。为了安全用电，钢管与钢管、配电箱、接线盒等连接处都应做好系统接地。在管路中有了接头，将影响整个管路的导电性能和接地的可靠性，因此在接头处应焊上跨接线。钢管与配电箱上均应焊有专用的接地螺栓。

④ 装设补偿盒。当管子经过建筑物的伸缩缝时，为防止基础下沉不均，损坏管子和导线，须在伸缩缝的旁边装设补偿盒。暗装管补偿盒安装在伸缩缝的一边，明装管通常用软管补偿。

（5）清管穿线。穿线就是将绝缘导线由配电箱穿到用电设备或由一个接线盒穿到另一个接线盒，一般在土建地平和粉刷工程结束后进行。为了不伤及导线，穿线前应先清扫管路，可用压缩空气吹入已布好的线管中，或用钢丝绑上碎布来回拉上几次，将管内杂物和水分清除。清扫管路后，随即向管内吹入滑石粉，以便于穿线。最后还要在管子端部安装上护线套，然后再进行穿线。

穿线时一般用钢丝引入导线，并使用放线架，以便导线不乱又不产生急弯。穿入管中的导线应平行成束进入，不能相互缠绕。为了便于检修换线，穿在管内的导线不允许有接头和绞缠现象。为使穿在管内的线路安全可靠地工作，不同电压和不同回路的导线，不应穿在同一根管内。

任务三 照明电气平面电路图的绘制

能力目标

1. 能按制图标准画出二室一厅的电气平面图；
2. 能按制图标准画出二室一厅的电气系统图；
3. 能正确标注图纸说明及安装要求；
4. 能正确识读电工电气图纸。

知识目标

1. 掌握常用照明电气设备的图形符号；
2. 掌握常用开关、控制和保护装置图形符号；
3. 熟悉常用 PVC 线槽、线管的型号规格。

技能训练 照明电气平面系统图及平面图的绘制

一、实训前的准备工作

1. 知识准备

（1）掌握有关电工图纸方面的知识；

（2）熟练地读懂电工图纸；

（3）熟练运用常用的绘图软件；

（4）掌握照明电气工程的设计知识。

2. 材料准备

（1）绘图工作台 20 个；

（2）常用绘图工具 1 套/组。

二、实训过程

请同学们按照实训任务单卡要求完成实训内容，完成后将任务单卡沿着虚线撕下上交。

三、实训注意事项

（1）实训分组进行，实训期间，请学生严格执行安全操作规程。

（2）在实训操作前，请认真学习实训任务内容，明确实训目的、实训步骤和安全注意事项。应认真检查本组仪器、设备及电子元器件状况，若发现缺损或异常现象，应立即报告指导教师或实训室管理人员处理。

（3）学生在实训过程中使用的实训设备，人为损坏或丢失的将追究其责任。

（4）水杯不得放到实训台面，防止漏水触电。

（5）人离开实训室前要断掉电源总闸，养成良好的安全习惯。

（6）严禁带电操作。

学 习 任 务 单 卡

班级：　　　　　组别：　　　　　学号：　　　　　姓名：　　　　　实训日期：

课程信息	课程名称	教学单元	本次课训练任务	学时	实训地点
	电工普训	家庭照明线路的安装和设计	任务　照明电气平面系统图及平面图的绘制	4节	
任务描述	教师把实际的某花园住房图纸（二室一厅）发给学生，要求学生绘制建筑平面图和电气系统图。				
学做过程记录	**任务1　绘制二室一厅电气平面布置图** 实训内容及步骤 1．要求学生统计自己家里的用电设备情况并记入表1； 表1　负荷统计表 | 序号 | 1 | 2 | 3 | 4 | 5 | 6 | 7 | |---|---|---|---|---|---|---|---| | 用电设备 | | | | | | | | | 功率 | | | | | | | | 2．参照标准绘制二室一厅建筑平面图； 1）根据照度市场计算，确定要选用的灯具及布置方案。首先根据平面的功能，确定灯具的类型、照度，按实际要求进行布局。 2）连接导线。按照回路分配原则，由用户配电箱引出至每个灯具、插座。 3）进行文字标注。 3．在建筑平面图里绘制电气图 【教师现场评价：完成□，未完成□】				

学做过程记录	任务2　绘制二室一厅电气系统图
	根据绘制好的电气平面图绘制系统图
	【教师现场评价：完成□，未完成□】
	思考题
	1．工程平面图一般按_____、_____来表示设备、构筑物的位置和朝向。上北下南，左西右东
	2．读图时，按照从_____到_____，从电源到_____，再从总电箱或盘沿着各条干线到_____，再从各个分配电箱或盘沿着各条支线分别读到的顺序来读。
	3．一般而言，对电动机及其他用电设备的_____和_____运行方式进行的电气接线图，称为_____。
	4．控制接线图是一次_____、二次_____合二而一的图纸_____。
	5．电气控制电路图（简称电路图）一般分为_____和_____两个部分。
	6．如何用图形符号表示灯具的明敷和暗敷？
教师评价	A□　　B□　　C□　　D□　　教师签名：
学生建议	

知识链接 I　室内照明电气施工图

一、电气照明施工图的种类

电气照明施工图可分为电气照明平面图、电气照明系统图和施工详图（也称为大样图）三类。

1. 电气照明平面图

该图的特点是将同一层内不同安装高度的电气设备及线路都放在同一平面上来表示。在电气照明平面图上可以了解以下内容：

（1）各种电气设备的名称，规格以及它们在平面上的安装位置。

（2）了解建筑物的平面布置，轴线分布，尺寸以及图纸比例。

（3）了解各种配电线路的起点和终点，导线的敷设方式和部位，导线的型号，规格，根数，以及在建筑物中的走向，平面和垂直位置等。

2. 电气照明系统图

该图的特点是反映了整个建筑物内照明的全貌。在电气照明系统图上可以了解以下内容。

（1）导线进入建筑物后电能的分配方式，导线的连接方式。进户线，干线，分支线的导线的敷设方式和部位，导线的型号，规格，根数。

（2）各回路的用电负荷计算。

（3）各配电箱的内部结构，所采用控制开关，电气保护装置，测量仪表的规格，型号，数量，回路编号等。

（4）配电箱的安装尺寸，规格，型号，安装方式等。

3. 施工详图

施工详图是表达电气设备，灯具，接线等具体做法的图样。只有对具体做法有特殊要求时，才绘制施工详图。在一般情况下可按通用或标准图集（图册）的规定进行施工。

二、电气照明施工图所包含的内容

1. 目录

目录一般在图纸的首页，以表格的形式绘制，表中注明了电气图的名称，内容编号等。通过工程图纸的目录可以了解该单位工程的图纸数量；以及每张图纸上所反映的工程施工内容。它为查阅施工图纸提供了方便。

2. 总说明（设计说明）

总说明是设计人员的语言，在总说明中反映了如下内容：

该单位工程的概况，包括设计依据、设计意图、设计标准、图纸中未能表明的工程特点、安装方法、施工技术、工艺要求、特殊设备的使用方法和维护注意事项等。

3. 施工图例（图形符号）

在绘制电气施工图时，由于种种原因，不可能将电气设备的实体绘出，故选用国家（国际）规定的图形符号予以替代。图形符号（图形符号，数字符号，文字符号三种符号）用来确切地表示电气设备的名称，规格，性质和安装数量。在施工图例中，一般注明了电气设备的安装高度。同时用文字符号、安装代号来说明电气装置和线路的安装位置、相互关系和敷设方法。

（1）常见设备的图形符号如表4-3所示。

表4-3　常见设备的图形符号

变压器	⊗	明装单相插座	⋏
低压配电箱	▬	暗装单相插座	⋏
事故照明配电箱	⊠	防水单相插座	⋏
照明配电箱	■	防爆单相插座	⋏
动力配电箱	▬	明装单相带接地保护插座	⋏
电度表	Wh	暗装单相带接地保护插座	⋏
三管日光灯	▬	防水单相带接地保护插座	⋏
二管日光灯	▬	防爆单相带接地保护插座	⋏
单管日光灯	▬	明装三相带接地保护插座	⋏
吸顶灯	▼	暗装三相带接地保护插座	⋏
壁灯	●	防水三相带接地保护插座	⋏
白炽灯	○	防爆三相带接地保护插座	⋏
应急照明灯	⊠	明装单极开关	✕
出口指示灯	E	明装双极开关	✕
断路器	／	明装三极开关	✕
熔断器的一般符号	▬	暗装单极开关	✕
熔断器式开关	／	暗装双极开关	✕
消防警铃	▭	暗装三极开关	✕
喇叭	△	拉线开关	✕

（2）电气照明线路在平面图中采用线条和文字标注相结合的方法，表示出线路的走向、用途、编号、导线的型号、根数、规格及线路的敷设方式和敷设部位。

线路配线方式及代号（斜线后为英文字母代码）分为明敷（M）和暗敷（A）。线路的具体配线方式及代号如图4-19所示。

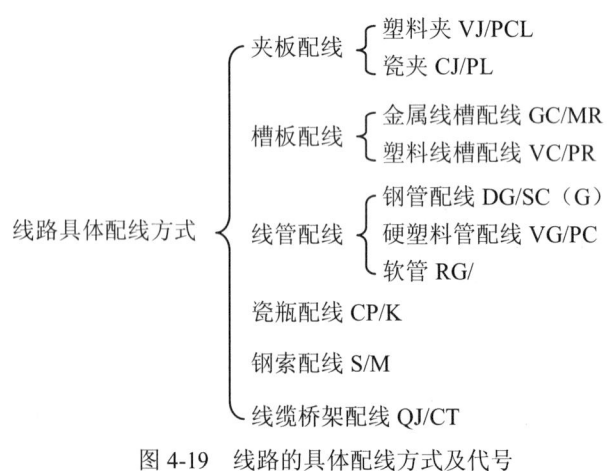

线路具体配线方式
- 夹板配线
  - 塑料夹 VJ/PCL
  - 瓷夹 CJ/PL
- 槽板配线
  - 金属线槽配线 GC/MR
  - 塑料线槽配线 VC/PR
- 线管配线
  - 钢管配线 DG/SC（G）
  - 硬塑料管配线 VG/PC
  - 软管 RG/
- 瓷瓶配线 CP/K
- 钢索配线 S/M
- 线缆桥架配线 QJ/CT

图4-19　线路的具体配线方式及代号

（3）线路敷设部位及代号如表4-4所示。

表4-4　线路的敷设部位及代号

部位	代号	部位	代号
地面（板）	D	墙	Q
柱	Z	梁	L
顶棚	P		

（4）导线的类型及代号如表4-5、表4-6所示。

表4-5　常用导线的类型及代号

类型项目	类型	代号	类型	代号
线芯材料	铜芯导线（一般不标注）	T	铝芯导线	L
绝缘种类	聚氯乙烯绝缘	V	橡胶绝缘	X
	氯丁橡胶绝缘	XF	聚乙烯绝缘	Y
内护套	聚氯乙烯套	V	聚乙烯套	Y
其他特征	绝缘导线、平行	B	双绞线	S
	软线	R		

表4-6　常见导线型号

型号	名称
BXF（BLXF）	氯丁橡胶绝缘铜（铝）芯线
BX（BLX）	橡胶绝缘铜（铝）芯线
BXR	铜芯橡胶软线
BV（BLV）	聚氯乙烯绝缘铜（铝）芯线
BVR	聚氯乙烯绝缘铜（铝）芯软线
BVV（BLVV）	铜（铝）芯聚氯乙烯绝缘和护套线
RVB	铜芯聚氯乙烯绝缘平行软线
RVS	铜芯聚氯乙烯绝缘绞型软线
RV	铜芯聚氯乙烯绝缘软线
RX、RXS	铜芯、橡胶棉纱编织软线

（5）导线根数的表示方法。只要走向相同，无论导线的根数多少，都可以用一根图线表示一束导线，同时在图线上打上短斜线表示根数；也可以画一根短斜，在旁边标注数字表示根数，所标注的数字不小于3，对于2根导线，可用一条图线表示，不必标注根数。

（6）电气施工图一般都绘制在简化了的土建平面图上，为了突出重点，土建部分用细实线表示，电气管线用粗实线表示，导线的文字标注形式如下：

$$a\text{-}b\text{-}c\times d\text{-}e\text{-}f$$

| 线路编号 | 导线型号 | 导线根数 | 导线截面 | 敷设管径 | 敷设部位 |

例：N1- BV -2×2.5+PE2.5-DG20-QA

其中：

N1　　　表示导线的回路编号

BV　　　表示导线为聚氯乙烯绝缘铜芯线

2　　　　表示导线的根数为 2

2.5　　　表示导线的截面为 2.5mm^2

PE2.5　　表示 1 根接零保护线，截面为 2.5mm^2

DG20　　表示穿管为直径 20mm 的钢管

QA　　　表示线路沿墙敷设、暗埋

4. 主要设备材料表

表中列出各种主要设备，管材，线材的名称，型号，规格，材质，数量等。

需要注意的是，表中所列的内容是设计人员对该项工程提供的一个大概参数，由于受工程量计算规则的限制，故不能作为工程量计算的依据来编制预算。

5. 标题栏和会签联栏

三、电气照明施工图的绘制原则

（1）室内电气照明平面图是在建筑平面图上绘制的，建筑平面是假设在窗户的 2/3 处用以假想水平面将建筑物剖开（楼梯间假设在上跑道的 1/2 处）。

（2）用粗实线在照明平面图上按照电气设备和线路的图形符号（图例），国家所规定的文字标注方式（灯具和线路），在平面图上画出全部灯具，插座，开关，照明配电箱和线路敷设的位置。

（3）照明平面图必须按比例绘制；而系统图则不按比例绘制（照明系统图常以表格形式绘制）。

四、怎样阅读照明施工图

电气施工图一般是按工程单位绘制的，作为电气安装工程的造价人员，必须首先看懂施工图并掌握图纸的内容和要求，才能正确进行工程造价的编制。

一般来讲，正确的识图方法如下：

（1）详细查看图纸目录；

（2）认真阅读设计说明，看懂图例符号的含义。设计说明一般反映如下内容：

1) 建筑概况；

2) 导线的配线方式；

3) 分配电箱和总配电箱的型号及安装方式。

（3）抓住电气照明工程图的要点识图。对室内照明工程图来说，应抓住如下要点识图；

1) 了解电源的由来。

根据我国《工业与民用建筑供电系统设计规范》的有关规定，宾馆，饭店，医院，政府大楼，银行，高等学校，科研院所的重要实验室，大型剧院，省辖市及以上重点城市百货大楼，省市区及以上的体育场馆等，均属于一，二级负荷。一级负荷通常要求两路独立电源供电，并加备用电源。二级负荷通常要求两路电源供电，也可采用一路（6kV 以上）专用架空线路或电缆供电。居民住宅，一般学校均属于三级负荷，对于三级负荷的供电，无特殊要求。在明确建筑物的基础上，再了解电源是如何引入建筑物的以及引入的路数。

2）了解电源的进户方式。

电源的进户方式有以下两种：

① 架空引入：若采用架空引入方式，在室外应装设进户装置。进户装置包括引下线，进户支架，绝缘子，进户线和保护管等。由室外电杆上引到进户支架上的线路称为引下线（该电杆也称为进户杆）。由进户支架引到总配电箱的线路称为进户线（有关规范规定，低压进户线滴水弯至地面的距离不得小于 2.7 米）。为了安全起见，一般规定在进户支架处应作重复接地。接地电阻应满足 100kV 以上的变压器（发电机），为 $\leq 10\Omega$；100kV 以下的变压器（发电机），为 $\leq 30\Omega$）。

② 地下引入：从电杆引入地下的电力电缆引入建筑物处应加保护管（保护管的内径应大于电缆外径的 1.5～2 倍，并将保护管的端口打成喇叭口形状，以免在穿管时损坏电缆。

3）明确各配电回路的相序，路径，敷设方法以及导线的型号，根数等。

4）明确各电气设备，器件（配电箱，开关，插座，吊扇等）的平面安装位置，安装高度和安装方式确定最佳路径（遵循短径和捷径的原则），确定穿楼板保护管，接线盒的平面位置，确定与土建、其他工种（给排水，暖通，通信线路等）的配合方案。

5）明确电气工程的接地方式，

在我国目前常用的供电系统中，常采用 TN 系统、TT 系统、IT 系统 3 个供电系统和接地方式。

6）结合有关土建工程图，有关技术资料，有关规范，标注，通用标准图集，施工组织设计，施工方案等阅读照明工程图。另外，造价工程人员在识图的过程中应和预算定额结合起来。

读图实例：

设计说明及相关要求：

（1）某综合楼，砖混结构，层高 3.30m，动力配电箱的进箱电源暂不考虑，配电箱均嵌墙暗装，开关、插座均嵌墙暗装，荧光灯采用链吊安装方式。配电箱、开关、插座、灯具的安装高度见图例。至生活泵的电源计算至地面上 0.50m 处。

（2）电源采用铜芯绝缘电线，穿焊接钢管敷设，电源规格及敷设方式见电气系统图，照明平面图未标注根数的线路导线均为二根。

（3）本建筑物接地采用重复接地装置，接地极用镀锌钢管 SC50，接地母线采用镀锌扁钢 -40×4，接地电阻不大于 4Ω。

（4）请按上述规定及附图编制出该项建筑电气工程项目（除动力配电箱的进箱电源外）的《分部分项工程量清单》。

（5）本设计相关图纸符号如表 4-7 所示。

表 4-7 图例表

序号	图例	名　称	型号、规格	单位	备　注
强　电　部　分					
1	▭	动力配电箱 DL	XL-21 型　400×300×180	台	底边距地 1.5m
2	▬	照明配电箱 AL	XMR-21 型　300×200×160	台	底边距地 1.8m
3	⊟	双管荧光灯	YG_{2-2} 型　2×40W	套	底边距地 2.8m
4	⊘	吸顶防水灯	JXP3-1 型 Φ200　1×60W	套	吸顶
5	⋈	吊风扇	Φ1200	台	底边距地 2.5m
6	⊗	轴流风机	0.75kW	台	中心距地 2.5m
7	⌐	单联板式开关	F81/1D 型　10A	个	距地 1.3m
8	⌐	双联板式开关	F81/2D 型　10A	个	距地 1.3m
9	⊥	吊扇调速开关	10A	个	距地 1.3m
10	⊥	单相二三孔暗插座	F8/10US 型　10A	个	距地 0.3m
11	⊥	防水二三孔暗插座	F223Z10 型　10A	个	距地 1.5m

根据上述看图步骤要求,其看图方法如下:

1. 先看系统图

从配电系统图(见图 4-20)可以看出,该工程为动力和照明混合工程。

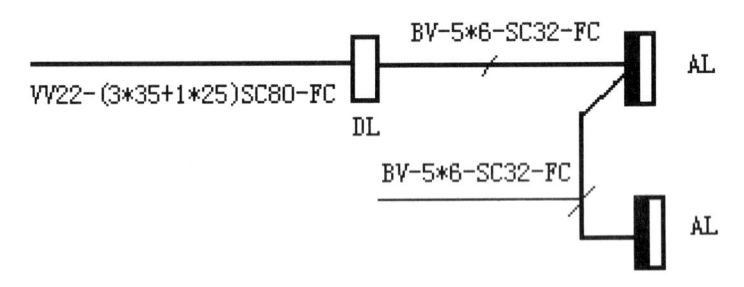

图 4-20　配电系统图

1)电源的供电方式。根据给定条件,动力配电箱的进箱电源暂不考虑,动力配电箱(DL)向两个照明配电箱(AL)进行供电。动力配电箱的尺寸为 400×300×180,安装高度为底边距地 1.5m(暗装);照明配电箱的尺寸为 300×200×160,安装高度为底边距地 1.8m(暗装);供电线路均为 BV-(5×6)-SC32-FC,属于链式供电方式。

2)动力配电箱为八个回路,其中三个回路为备用回路;五个回路分别向电动机(0.75kW,4kW),生活泵(4kW),配电箱(5kW),照明(1kW),防水插座(2kW)供电,其供电线路如图 4-21 所示。照明配电箱为五个回路,其中三个回路为备用回路;二个回路分别向照明(1kW),防水插座(2kW)供电,其供电线路如图 4-22 所示。

2. 看平面图

动力平面图如图 4-23 所示,照明平面图如图 4-24 所示。从图例表 4-7 中可以看出:

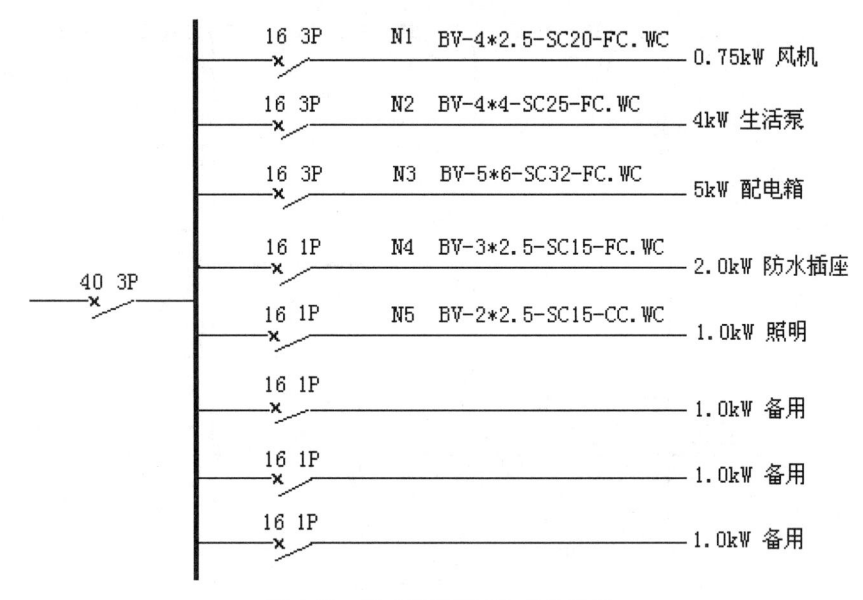

图 4-21 动力配电箱 DL 供电线路

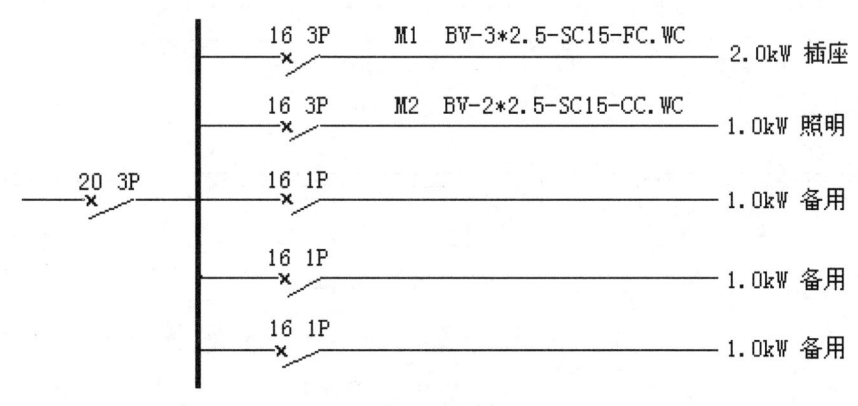

- 40 3P
  - 16 3P N1 BV-4*2.5-SC20-FC.WC — 0.75kW 风机
  - 16 3P N2 BV-4*4-SC25-FC.WC — 4kW 生活泵
  - 16 3P N3 BV-5*6-SC32-FC.WC — 5kW 配电箱
  - 16 1P N4 BV-3*2.5-SC15-FC.WC — 2.0kW 防水插座
  - 16 1P N5 BV-2*2.5-SC15-CC.WC — 1.0kW 照明
  - 16 1P — 1.0kW 备用
  - 16 1P — 1.0kW 备用
  - 16 1P — 1.0kW 备用

图 4-22 照明配电箱 AL 供电线路

- 20 3P
  - 16 3P M1 BV-3*2.5-SC15-FC.WC — 2.0kW 插座
  - 16 3P M2 BV-2*2.5-SC15-CC.WC — 1.0kW 照明
  - 16 1P — 1.0kW 备用
  - 16 1P — 1.0kW 备用
  - 16 1P — 1.0kW 备用

1）双管荧光灯的功率为 36W，安装方式为链吊，安装高度距地 2.5m。
2）防水吸顶灯的功率为 60W，安装方式为吸顶。
3）吊风扇的安装高度距地 2.5m。
4）单联开关，双联开关，吊风扇开关的安装高度距地 1.3m。额定电流均为 10A。
5）单相二、三孔插座的安装高度距地 0.3m。额定电流为 10A，防水单相二、三孔插座的安装高度距地 1.5m。额定电流为 10A。
6）动力平面图和照明平面图的比例为 1∶100。
7）N1，N2，N3，N4，N5，回路的配线方式见系统图。
8）重复接地装置采用人工接地装置。接地极采用 SC50 镀锌钢管制作，每根长 2.5m，共三根；接地母线采用 40×4 镀锌扁钢，穿过建筑物基础（规范规定，应加保护套管），通过接地断接卡（注意：加 0.5m 的工程量）引至动力配电箱（DL）并进行可靠的接地连接。

图 4-23 动力平面图

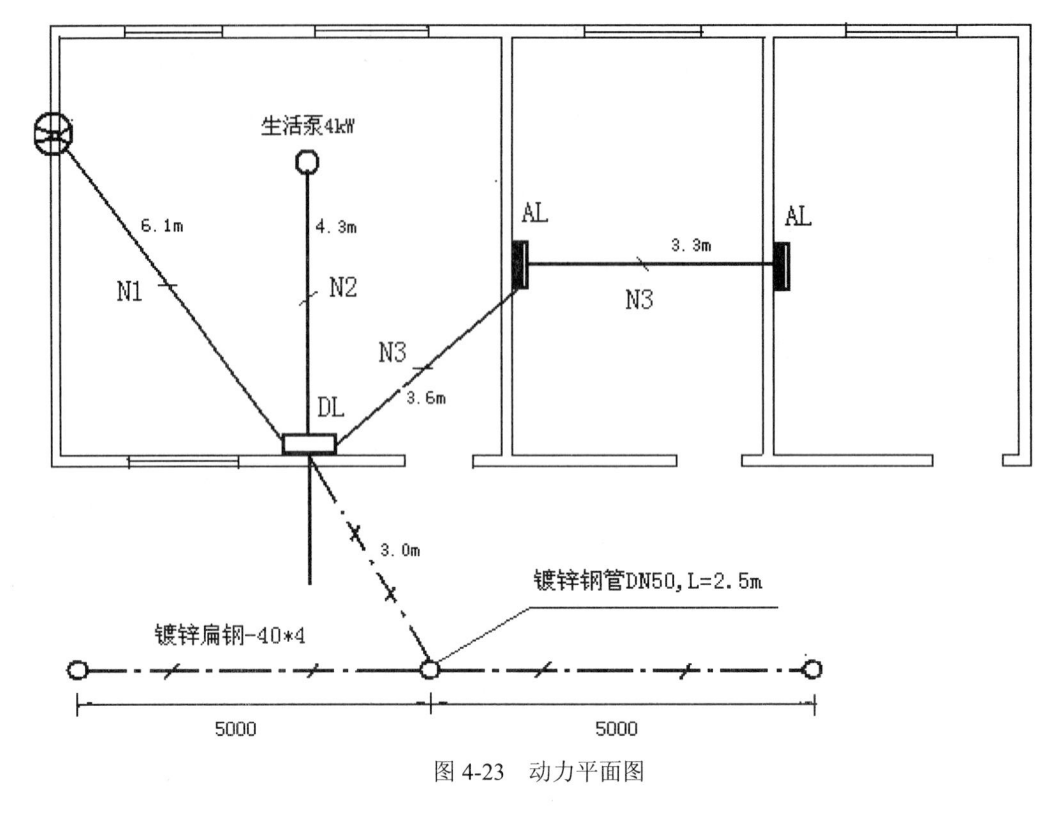

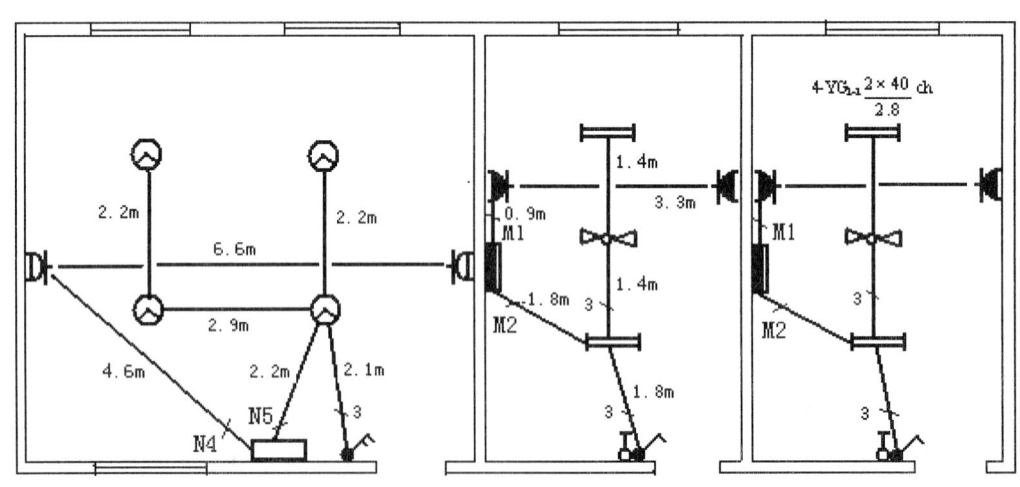

图 4-24 照明平面图

一般来说，室内照明线路的看图顺序是：设计说明、系统图、平面图、接线图、原理图。从设计说明了解工程概况，本图纸所用的图形符号，该工程所需要的设备、材料型号、规格和数量等；然后再看系统图、平面图、接线图和原理图，看图时，平面图和系统图要结合起来看，电气平面图找位置，电气系统图找联系；安装接线图与原理图结合起来看，安装接线图找接线位置，电气原理图分析工作原理。

知识链接 Ⅱ　家庭照明电气工程设计

近几年随着城乡居民生活水平的提高，每户家庭住宅面积日益扩大，特别是耗电量大的家用电器，如空调器、微波炉、电水壶、电饭煲，以及电加热淋浴器、电暖气，甚至做饭用的电炉等日益增多，随着用电量限制的放开，已迅速地普及到城镇每一户家庭，不少家庭用电负荷已达 4kW 及以上。过去的每户一台电视机、一个电冰箱、一台洗衣机及每室一个灯、用一只 5A 电能表混合供电的设计标准，已不能满足要求，必须要提高设计的要求和档次。目前应当按照新的住户等级标准，普通住宅 4kW/户；中等住宅 6kW/户；高等住宅 10kW/户的负荷要求，进行供电设计。本文就一般家庭住宅的电气设计进行介绍，供这类家庭新建住宅电气安装或旧宅的电气改造时参考。高等住宅用电负荷达 10kW 及以上，宜采用三相五线制供电。

1. 进户电源回路电气选择

一般家庭供电负荷按 4～6kW 计算，入户电源仍可选用单相三线制供电，电能表选 10(40)A 规格。《住宅设计规范》要求：电气线路应采用符合安全和防水要求的敷设方式配线，导线应采用铜线，每套住宅进户线截面不应小于 10mm^2，分支回路截面不应小于 2.5mm^2。因此，进户电源及宅内配线，宜选用 BV-105 型耐热聚氯乙烯绝缘铜芯电线，并穿暗管敷设。进户电源线从楼层主干线引至本户电能表箱，再至宅内住户配电箱，其截面按规定选 3×10mm^2，或选 2×10mm^2+1×6 mm^2 均可。这样选择，已充分考虑到家庭用电负荷的增加和发展，可承载 57A 的电流量，在设计和安装时，不宜低于此标准。

住户配电箱内的入户电源总开关，宜选用 HY122-63A/2P 型的模数化双极隔离开关。它具有明显的断开点，便于维护检修。箱内其他回路的出线开关，如照明、壁挂式空调器插座回路，应选用具有过载脱扣功能的双极自动空气开关；其余普通插座回路和柜式空调器回路，也应采用具有过载脱扣功能的漏电开关。

2. 家用电器分开回路供电

《规范》要求："每套住宅空调电源插座、其他电源插座与照明应分路设置；厨房电源插座和卫生间电源插座，宜设置独立回路。"要求分路设置的目的，就是为了避免某个插座回路中电气设备出故障时，影响照明灯具和其他电气设备的正常工作。目前绝大部分家庭实现计算机上互联网，为了防止其他家用电器影响计算机供电，则必须把计算机另设一个回路。一般家庭住宅至少应有照明、电脑、空调、厨房、卫生间及其他普通插座等 6 个回路。

（1）照明、插座回路分开

如果插座回路的电气设备出现故障，仅此回路电源中断，不会影响照明回路的工作，便于对故障回路进行检修；若照明回路出现故障，可利用插座回路的电源，接上临时照明灯具。

（2）照明应分成几个回路

家中的照明可按不同的房间搭配分成几个回路，一旦某一回路的照明出现故障，就不会影响到其他回路的照明。在设计布线时，可以把主要房间的照明接到不同的回路上，如客厅的一部分灯接入主卧室回路，另一部分灯接入次卧室回路，这样不论哪一条回路出现故障，每间房屋都有照明。

（3）对空调、电热水器、微波炉等大容量电路设备，须一台设备设置一个回路。

如果合用一个回路，当它们同时使用时，导线易发热，即使不超过导线允许的工作温度，长期使用也会降低导线的绝缘性能。另外大容量用电回路的导线截面应适当加大，加大导线的截面可大大降低电能在导线上的损耗。

出线回路导线，除照明、电脑回路可选用 2.5mm^2，其他回路均选用 4mm^2。如果厨房用 2500W 电炉做饭时，其电源线宜选用 6mm^2，因为线路使用频繁，截面选大一些，可以防止导线提前老化，减少火灾隐患。总之，有些回路导线截面增大一些，有的可以多设一个回路，但所用导线都不太长，增加的一次性投资也并不多，但是换来的安全、方便等好处却是很大的。宅内家用电器插座，应随管线暗敷而暗装，安装位置首先考虑使用时安全、方便，并靠近家用电器使用时的位置。厨房插座安装高度 1.6m 为宜，使用方便；卫生间插座安装高度宜 1.6m 或稍高，在使用淋浴时不宜溅水；客厅和卧室各类插座，为了不影响室内美观，距地 0.3m 为宜，不用时把插座封盖好，以防止小孩触电，壁挂式空调器插座，安装位置要和空调器相适应。

3. 家庭照明电气设计应注意的问题

（1）要正确选择电线的型号。根据现有电气设备和将来可能增添的电器的功率，选择适当截面的导线，避免超过导线的安全载流量而出现火险。同时还要根据不同的环境选用不同的导线。如浴室、厨房等地方，因接触水应选择防湿电线等。GB50096-1999《住宅设计规范》明确规定：每套住宅进户线截面不应小于10mm^2，分支回路截面不应小于 2.5mm^2。GB50054-95《低压配电设计规范》第 2.2.8 条规定：采用单芯导线作 PEN 线干线，为铜材时，截面不应小于10mm^2；为铝材时，不应小于16mm^2；采用多芯电缆的芯线时，不应小于 4mm^2。

相线截面应与 N 线相同。需要注意的是，不能两个回路合用一根 N 线。例如某装潢工程，从住户配电箱分出五个分支回路，其中两个回路合用一根 N 线，这相当于 N 线截面为相线截面的1/2，是不允许的。

（2）按规定选用导线的颜色。为贪图方便，往往有人把不符合颜色规定的用剩的导线用在工程中，例如用原作为相线的红色导线作接地线等，这是不允许的。规定导线颜色的目的，除了在安装施工时便于识别外，还为今后维护时提供方便，减少误判引起的事故。国家标准明确规定：相线（L）为黄、绿、红三色；中性线（N）为黑色；保护线（PE）为黄/绿双色。

（3）要注意电线的合理走向。线路尽可能走近路、走直路，避免迂回曲折，减少交叉连接，特别是线与线之间、导线固定点之间以及线路与管道、地面之间必须保持一定的安全距离。

（4）要注意严格施工。应采取穿管保护措施，导线连接要牢固，铜芯导线采用铰接时，应再进行锡焊处理，防止松动、氧化。导线接头处要处理好绝缘问题。

（5）要采取严格的保护措施。采用熔断器和自动开关进行短路保护和过载保护。插座及浴室灯具回路必须采取接地保护措施。浴室是潮湿环境，星级宾馆的浴室插座采用隔离变压器供电（如电须刀插座），所以未接地，而其他插座则必须用防溅三极插座。浴室灯具的金属外壳必须接地。

4. 家庭住宅的电话、电视系统

（1）电话通信。电话已成为人们生活中不可缺少的通信工具。随着电脑的普及，家庭上网的计算机也日趋增加，一般家庭应设两回路入户电话线路，一回路通信用，电话终端盒设在客厅或主卧室；另一回路计算机上网用，可设在书房或安装电脑的房间。电话线路也应埋管线至宅内，电话分线盒或楼层公用分线箱应设置在楼道等公共地方，便于维护检修。

（2）电视信号。电视机从原来每户一台发展到每户两台或更多，因此，电视信号终端插座，至少客厅和主卧室应各设一个，设备位置应考虑适合电视机柜，附近还要设电源插座。有线电视在进入单元楼时，要设置放大器、分配器、分支器等，这些设备应放在电视机前端的住宅公共部位的共用箱和分线箱内，其线路也应采用暗管穿线敷设方式。

任务四　照明电气工程项目预算

能力目标

1. 能独立完成照明电气工程项目的预算；
2. 能选择照明电气工程项目的各种材料；
3. 会运用网络调查、市场调查等方法确定材料的价格。
4. 能绘制照明电气工程项目预算表。

知识目标

1. 掌握照明电气工程项目的预算方法；
2. 掌握各种材料的选择方法；
3. 熟悉常用 PVC 线槽、线管的型号规格。

技能训练1　家庭照明电气工程材料预算

一、实训前的准备工作

1. 知识准备

（1）照明电气工程项目的预算知识；

（2）熟练地读懂电工图纸；

（3）熟练运用常用的绘图软件。

2. 材料准备

（1）计算机 40 台；

（2）常用电工材料（各种型号的线槽、线管、各种型号导线、单联开关、双联开关、插座、开关箱等）；

（3）绘制好的一份二室一厅电气平面图。

二、实训过程

请同学们按照实训任务单卡要求完成实训内容，完成后将任务单卡沿着虚线撕下上交。

三、实训注意事项

（1）实训分组进行，实训期间，请学生严格执行安全操作规程。

（2）在实训操作前，请认真学习实训任务内容，明确实训目的、实训步骤和安全注意事项。应认真检查本组仪器、设备及电子元器件状况，若发现缺损或异常现象，应立即报告指导教师或实训室管理人员处理。

（3）学生在实训过程中使用的实训设备，人为损坏或丢失的将追究其责任。

（4）水杯不得放到实训台面，防止漏水触电。

（5）人离开实训室前要断掉电源总闸，养成良好的安全习惯。

（6）严禁带电操作。

学 习 任 务 单 卡

班级：　　　　　组别：　　　　　学号：　　　　　姓名：　　　　　实训日期：

课程信息	课程名称	教学单元	本次课训练任务	学时	实训地点
	电工普训	家庭照明线路的安装和设计	任务　家庭照明电气工程材料预算	4节	

任务描述	根据绘制好的二室一厅电气平面图，通过网络、市场等手段进行询价，做出导线等材料预算。

| 学做过程记录 | 任务1　二室一厅导线、线槽、线管的选择

实训内容及步骤
1. 根据绘制好的二室一厅电气平面图，确定导线的截流量，并选择合适的导线。
2. 查表确定所需要的线槽规格。
3. 根据图纸确定导线及线槽的数量，填入表1。

表1　线材用量及造价表

| 序号 | 图例 | 设备材料名称 | 型号规格 | 单位 | 数量 | 单价（元） | 总价（元） | 备注 |\|---|---|---|---|---|---|---|---|---|\| 1 | | | | | | | | |\| 2 | | | | | | | | |\| 3 | | | | | | | | |\| 4 | | | | | | | | |\| 5 | | | | | | | | |\| 6 | | | | | | | | |\| 7 | | | | | | | | |\| 8 | | | | | | | | |\| 9 | | | | | | | | |\| 10 | | | | | | | | |\| 11 | | | | | | | | |\| 12 | | | | | | | | |

【教师现场评价：完成□，未完成□】 |

项目四　家庭照明线路的安装和设计

任务2 二室一厅办公室灯具、开关的选择

1．根据绘制好的二室一厅电气平面图，并考虑实际需要进行灯具的选择，确定灯具的数量，型号规格。

2．根据灯具的数量及安装形式，合理选择开关的型号及规格，根据用电所需，确定空调器或常用电器设备的插座型号、数量，填入表2。

3．通过网络和市场调查，确定本地区安装二室一厅所需的电气材料的价格。

表2　照明元器件用量及造价表

序号	图例	设备材料名称	型号规格	单位	数量	单价（元）	总价（元）	备注
1								
2								
3								
4								
5								
6								
7								
8								
9								
10								
11								
12								

【教师现场评价：完成□，未完成□】

思考题

1．什么是线管？怎样选用？

2．如何选用室内布线导线？选用时应注意些什么问题？

教师评价　A□　　B□　　C□　　D□　　教师签名：

学生建议

知识链接　电气照明工程量计算及定额应用

电气照明工程量计算包括进户装置，照明配电装置，室内配管、配线，照明器具安装等四部分工程的工程量计算及定额套用。要求掌握工程量计算规则，能熟练地使用定额，达到准确编制电气照明工程施工图预算的目的。

一、照明工程量计算要点

计算工程量时，为了正确计算，要注意以下计算要点。

（1）计算项目：计算照明工程量时应根据电气工程施工图，按单位估算表（或综合基价）中的子目划分分别列项计算，计算出的工程量的单位应与单位估算表（或综合基价）中规定的计量单位一致，以便于正确套用。

（2）计算方法：工程量计算必须按规定的计算规则进行。照明工程量根据该项工程电气设计施工的照明平面图、照明系统图以及设备材料表等进行计算。照明线路的工程量按施工图上标明的敷设方式和导线的型号规格，根据轴线尺寸结合比例尺量取进行计算。照明设备、用电器具的安装工程量，是根据施工图上标明的图例、文字符号分别统计出来的。

为了准确计算照明线路工程量，不仅要熟悉照明的施工图，还应熟悉或查阅建筑施工图上的有关主要尺寸。因为一般电气施工图只有平面图，没有立面图，故需要根据建筑施工图的立面图和电气照明施工图的平面图配合计算。

照明线路的工程量计算，一般先算干线，后算支线，按不同的敷设方式、不同型号和规格的导线分别进行计算。建筑照明进户线的工程量，原则上是从进户横担到配电箱的长度。对进户横担以外的线段不计入照明工程量中。

（3）除了施工图上所表示的分项工程外，还应计算施工图纸中没有表示出来，但施工中又必须进行的工程项目，以免漏项。如在遇到建筑物沉降缝时，暗配管工程应作接线箱过渡等。

二、照明工程量计算程序及方法

1. 照明工程量计算程序

计算程序是根据照明平面图和系统图，按进户线，总配电箱，向各照明分配电箱配线，经各照明分配电箱向灯具、用电器具的顺序逐项进行计算。这样思路清晰，有条理，既可以加快看图、提高计算速度，又可避免重算和漏算。

2. 照明工程量计算方法

工程量的计算采用列表方式进行。照明工程量的计算，一般宜按一定顺序自电源侧逐一向用电侧进行，要求列出简明的计算式，可以防止漏项、重复和潦草，也便于复核。

三、进户装置安装（进户线横担）

1. 定额内容

预算定额是指在正常合理施工条件下，确定完成一定计量单位的分项工程所必须的人工、材料、机械台班消耗的数量标准。它不仅规定了一系列数据，而且规定了它的工作内容、质量和安装要求。预算定额是由国家主管部门或其授权机关组织编制、审批并颁发执行的。在现阶段定额计价和工程量清单计价共存时，预算定额仍是工程造价的主要依据。预算定额一经发布执行，就是一种法令性指标，具有严肃的法令性质。为此，各地区、各基本建设部门都必须严格执行。只有这样，才能保证全国的安装工程有一个统一核算尺度，使国家对各地区、各部门的工程设计、经济效果与施工管理水平进行统一的比较与核算。

现行的《全国统一安装工程预算定额》（以下简称《安装工程预算定额》）是由国家建设部组织参编单位修编的，于2000年3月17日陆续发布施行，共计十三册。

第一册　《机械设备安装工程》
第二册　《电气设备安装工程》
第三册　《热力设备安装工程》
第四册　《炉窑砌筑工程》
第五册　《静止设备与工艺金属结构制作安装工程》
第六册　《工业管道工程》
第七册　《消防及安全防范设备安装工程》
第八册　《给排水、采暖、燃气工程》
第九册　《通风空调工程》
第十册　《自动化控制仪表安装工程》
第十一册　《刷油、绝热、防腐蚀工程》
第十二册　《通信设备及线路工程》
第十三册　《建筑智能化系统设备安装工程》

进户线横担安装定额见《全国统一安装工程预算定额》第二册《电气设备安装工程》第十章10kV以下架空配电线路中相应子目。安装按埋设方式分一端埋设式和两端埋设式，每种埋设方式又以二线、四线、六线分别列项。定额中工作内容包括测位、划线、打眼、钻孔、安装横担、瓷瓶及防水弯头。其中横担、绝缘子、防水弯头、支撑铁件为未计价材料。

2. 工程量计算规则

进户线横担安装工程量计算根据不同的埋设形式、线数及导线截面以"根"计。注意计算进户线横担后不再列项计算绝缘子等的安装，但也应注意不得漏算横担、绝缘子、防水弯头、支撑铁件等未计价材料。

四、照明控制设备安装

电器照明工程的控制设备主要指照明配电箱、板以及箱内组装的各种电气元件（控制开关、熔断器、计量仪表、盘柜配线等）。照明工程控制设备安装分成套控制设备和单体控制设备安装。

（一）定额内容

照明配电箱（盘、板）安装定额见第二册第四章"控制设备及低压电器"相应子目。配电箱分成套配电箱和非成套配电箱。

成套配电箱按安装方式不同分落地式和悬挂嵌入式两类，其中悬挂嵌入式以半周长分档列项。定额工作内容包括开箱、检查、安装、查校线、接地等。成套配电箱为未计价材料。

非成套配电箱（盘、板）定额列出了木制配电箱制作、配电盘制作、安装，计量单位分别为"套""块"。

（二）工程量计算规则

1. 成套配电箱

成套配电箱均以"台"计量，使用相应定额。应注意不得漏算成套配电箱的未计价材料价值。

安装配电箱需做槽钢、角钢基座时，其制作安装以"m"计量，其长度 L=2A+2B，如图4-25所示。需做支架安装于墙、柱子上时，应计算支架制作安装，以"100kg"计量，使用相应铁构件制作安装定额。角钢、槽钢及制作支架的钢材等主要材料价值另计。

A—各柜、箱边长之和　B—柜之宽

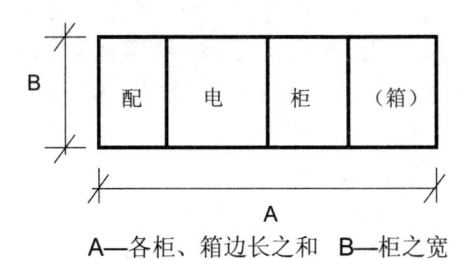

图 4-25　配电箱角钢、槽钢基座示意图

进出配电箱的线头需焊（压）接线端子时，以"个"计。

2. 非成套配电箱（盘、板）

箱、盘、板体制作：配电箱制作为铁质时以"100kg"计量；木质配电箱制作以半周长分档，以"套"计量；配电板制作区别材质不同以"m^2"计，板体安装，区分板体半周长不同，以"块"计。

3. 箱、盘、板内电气元件安装

箱、盘、板内电气元件安装，如电度表（kW·h）、电压表、电流表、各种控制开关（空气开关、刀型开关、铁壳开关、胶盖开关、组合开关、万能转换开关、漏电保护开关等）、继电器、接触器、熔断器安装，根据施工图纸（箱、盘、板设计系统图）设计数量以"个"计算；端子板以"组"计，按施工图图示每 10 个端子划分为一组；端子板外接线以"10 个头"计，按施工图图示接线根数计算。查用第二册第四章相应子目。

4. 配电箱、盘、板内配线

盘柜配线分不同规格以"m"计量，其长度 L=（盘、柜半周长+预留长度）×出线回路数。查用第二册第四章相应子目。盘、箱、柜的外部进出线预留长度为配电箱（盘、板）的半周长。

五、室内配管配线

（一）定额内容

1. 配管配线

配管线路安装预算由两部分组成，管路敷设（即配管）和管内穿线（即配线）。

（1）配管。配管项目列于定额第二册第十二章，是根据管子的材质、敷设方式、敷设部位分别列项。定额工作内容包括测位、划线、打眼、埋螺栓、锯管、套丝、煨弯、配管、接管、接地、刷漆等。

定额中各种线管均为未计价材料，应另行计算。配管所用的钢结构支架制作、钢索架设及动力配管混凝土地面刨沟等，均需另外套用相应的定额计入预算中。

（2）管内穿线。管内穿线预算定额是根据线芯材质及导线截面不同分别列项。定额的工作内容为穿引线、扫管、涂滑石粉、穿线、编号、接焊包头。绝缘导线为未计价材料，应另计。

2. 其他配线

（1）夹板配线。夹板配线定额分瓷夹板配线和塑料夹板配线，分别敷设于木结构或砖、混凝土结构上，每类定额又根据线数、导线截面大小分别列项。定额的工作内容包括测位、划线、打眼、下过墙管、固定线夹、配线、焊接包头等。瓷夹板、塑料圆形线夹为计价材料。绝缘导线为未计价材料，应另计。

（2）槽板配线。槽板配线根据槽板材质不同，预算定额分木槽板配线和塑料槽板配线两

项目四　家庭照明线路的安装和设计

类。木槽板配线、塑料槽板配线又按照槽板安装于木结构上或安装于砖、混凝土结构上分别列项，每类定额再根据导线线数和导线截面大小不同分别定额子目。定额的工作内容包括测位、划线、打眼、下过墙管、断料、作角弯、装盒子、配线、接焊包头，在砖、混凝土结构上安装时还应包括埋螺钉工作。绝缘导线和木槽板、塑料槽板为未计价材料，应另行计算计入预算中。

（3）塑料护套线明敷。塑料护套线明敷根据塑料护套线明敷方式与敷设处所不同，有沿木结构明敷、沿砖、混凝土结构明敷及沿钢索明敷等三类预算定额。

① 塑料护套线沿木结构明敷和沿砖、混凝土结构明敷。定额中塑料护套线沿木结构明敷和沿砖、混凝土结构明敷均按导线的芯数（二芯或三芯）和导线截面积的不同分别列项。定额的工作内容包括测位、划线、打眼、埋螺栓、下过墙管、上卡子、装盒子、配线、接焊包头。塑料护套线为未计价材料，应另行计入。

② 塑料护套线沿钢索明敷。塑料护套线沿钢索明敷的配线定额项目的基本内容及未计价材料等与沿木结构明敷和砖、混凝土结构明敷并无差异，但沿钢索敷设导线必须考虑架设钢索，及其拉紧装置的制作与安装，所以在一般情况下，塑料护套线沿钢索敷设工程预算中应包括沿钢索配线、钢索架设和钢索拉紧装置的制作和安装三项费用。

a、钢索架设

钢索架设见定额第二册第十二章。预算定额按钢索用材分有圆钢和钢丝绳两类，再按照钢索的直径划分子目。钢索为未计价材料，应另行计入。

b、钢索拉紧装置制作安装

钢索拉紧装置制作安装见第二册第十二章"钢索拉紧装置制作安装定额配合钢索架设定额使用"，按钢索拉紧所用花蓝螺栓的直径来划分子目。

（4）线槽配线。线槽配线定额根据导线截面不同分别列项，其中绝缘导线为未计价材料，应另行计入。

（5）绝缘子配线。绝缘子配线的预算定额是根据绝缘子的种类、配线场所以及导线的截面面积不同划分子目。定额中未包括绝缘导线材料费以及钢支架制作、钢索架设及拉紧装置制作安装。应按照有关定额项目另行计算。

3. 接线盒安装

接线盒安装的预算定额是按安装方式即明装或暗装、接线盒的类型即普通型或防爆型以及安装部位不同分别列项。

4. 其他

室内线路除上述几种结构外，尚有车间带形母线，通常用于各类工业生产厂房；插接式母线，多用于机械加工车间，而不用于照明工程。

以上定额内容，以线管配线最为常用，是学习的重点。

（二）工程量计算

1. 配管工程量计算

（1）工程量计算规则。各种配管工程量以管材质、敷设方式和规格不同，按"延长米"计量，不扣除接线盒（箱）、灯头盒、开关盒所占长度。

（2）工程量计算方法：从配电箱起按各个回路进行计算，或按建筑物自然层划分计算，或按建筑平面形状特点及系统图的组成特点分片划块计算，然后汇总。千万不要"跳算"，防止混乱，影响工程量计算的正确性。以图4-26为例讲述其计算方法。图4-26中，WC表明沿墙暗敷设，WE 表明沿墙明敷设。WL1、WL2 分别表示两个回路。

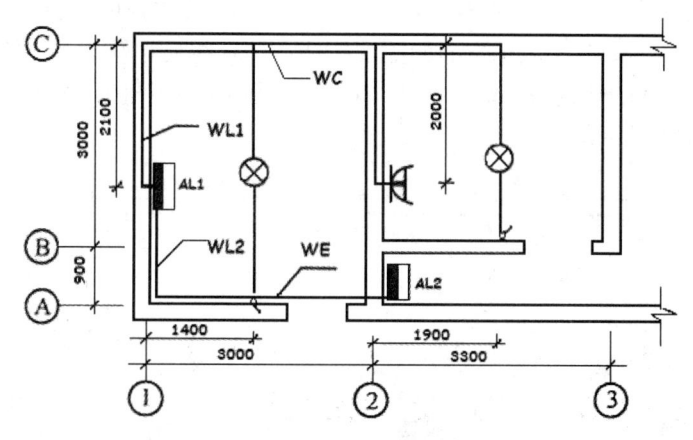

图 4-26 线管水平长度计算示意图

① 水平方向敷设的线管，以施工平面布置图的线管走向和敷设部位为依据，并借用建筑物平面图所标墙、柱轴线尺寸进行线管长度的计算。

当线管沿墙暗敷时（WC），按相关墙轴线尺寸计算该配管长度。如 WL1 回路，沿 B-C，1-3 等轴线长度计算工程量，其工程量为(3.3+0.6)÷2[B-C 轴间配管长度]+3.6[1-2 轴间配管长度]+3.6÷2[2-3 轴间配管长度]+(3.3+0.6)÷2[引向插座配管长度]+3.3÷2[引向灯具配管长度]=10.95m。

当线管沿墙明敷时（WE），按相关墙面净空长度尺寸计算线管长度。如 WL2 回路，沿 B-A，1-2 等墙面净空长度计量，其工程量为(3.3+0.6－0.24)÷2[C-A 轴间配管长度]+3.6[1-2 轴间配管长度]+(3.3+0.6－0.24)÷2[引向灯具]=7.26m。

② 垂直方向敷设的管（沿墙、柱引上或引下），其工程量计算与楼层高度及与箱、柜、盘、板、开关等设备安装高度有关。无论配管是明敷或暗敷均可按图 4-27 计算线管长度。一般来说，拉线开关距顶棚 200～300mm，开关插座距地面距离为 1300mm，配电箱底部距地面距离为 1500mm。在此要注意从设计图纸或安装规范中查找有关数据。

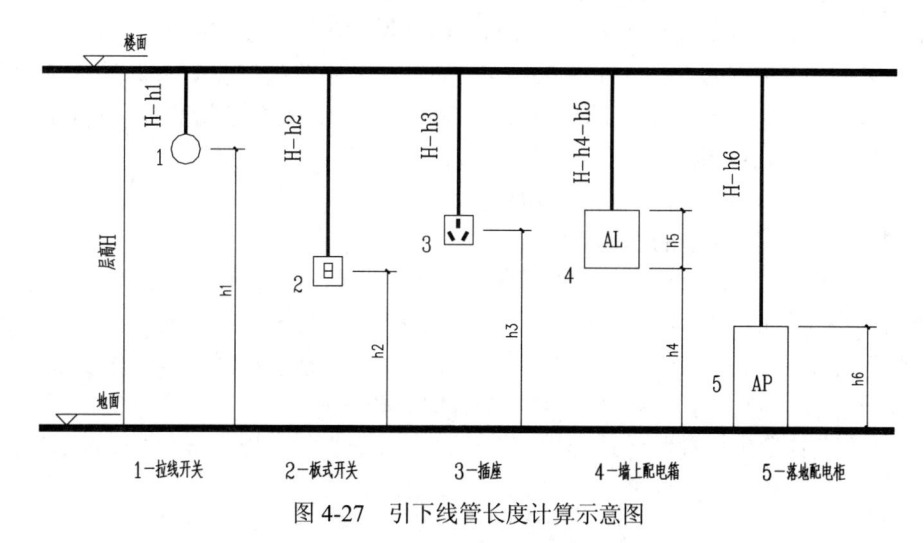

图 4-27 引下线管长度计算示意图

可知，拉线开关 1 配管长度为 200～300mm，开关 2 配管长度为($H-h_1$)，插座 3 的配管长度为($H-h_2$)，配电箱 4 的配管长度为($H-h_3$)，配电柜 5 的配管长度为($H-h_4$)。

③ 当埋地配管时（FC），水平方向的配管按墙、柱轴线尺寸及设备定位尺寸进行计算，如图 4-28 所示。穿出地面向设备或向墙上电气开头配管时，按埋的深度和引向墙、柱的高度进行计算，如图 4-29 所示。

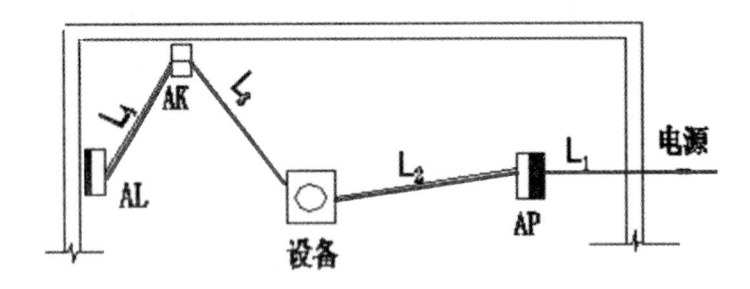

图 4-28 埋地水平管长度

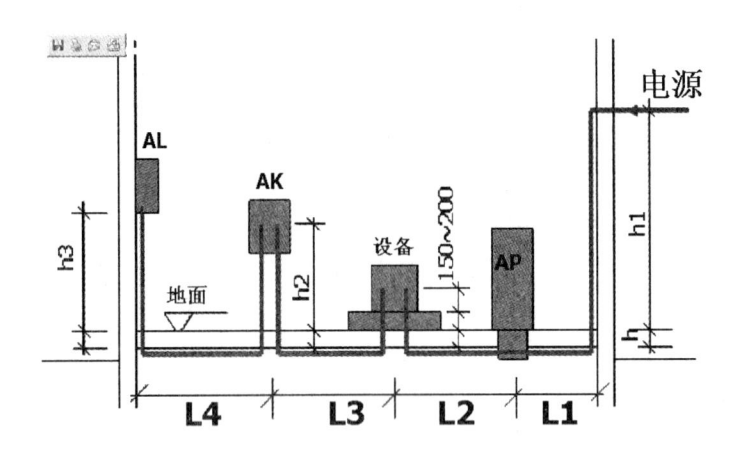

图 4-29 埋地管出地面长度

若电源架空引入，穿管进入配电箱（AP），再进入设备，又连开关箱（AK），再连照明箱（AL）。水平方向配管长度为 L1+L2+L3+L4，均算至各中心处。垂直方向配管长度为(h_1+h)（电源引下线管长度）+(h+设备基础高+150～200mm)（引向设备线管长度）+($h+h_2$)（引向刀开关线管长度）+($h+h_3$)（引向配电箱线管长度）。

配管安装用定额见第二册第十二章相应子目。

（3）配管工程量计算中的其他规定

① 在钢索上配管时，除计算钢索配管外，还要计算钢索架设和钢索拉紧装置制作与安装两项。钢索架设工程量，应区分圆钢、钢索（直径 6mm、9mm）按图示墙（柱）内缘距离，以"延长米"为计量单位计算，不扣除拉紧装置所占长度。钢索拉紧装置制作安装工程量，应区别花蓝螺栓直径（12、16、18）以"套"为计量单位计算。

② 当动力配管发生刨混凝土地面沟时，应区别管子直径，以"m"为计量单位计算，用相应定额。

③ 在吊顶内配管敷设时，相应管材明配线管定额。

④ 电线管、钢管明配、暗配均包括刷防锈漆，若图纸设计要求作特殊防腐处理时，按第十一册《刷油、防腐蚀、绝热工程》定额规定计算防腐处理工程量并用相应定额。

⑤ 配管工程包括接地，不包括支架制作与安装，支架制作安装另列项计算。

2. 配管接线箱、接线盒安装工程量计算

明配线管和暗配线管，均发生接线盒（分线盒）或接线箱安装，或开关盒、灯头盒及插座盒安装。接线箱安装工程量，应区别安装形式（明装、暗装）、接线箱半周长，以"个"为计量单位计算。接线盒安装工程量，应区别安装形式（明装、暗装、钢索上安装）以及接线盒类型，以"个"为计量单位计算。

（1）接线盒产生在管线分支处或管线转弯处，如图 4-30（a）、(b) 所示，按此示意图位置计算接线盒数量。图 4-30 所示接线盒共 3 个，接线盒位置：7 轴上 2 个，8 轴上 1 个；灯头盒有 2 个，是灯的位置；插座盒有 3 个，插座的位置：7 轴上 2 个，8 轴上 1 个；开关盒有 2 个，开关的位置 B 轴上有 2 个。

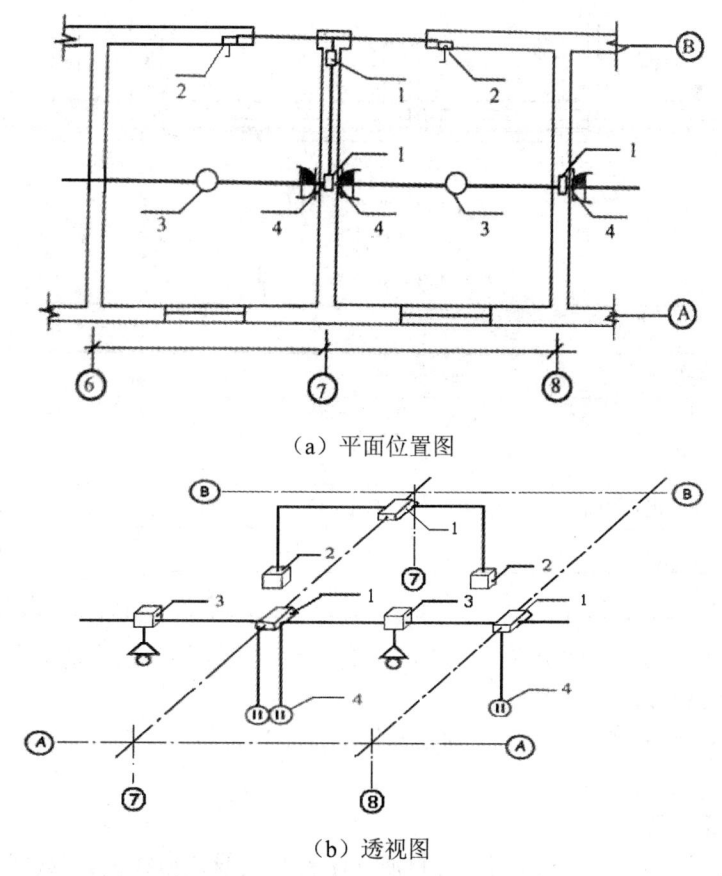

（a）平面位置图

（b）透视图

1-接线盒；2-开关盒；3-灯头盒；4-插座盒

图 4-30 接线盒位置图

（2）线管敷设超过下列长度时，中间应加接线盒。

① 管长>45m，且无弯曲。② 管长>30m，有一个弯曲。③ 管长>20m，有 2 个弯曲。

项目四 家庭照明线路的安装和设计

④ 管长>12m，有3个弯曲。

3. 配管内穿线工程量计算

（1）管内穿线

管内穿线工程量计算应区分线路性质（照明线路和动力线路）、导线材质（铝芯线、铜芯线和多芯软线）、导线截面，按单线"延长米"为计量单位计算。照明线路中的导线截面超过6mm^{2}以上时，按动力穿线定额计算。

管内穿线长度可按下式计算：

管内穿线长度=（配管长度+导线预留长度）×同截面导线根数

（2）导线进入开关箱、柜及设备预留长度见表 4-8 及图 4-31 所示。

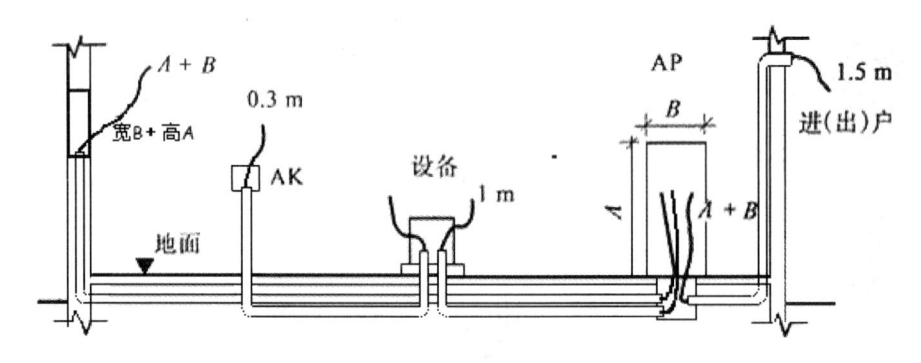

图 4-31　埋地管穿出地面

表 4-8　导线预留长度

序号	项目	预留长度/m	说明
1	各种开关箱、柜、板	宽+高	盘面尺寸
2	单独安装（无箱、盘）的铁壳开关、闸刀开头、起动器、母线槽进出线盒	0.3	从安装对象中心算起
3	由地面管子出口引至动力接线箱	1.0	从管口算起
4	由电源与管内导线连接（管内穿线与硬、软母线接头）	1.5	从管口算起
5	出户线（或进户线）	1.5	从管口算起

接头线、进入灯具及明暗开关、插座、按钮等预留导线长度已分别综合在相应定额中，不得另行计算导线长度。

（3）导线与设备相连需焊（压）接头端子的，工程量按"个"计量，用相应定额。

4. 其他配线工程量计算

配线工程用第二册第十二章定额。

（1）线夹配线工程量，应区别线夹材质（塑料线夹或瓷质线夹）、线式（两线式或三线式）、敷设位置（在木结构、砖结构或混凝土结构上）以及导线规格，以"线路延长米"为计量单位计算。

（2）绝缘子配线工程量，应区分鼓形绝缘子（瓷柱）、针式绝缘子和蝶式绝缘子配线以及绝缘子配线位置、导线截面积，以单线"延长米"计量。

绝缘子配线沿墙、柱、屋架或跨屋架、跨柱敷设。需要支架时，按施工图规定或标准图计算支架质量以 100kg 计量，并列项计算支架制作。

当绝缘子配线跨越需要拉紧装置时，按"套"计算制作安装，用第二册第十二章相应子目。

（3）槽板配线工程量，区分为槽板的材质（木槽板或塑料槽板）、导线截面、线式（两线式或三线式）以及配线位置（敷设在木结构、砖结构或混凝土结构上）以"线路延长米"计量。

（4）塑料护套线配线，不论圆型、扁型、轨型护套线，以芯数（二芯或三芯）、导线截面大小及敷设位置（敷设于木结构、砖混凝土结构上或沿钢索敷设）区别，按"单根线路延长米"计量。

塑料护套线沿钢索敷设时，需另列项计算钢索架设及钢索拉紧装置两项。

（5）线槽配线工程量，金属线槽和塑料线槽安装，按"m"计量，金属线槽宽<100mm 的，用加强塑料线槽定额，>100mm 的，母线槽时用槽，用槽式桥架定额。线槽进出线盒以容量分档按"个"计量；灯头盒、开关盒按"个"计量；线槽内配线以导线规格分档，以单线"延长米"计量。线槽需要支架时，要列支架制作与安装项目另行计算。

【例 4.1】图 4-32 为某工程电气照明平面图，三相四线制。该建筑物层高 3.44 米，配电箱 M_1 规格 500×300，距地高度 1.5m，线管为 PVC 管 VG15，暗敷设，开关距地 1.5m。试计算回路①配电箱、配管配线工程量。

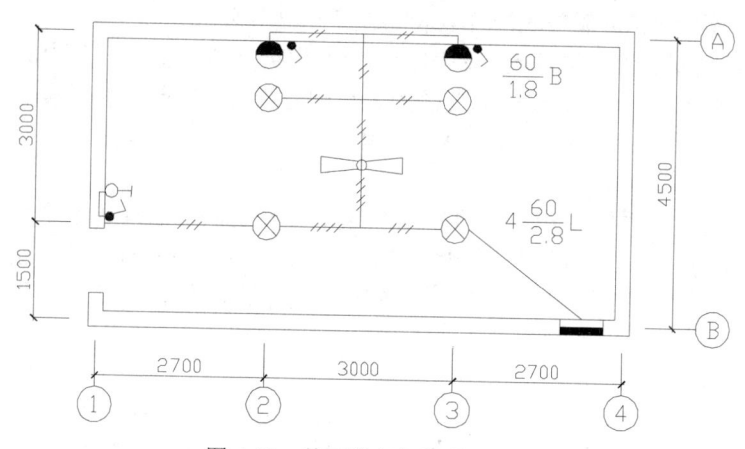

图 4-32 某工程电气照明平面图

解：沿电流方向，根据管内穿线根数不同分段计算。

（1）成套配电箱安装一套

（2）PVC 管 VG15(3.44-1.5-0.5)[配电箱引出、埋墙敷设 **2 根导线**]+$\sqrt{2.7\times2.7+1.5\times1.5}$[④轴至③轴 **2 根导线**]+(3÷2)[③轴至②轴穿 **3 根导线**]+(3÷2)[③轴至②轴穿 **4 根导线**]+2.7[②轴至①轴 **3 根导线**]+1[至吊扇 **4 根导线**]+1[吊扇至灯具 **3 根导线**]+1[灯具至A轴 **2 根导线**]+3×2[花灯及壁灯 **2 根导线**]+(3.44-1.8)×2[壁灯垂直方向 **2 根导线**]+(3.44-1.5)×4[至吊扇、灯具、壁灯开关 **2 根导线**]= **30.26**m。

（3）BV-2.5 导线对照管段计算式子，按管段长×穿线根数计算。

[(3.44-1.5-0.5+0.5+0.3)×2]+[$\sqrt{2.7\times2.7+1.5\times1.5}$×2]+[(3÷2)×3]+[(3÷2)×4]+(2.7×3)+(1×4)+(1×3)+(1×2)+[3×2×2]+[(3.44-1.8)×2×2]+[(3.44-1.5)×4×2]=70.08m

（4）开关盒等：开关盒4个（3个灯具开关各一个开关盒，吊扇调速开关暗装一个），灯头盒7个（6个灯具、1个吊扇处各安装一个），接线盒4个（导线分支处）。

六、照明器具安装

照明器具安装包括灯具、照明用开关、按钮、安全变压器、插座、电铃和风扇及盘管风机开关等安装，其中以灯具安装为学习的重点。照明器具安装分两部分内容，即定额内容和工程量计算，下面分别讲述。

（一）定额内容

电气照明器具安装的预算定额见第二册第十三章。照明灯具种类繁多，根据它们的用途及发光方法，将其安装预算定额分为七大类，即：普通灯具安装定额、装饰灯具安装定额、荧光灯具安装定额、工厂灯及防水防尘灯安装定额、工厂其他灯具安装定额、医院灯具安装定额、艺术花灯安装定额和路灯安装定额。在各大类灯具中，再按照各种灯具的安装特点将其基本相同的灯具划归为同一小类，以小类为定额立项。在应用预算定额时，如已明确某一灯具的类属，便可较容易地选用正确定额。

此外，照明用开关、按钮、安全变压器、插座、电铃和风扇及盘管风机开关、请勿打扰灯、须刨插座、钥匙取电器等的安装预算定额也划归照明器具中。

以下对七大类照明灯具及其他几种电器具的安装定额分别予以介绍。

1. 普通灯具安装

普通灯具安装的预算定额按吸顶灯具和其他普通灯具分类立项。

（1）吸顶灯具安装。吸顶灯具安装的预算定额根据灯罩取形，划分为圆球形、半圆球形及方形三种，圆球形、半圆球形按灯罩直径的大小划分子目，方形吸顶灯具定额按灯罩形式划分子目。其工作内容包括测位、划线、打眼、埋螺栓、上木台、灯具安装、接线、接焊包头等项工作。

（2）其他普通灯具安装。其他普通灯具安装的预算定额根据灯的用途及安装方式分项，分为软线吊灯、吊链灯、防水吊灯、一般弯脖灯、一般壁灯、防水灯头、节能座灯头、座灯头等项目。定额内容包括测位、划线、打眼、埋螺栓、上木台、支架安装、灯具组装、上绝缘子、上保险器、吊链加工、接线、接焊包头等工作。

2. 装饰灯具安装

应根据国家能源部1992年6月颁发的《全国统一安装工程预算定额，电气设备安装工程补充预算定额———装饰灯具安装工程预算定额》使用，它已合并于2000年版全国统一安装定额第二册第十三章中。

装饰灯具定额适用于新建、扩建、改建的宾馆、饭店、影剧院、商场、住宅等建筑物装饰用灯具安装。

装饰灯具定额共列9类灯具，分21项，184个子目，为了减少因产品规格、型号不统一而发生争议，定额采用灯具彩色图片与子目对照方法编制，以便认定，给定额使用带来极大方便。9类灯具分别是：

① 吊式艺术装饰灯具：蜡烛灯、挂灯、串珠（串棒、串穗）灯、吊杆式组合灯、玻璃罩灯等形式；

② 吸顶式艺术装饰灯具：串珠（串棒、串穗）灯、挂片（挂碗、挂吊碟）灯、玻璃罩灯等形式；

③ 荧光艺术装饰灯具：组合荧光灯光带、内藏组合式灯、发光棚安装和其他等形式；

④ 几何形式组合艺术装饰灯具；
⑤ 标志、诱导装饰灯具；
⑥ 水下艺术装饰灯具；
⑦ 点光源艺术装饰灯具；
⑧ 草坪灯具；
⑨ 歌舞厅灯具。

工作内容包括：开箱清点，测位划线，打眼埋螺栓，支架制作，安装，灯具拼装固定，挂装饰部件，焊接线包头等。成套灯具为未计价材料。

3. 荧光灯具安装

荧光灯具安装的预算定额按组装型和成套型分项。定额中的整套灯具均为未计价材料。下面分别介绍其预算定额。

（1）成套型荧光灯具安装。成套型荧光灯具安装的预算定额区分吊链式、吊管式、吸顶式，按灯管数目划分定额项目。定额内容包括测位、划线、打眼、埋螺栓；上木台，吊链、吊管加工、灯具安装、接线、接焊包头等。

（2）组装型荧光灯具安装。组装型荧光灯具安装的预算定额按灯管数、吊链式、吊管式、吸顶式、嵌入式分项。定额的工作内容与成套型荧光灯具安装的工作内容基本相同，只是灯具需要组装。

吊管式荧光灯具的电线管、法兰座按灯具考虑。如荧光灯具配有电容器时，应另加套电容器的安装定额。

4. 工厂灯及防水防尘灯安装

工厂灯预算定额按吊管式、吊链式、吸顶式、弯杆式与悬挂式分别立项。防水防尘灯也按安装型式即直杆式、弯杆式与吸顶式分别列项。定额包括测位、划线、打眼，埋螺栓、上木台、吊管加工、灯具安装、接线、接焊包头等工作内容。

5. 工厂其他灯具安装

工厂其他灯具安装的预算定额包括：防潮灯、腰形仓顶灯、碘钨灯、管形氙气灯、投光灯、烟囱水塔独立式塔架标志灯，密闭灯具包括安全灯、防爆灯、高压水银防爆灯、防爆荧光灯等。定额内容包括测位、划线、打眼、上底台、支架安装、灯具安装、接线、接焊包头等。定额中不包括支架制作，成套灯具为未计价材料，应另行计算。

对于管形氙气灯安装，定额中不包括接触器、按钮、绝缘子安装及管线敷设，应另行计算。此外，对于高压水银灯的外附镇流器安装，应另行套用镇流器安装定额子目。

6. 医院灯具安装

医院灯具安装的预算定额有病房指示灯、病房暗脚灯、紫外线杀菌灯及无影灯（吊管灯）等四项。定额包括测位、划线、打眼、埋螺栓、灯具安装、接线、接焊包头等项工作内容。安装用的地脚螺栓按已预埋考虑，成套灯具为未计价材料。

7. 路灯安装

路灯安装的预算定额分为大马路弯灯安装和庭院路灯安装。前者按弯灯臂长分项，后者按三火以下柱灯和七火以下柱灯分项。定额的工作内容包括测位、划线、支架安装、灯具组装、接线，不包括支架制作及导线架设。成套灯具为未计价材料。

8. 照明开关、插座、小型电器安装

（1）开关及按钮安装。照明开关安装预算定额分为拉线开关安装、扳把开关明装、单控及双控板式暗开关安装、一般按钮及明装、暗装 5A 以下密闭开关安装等。其中单控及双控板式暗开关安装分为单联、双联、三联、四联、五联、六联等。定额包括测位、划线、打眼、埋螺栓，清扫盒子、上木台、缠钢丝弹簧垫、装开关、装按钮、接线、装盖等项工作内容。照明开关、按钮为未计价材料。

（2）插座安装。插座安装的预算定额分明插座、暗插座、防爆插座三类（防爆插座不分明装、暗装）。每类插座又按单相和三相、是否带接地插孔，以插座的额定电流不同分别立项。定额的工作内容同上述照明开关。插座为未计价材料。

（3）安全变压器、电铃、门铃、风扇安装。安全变压器安装的预算定额按变压器的容量分项，定额包括开箱、清扫、检查、测位、划线、打眼、支架安装、固定变压器、接线、接地等项工作内容。安全变压器为未计价材料。

电铃安装的预算定额中包括电铃安装和电铃号牌箱安装，前者按电铃的直径分项，后者按号牌箱上的号牌数量分项。定额包括测位、划线、打眼、埋木砖、上木底板、接电铃、焊接包头等工作内容。定额中不含电铃、电铃号牌箱、电铃变压器等，为未计价材料。

门铃安装的预算定额按明装、暗装分别列项。工作内容为测位、打眼、埋塑料胀管、上螺钉、接线、安装等，门铃为未计价材料。

风扇安装的预算定额分为吊扇安装、壁扇安装、轴流排气扇安装。工作内容包括测位、划线、打眼、固定吊钩、安装调速开关、接焊包头、接地等。风扇为未计价材料。

（4）盘管风机开关、请勿打扰灯、须刨插座、钥匙取电器安装，工作内容为开箱、检查、划线、清扫盒子、缠钢丝弹簧垫、接线、焊接包头、安装、高度、调式等。其中风机三速开关、请勿打扰灯、须刨插座、钥匙取电器为未计价材料。

（二）工程量计算规则

1. 照明灯具安装工程量计算

照明灯具安装工程量计算应区别灯具的种类、型号、规格、安装方式分别列项，以"套"为计量单位计算。其中：

（1）普通灯具安装，包括吸顶灯、其他普通灯具两大类，均以"套"计量。

其他灯具包括，软线吊灯和链式吊灯，它们均不包括吊线盒价值，必须另计。软线吊灯未计价材料价值按下式计算：

软线吊灯未计价材料价值=吊线盒价+灯头价+（灯伞价）+灯泡价

（2）荧光灯具安装，分组装型和成套型两类。

① 成套型荧光灯，凡由工厂定型生产成套供应的灯具，因运输需要，散件出厂、现场组装者，执行成套型定额。这类有链吊式、管吊式、一般吸顶式安装方式。

② 组装型荧光灯，凡不是工厂定型生产的成套灯具，或由市场采购的不同类型散件组装起来，甚至局部改装者，执行组装定额。这类有链吊式、管吊式、一般吸顶式和嵌入吸顶式等安装方式。

组装型荧光灯每套可计算一个电容安装及电容器的未计价材料价值。

（3）工厂灯及防水防尘灯安装，这类灯具可分两类，一是工厂罩灯及防水防尘灯；二是其他常用碘钨灯、投光灯、混光灯等灯具安装。均以"套"计量。

（4）医院灯具安装，这类灯具分 4 种，病房指示灯、病房暗脚灯、紫外线杀菌灯、无影灯（吊管灯）。均以"套"计量。

（5）路灯安装，路灯包括两种，一是大马路弯灯安装，臂长有 1200mm 以下及以上；二是庭院路灯安装，分三火以下柱灯、七火以下柱灯两个子目。均以"套"计量。

路灯安装，不包括支架制作及导线架设，应另列项计算。

2. 装饰灯具安装工程量计算

装饰灯具安装以"套"计量，根据灯的类型和形状，以灯具直径、灯垂吊长度、方形、圆形等分档，对照灯具图片套用定额。

3. 开关、按钮、插座及其他器具安装工程计算

（1）开关安装工程量计算

开关安装包括拉线开关、板把开关、板式开关、密闭开关、一般按钮开关安装，并分明装与暗装，均以"套"计量。

应注意本处所列"开关安装"是指第二册第十三章"照明器具"用的开关，而不是指第二册第四章"控制设备及低压电器"所列的自动空气开关、铁壳开关和胶盖开关等电源用"控制开关"，故不能混用。

计算开关安装同时应计算明装开关盒或暗装开关盒安装一个，用相应开关盒安装子目。

第十三章定额所列一般按钮、电铃安装，应与定额第二册第四章的普通按钮、防爆按钮、电铃安装分开，前一个用于照明工程，后一个用于控制，注意区别。

（2）插座安装定额分普通插座和防爆插座两类，又分明装与暗装，均以"套"计量。计算插座安装同时应计算明装或暗装插座盒安装，执行开关盒安装定额。

（3）风扇、安全变压器、电铃安装

① 风扇安装，吊扇不论直径大小均以"台"计量，定额包括吊扇调速器安装；壁扇、排风扇、鸿运扇安装，均以"台"计量。

② 安全变压器安装，以容量（VA）分档，以"台"计量；但不包括支架制作，支架制作应另立项计算。

③ 电铃安装，以铃径大小分档，以"套"计量；门铃安装分明装与暗装以"个"计量。

（三）定额应用应注意的问题

（1）各型灯具的接线，除注明者外，均综合在定额内使用时不再计算。

（2）路灯、投光灯、碘钨灯、氙灯、烟囱及水塔指示灯，均已考虑了一般工程的高空作业因素。其他器具的安装高度如超过5米，应按规定计算超高增加费。

（3）定额内已包括利用摇表测量绝缘及一般灯具的试亮工作，但不包括调试工作。

（4）灯具安装定额包括灯具和灯管的安装。但灯具的未计价材料计算，以各地灯具预算价或市场价为准。灯具预算材料价格包括灯具和灯泡（管）时，就不分别计算。若不包括灯泡（管）时，应另计算灯泡（管）的未计价材料价值，其计算式如下：

灯具未计价材料价值=灯具套数×定额消耗量×灯具单价+灯泡（管）未计价价值

灯泡（管）未计价材料价值=灯泡（管）数×（1+定额规定损耗率）×灯泡（管）单价

灯罩、灯伞未计价材料价值=灯具套数×（1+定额规定损耗率）×灯罩或灯伞单价

【例4.2】请计算例1中，照明器具安装的工程量、安装直接费及人工费。

解：（1）工程量：

壁灯的安装 2套=0.2（10套）

吊式花灯安装 4套=0.4（10套）

扳把开关安装 3套=0.3（10套）

吊扇安装 1台

（2）安装直接费及人工费

① 壁灯安装用定额 2-1393

安装直接费=0.2×190.07=38.01

其中人工费=0.2×42.42=8.48

② 吊链花灯安装用定额 2-1390

安装直接费=0.4×108.99=43.60

其中人工费=0.4×42.42=16.97

③ 单联扳把开关安装 2-1637

安装直接费=0.3×37.12=11.14

其中人工费=0.3×17.85=5.36

④ 吊扇安装用定额 2-1702

安装直接费=1×21.85=21.85

其中人工费=1×9.03=9.03

应注意，该例题计算的是灯具及开关的安装费，成套灯具、照明、开关、吊扇均为未计价材料，应另行计算。

技能训练2　家庭照明电气工程量的预算

一、实训前的准备工作

1. 知识准备

（1）照明电气工程项目的预算知识；

（2）熟练地读懂电工图纸；

（3）熟练运用常用的绘图软件。

2. 材料准备

（1）计算机40台；

（2）常用电工材料（各种型号的线槽、线管、各种型号导线、单联开关、双联开关、插座、开关箱等）；

（3）绘制好的一份二室一厅电气平面图；

（4）前次实训制订的家庭照明电气工程材料预算表。

二、实训过程

请同学们按照实训任务单卡要求完成实训内容，完成后将任务单卡沿着虚线撕下上交。

三、实训注意事项

（1）实训分组进行，实训期间，请学生严格执行安全操作规程。

（2）在实训操作前，请认真学习实训任务内容，明确实训目的、实训步骤和安全注意事项。应认真检查本组仪器、设备及电子元器件状况，若发现缺损或异常现象，应立即报告指导教师或实训室管理人员处理。

（3）学生在实训过程中使用的实训设备，人为损坏或丢失的将追究其责任。

（4）水杯不得放到实训台面，防止漏水触电。

（5）人离开实训室前要断掉电源总闸，养成良好的安全习惯。

（6）严禁带电操作。

学 习 任 务 单 卡

班级：　　　　　组别：　　　　学号：　　　　姓名：　　　　实训日期：

课程信息	课程名称	教学单元	本次课训练任务	学时	实训地点
	电工普训	家庭照明线路的安装和设计	任务　家庭照明电气工程量的预算	4节	
任务描述	根据绘制好的二室一厅电气平面图和前期做出的导线等材料预算，编写二室一厅家庭照明电气的预算书。					
学做过程记录	**任务1　二室一厅电气预算书的编写** 实训内容及步骤 1. 了解电气预算常用的软件的用法。 2. 编写二室一厅电气预算书。				

项目四　家庭照明线路的安装和设计

学做过程记录	
	【教师现场评价：完成□，未完成□】
	思考题
	1. 单位工程施工图预算的编制方法中，（　　）是我国与国际接轨后，工程造价计价的改革方向。 　　A．综合单价法　　　　　　　　B．工料单价法 　　C．人工费单价法　　　　　　　D．定额实物法 2. 在施工图预算书的组成中，（　　）可作为预算书的附表，供审核时核查工程量计算的完整性及准确性。 　　A．主要材料价格明细表　　　　B．工程量计算表 　　C．安装工程设备价格明细表　　D．措施项目费合价分析表
教师评价	A□　　B□　　C□　　D□　　教师签名：
学生建议	

知识链接　电气照明工程施工图的预算实例分析

一、某电气照明工程的工程概况、施工图与施工说明

1. 工程概况、施工图

本设计图共两张，其中电气照明平面图如图 4-33 所示，配电系统图如图 4-34 所示。

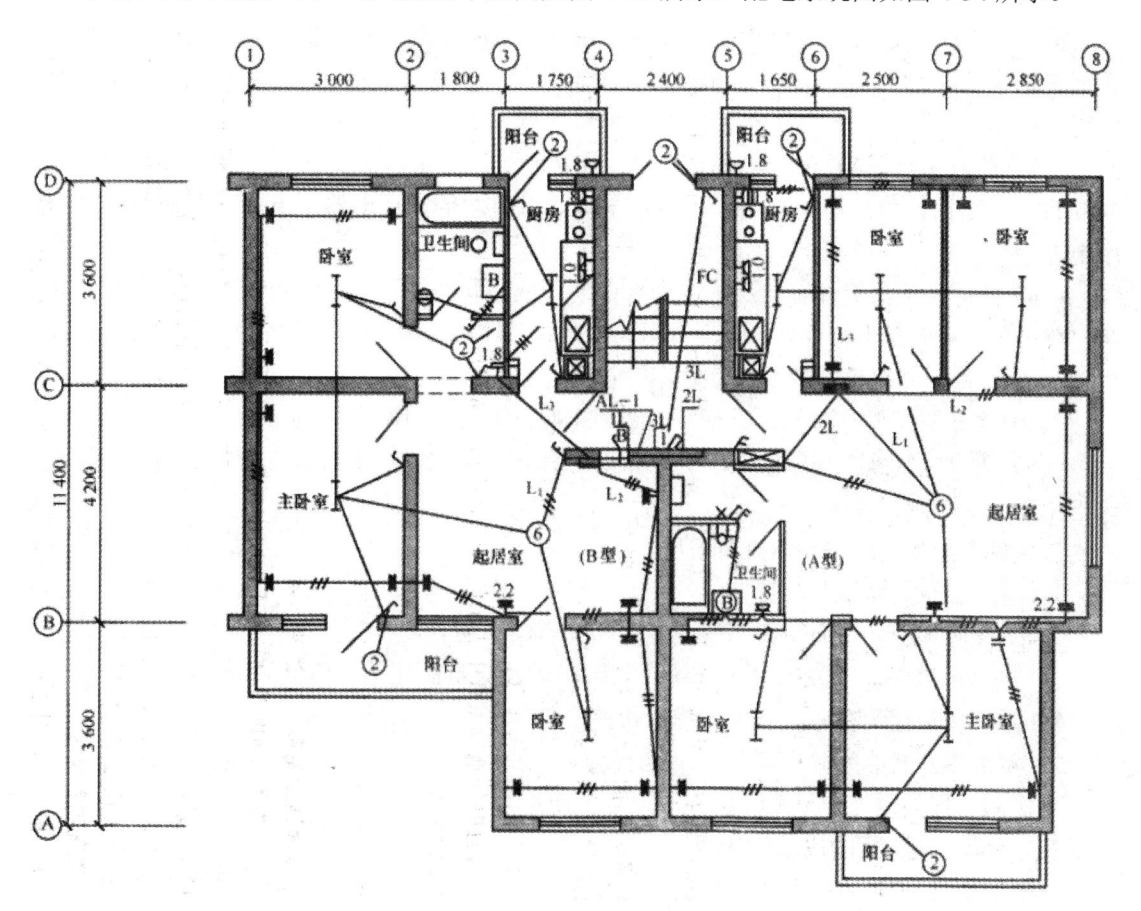

图 4-33　某住宅楼电气照明平面图

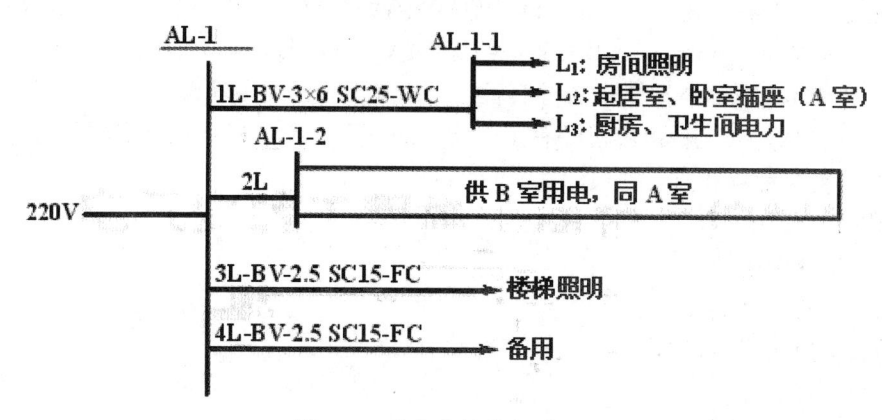

图 4-34　某住宅楼供电系统图

（1）建筑概况。本住宅楼共 6 层，每层高 3m，一个单元内每层共两户，有 A、B 两种户型：A 型为 4 室 1 厅，约 92m^2；B 型为 3 室 1 厅，约 73m^2。共用楼梯、楼道。

（2）供电电源。每层住宅楼采用 220V 单相电源、TN-C 接地方式的单相三线系统供电。

2. 施工说明

（1）在楼道内设置一个配电箱 AL-I，安装高度为 1.8m，配电箱有 4 路输出线（1L、2L、3L、4L），其中，1L、2L 分别为 A、B 两户供电，导线及敷设方式为 BV-3X6-SC25-WC（铜芯塑料绝缘线，3 根，截面积为 6mm^2，穿钢管敷设，管径为 25mm，沿墙暗敷），3L 供楼梯照明，4L 为备用。

（2）住户用电。A、B 两户分别在室内安装一个配电箱，其安装高度为 1.8m，分别采用 3 路供电，其中 L$_1$ 供各房间照明，L$_2$ 供起居室、卧室内的家用电器用电，L$_3$ 供厨房、卫生间用电。

（3）除非图面另有注释，房间内所有照明、插座管线均选用 BV-500 型电线穿 PVC20 型管，敷设在现浇混凝土楼板内；竖直方向为暗敷，设在墙体内。照明、插座支线的截面积一律为 2.5mm^2，每一回路单独穿一根管，穿管管径为 20mm。

（4）除非图面另有注释，所有开关距地 1.4m 安装，插座距地 0.4m 安装。

（5）所有电气施工图纸中表示的预留套管和预留洞口均由电气施工人员进行预留，施工时与土建密切配合。

二、施工图预算的编制依据及说明

1. 施工图预算的编制依据

① 工程施工图（平面图和系统图）和相关资料说明。

② 2004 年江苏省颁发的《全国统一安装工程预算定额江苏省单位估价表》。

③ 国家和工程所在地区有关工程造价的文件。

2. 施工图预算的编制要求

本例的工程类别为一类工程，施工地点为南京市区。

三、分项工程项目的划分和排列

（阅读施工图和施工说明，熟悉工程内容。从电气照明平面图及电气施工说明中可知：该工程每层楼设配电箱一个（AL-1），每户设配电箱一个（AL-1-1、AL-1-2），均为嵌入式安装。楼层配电箱到户内配电箱为 6mm^2 铜芯塑料绝缘线穿钢管沿墙暗敷。每户的配电箱均引出 3 条支路，各支路为 2.5mm^2 铜芯塑料绝缘线穿 UPVC 管暗敷，其中照明回路沿墙和楼顶板暗敷，插座回路沿墙和楼地板暗敷。各种套管在土建施工时已经预埋设。

阅读工程图后，对工程内容已经有了一定了解，下一步可根据预算定额的规定对工程项目加以整理，避免漏项和重复立项。）

本工程可划分如下分项工程项目：

1）暗装照明配电箱。

2）敷设钢管（暗敷）。

3）敷设 UPVC 管（暗敷）。

4）管内穿线。

5）安装接线盒。

6）安装半圆球吸顶灯。

7）安装吊灯。

8）安装单管成套荧光灯。

9）安装板式开关（暗装）。

10）安装单相三孔插座。

四、工程量计算

1. 计算工程量

（1）照明配电箱的安装

每层1台公用，每户1台，共3台。

（2）钢管的敷设（暗敷）

其中有单联、双联和三联。

① 由配电箱AL-1至AL-1-1：其敷设钢管SC25的长度为1.2+1+1.2=3.4（m）。

② 由配电箱AL-1至AL-1-2：其敷设钢管SC25的长度为1.2+2.66+1.67=5.53（m）。

（3）UPVC管的敷设（暗敷）

① B型单元。

对于L_1回路，有：

1.2（开关箱至楼板顶）+0.44（开关箱水平至起居室6号吊灯开关）+1.55（起居室6号吊灯开关水平至6号吊灯）+3.55（6号吊灯至卧室荧光灯）+1.55（卧室荧光灯至开关）+3.89（6号吊灯至主卧室荧光灯）+1.33（开关）+2.22（主卧室荧光灯至阳台灯开关）+0.89（阳台灯开关至阳台灯）+3.66（主卧室荧光灯至卧室荧光灯）+1.33（卧室荧光灯至卧室荧光灯开关）+2.55（卧室荧光灯至2号灯）+0.56（2号灯至开关）+2（2号灯至厨房灯）+1.67（厨房灯至开关）+1.67（厨房灯至阳台2号灯开关）+1.33（阳台2号灯开关至2号灯）+1.2×8（8只灯，由房顶楼板至开关）=40.99（m）

对于L_2回路，有：

1.8+1.33+2.22+3.1+2.89+2.44+1.89+3+6.55+3+0.4×13=33.42（m）

对于L_3回路，有：

1.2+2.22+1.2+2.22+2+0.22+1.11+0.8+0.56=11.53（m）

② A型单元。

对于L_1回路，有：

1.2+2.78+4+3.89+1.67+3.66+1.78+2.22+1.34+3.89+1.67+2.78+1.67+2+1.67+1.67+1.11+1.6×8=51.8（m）

对于L_2回路，有：

1.8+3.63+4.2+3.6+2+7.22+3+1.33+3.11+7+1.8×1+0.4×12=43.49（m）

对于L_3回路，有：

1.8+3.6+2+2+1.44+1.8×2+1×1+0.4×2=16.24（m）

（4）管内穿线

① 钢管内穿6mm^{2}铜芯塑料绝缘线，所需长度为

(3.4+5.53)×3=26.69（m）

② B 型单元。

L₁ 回路为照明回路，都为两根线，只有起居室 6 号吊灯开关水平至 6 号吊灯为 3 根线，所需长度为

40.99×2（全部管长）+1.55＝83.53（m）

L₂ 回路为插座回路，都为 3 根线，所需长度为

33.42×3＝100.26（m）

L₃ 回路为插座回路，都为 3 根线，所需长度为

11.53×3（全部管长）＝34.59（m）

③ A 型单元。

L₁ 回路为照明回路，都为两根线，只有起居室 6 号吊灯开关水平至 6 号吊灯为 4 根线，所需长度为

51.8×2+4×2＝111.6（m）

L₂ 回路为插座回路，都为 3 根线，所需长度为

43.49×3＝130.47（m）

L₃ 回路为插座回路，都为 3 根线，所需长度为

16.24×3=48.72（m）

（5）接线盒的安装

① B 型单元。

L₁ 回路：7+8（开关盒）=15 个。

L₂ 回路：13 个。

L₃ 回路：6 个。

② A 型单元。

L₁ 回路：4+8（开关盒）＝12 个。

L₂ 回路：10+2＝12 个。

L₃ 回路：9 个。

（6）半圆球吸顶灯的安装

每户 3 只，共 6 只。

（7）吊灯的安装

每户 1 只，共两只。

（8）单管成套荧光灯的安装

A 型单元 5 只，B 型单元 4 只，共 9 只。

（9）板式开关的安装（暗装）

其中有单联、双联和三联之分。A 型单元 9 只，B 型单元 9 只，共 18 只。

（10）单相三孔插座的安装

A 型单元 20 只，B 型单元 18 只，共 38 只。

2. 工程量列表

工程量计算完后，为便于统计，将工程量以表格形式列出，如表 4-9 所示。

表 4-9 工程量计算表

工程名称：某住宅楼一层电气照明工程　　　　　　　　　　　　　　第　页　共　页

序号	分部分项工程名称	计算式	计量单位	工程数量	部位
1	照明配电箱安装	3台	台	3	走廊、房间
2	钢管敷设	3.5+5.53	100m	0.09	沿墙、天花板暗敷
3	CPVC管敷设	40.99+30.42+11.53+51.8+43.49+16.24	100m	1.98	沿墙、天花板、地板暗敷
4	管内穿线（6mm^2）	26.69	100m	0.27	
5	管内穿线（2.5mm^2）	83.53+100.26+34.59+111.6+130.47+48.72	100m	5.09	各用户房间
6	接线盒安装	(15+13+6+12+12+9)个	10个	6.7	各用户房间
7	吊灯安装	2个	10套	0.2	各用户客厅
8	半圆球吸顶灯安装	6个	10套	0.6	各用户阳台、卫生间
8	单管成套荧光灯安装	9套	10套	0.9	各用户房间
10	板式开关安装	18只	10套	1.8	各用户房间
11	单相三孔插座安装	38只	10套	3.8	各用户房间

五、套用定额单价计算工程量定额费用

1. 整理工程量、套定额，计算工程定额直接费（不含主材费用）

整理、计算结果见表4-10。

表 4-10 工程预算表

工程名称：某住宅楼一层电气照明工程　　　　　　　　　　　　　　第　页　共　页

定额编号	项目名称	规格型号	单位	数量	预算单价	合价	人工费/元 单价	人工费/元 合价	材料费 单价	材料费 合价	机械费 单价	机械费 合价
2-264	照明配电箱安装		台	3	97.02	291.06	42.12	126.36	29.2	87.6		
2-983	砖、混凝土暗配钢管	DN25	100m	0.09	408.01	36.72	198.90	17.90	54.3	4.89	33.48	3.01
2-1098	PVC管敷设	UPVC20	100m	1.98	211.39	418.55	111.62	211.01	3.78	7.48	27.9	55.24
2-1200	管内穿线（6mm^2）		100m	0.27	45.98	12.42	18.72	5.05	15.84	4.28		
2-1172	管内穿线（2.5mm^2）		100m	5.09	51.59	262.59	23.4	119.11	13.91	70.8		
2-1377	接线盒安装		10个	6.7	22.48	150.62	10.53	70.55	5.53	37.05		
2-1530	吊灯安装（9头花灯）		10套	0.2	163.96	32.79	94.54	18.91	11.75	2.35		
2-1384	半圆球吸顶灯安装		10套	0.6	137.73	82.64	50.54	30.32	56.36	33.82		

项目四　家庭照明线路的安装和设计

续表

定额编号	项目名称	规格型号	单位	数量	预算单价	合价	人工费/元 单价	人工费/元 合价	材料费 单价	材料费 合价	机械费 单价	机械费 合价
2-1594	单管成套荧光灯安装		10套	0.9	117.33	105.6	50.78	45.7	35.57	32.01		
2-1637	板式开关安装		10套	1.8	35.17	63.31	19.89	35.8	3.15	5.67		
2-1668	单相三孔插座安装		10套	3.8	41.81	158.88	21.29	80.90	6.53	24.81		
合计						1615.18		761.61		310.76		58.25

2. 计算主材费用

表 4-11 所示为主材费用计算。

表 4-11 主材费用计算表

序号	材料名称	规格型号	单位	消耗数量	单价/元	合价/元
1	照明配电箱		台	3	300	900
2	穿线钢管	DN25	m	9×(1+3%)=9.27	6.62	61.37
3	UPVC管	管径20mm	m	198×(1+3%)=203.94	3.50	713.79
4	铜芯塑料绝缘线	BV6.0	m	27×(1+1.8%)=27.49	4.39	120.68
5	铜芯塑料绝缘线	BV2.5	m	509×(1+1.8%)=518.16	1.20	621.79
6	接线盒		个	67×(1+2%)=68.34	5.10	348.53
7	吊灯（9头花灯）		套	2×(1+1%)=2.02	450	909.00
8	半圆球吸顶灯		套	6×(1+1%)=6.06	32.00	193.92
9	单管成套荧光灯		套	9×(14-1%)=9.09	39.60	359.96
10	板式开关		套	18×(1+2%)=18.36	15.00	275.4
11	单相三孔插座		套	38×(1+2%)=38.76	5.00	193.8
合计						4698.24

3. 分部分项工程量清单总费用

1615.18+761.61(37/26-1)+4698.24=6635.64（元）

式中 37/26 为现行人工单价与定额人工单价之比。

六、计算措施项目费、规费、税金和工程造价

计算措施项目费、规费、税金和工程造价参照当地安装工程造价表，如表 4-12 所示。

1. 措施项目费（原按系数计取的直接费）

在电气安装工程中脚手架搭拆费按人工费的 4% 计取，其中人工费占 25%。

脚手架搭拆费＝人工费×4%＝761.61×(37/26)×4%＝43.35（元）

其中人工费＝脚手架搭拆费×25%＝10.84（元）

2. 规费（原间接费）

（1）工程定额测定费：费率 1‰；

（2）安全生产监督费：1.9‰；

（3）建筑管理费：3‰；

（4）劳动保险费：13‰。

规费=(6961.03+43.35)×18.9‰=7004.38×18.9‰=132.38（元）

3. 税金

税金=(6961.03+43.35+132.38)×3.412%=7136.76×3.412%=243.51（元）

表4-12 某省安装工程造价计算程序（包工包料）

序号	费用名称		计算公式	备注
一	分部分项工程量清单费用		6961.03	按《某省安装工程计价表》
	其中	(1)人工费	761.61×(37/26)+10.84=1094.67	
		(2)材料费	310.76	
		(3)机械费	58.25	
		(4)主材费	4698.24	
		(5)管理费	(1)×费率=1094.67×59%=645.86	
		(6)利润	(1)×费率=1094.67×14%=153.25	
二	措施项目清单计价		43.35	按《计价表》或费用计算规则
三	其他项目费用			双方约定
四	规费		132.38	
	其中	(1)工程定额测定费	(一+二+三)×费率=7004.38×18.9‰	按规定计取1‰
		(2)安全生产监督费		按规定计取1.9‰
		(3)建筑管理费		按规定计取3‰
		(4)劳动保险费		按各市规定计取13‰
五	税金		(一+二+三+四)×费率=7136.76×3.412%=243.51	按各市规定计取3.412%
六	工程造价（一层）		一+二+三+四+五=7380.27	

4. 1单元电气照明工程造价

1单元一层的电气照明工程造价：

＝分部分项工程量清单费用+措施项目费+规费+税金

＝6961.03+43.35+132.38+243.51＝7380.27（元）

1单元电气照明工程造价：

＝7380.27×6＝44281.62（元）

任务五　二室一厅家庭照明线路的安装与调试

能力目标

1. 会安装开关、插座、灯具、电度表等设备；
2. 能进行照明线路的敷设；
3. 会设计家庭照明线路。

知识目标

1．掌握导线的布线方法；
2．掌握家庭照明线路的设计方法；
3．掌握常用 PVC 线槽、线管的型号规格。

技能训练　家庭照明电气工程材料预算

一、实训前的准备工作

1．知识准备

（1）照明电气工程项目的设计、安装、调试知识；

（2）熟练地读懂电工图纸。

2．材料准备

（1）工作台 40 台；

（2）二室一厅的板房 8 套；

（3）常用电工工具 2 套/组。

（4）指针式万用表（MF47）或数字式万用表各 1 个/组。

（5）Φ15 的线管 25 米/组，1.5mm^2 导线 200 米/组，2.5mm^2 导线 50 米/组。

二、实训过程

请同学们按照实训任务单卡要求完成实训内容，完成后将任务单卡沿着虚线撕下上交。

三、实训注意事项

（1）实训分组进行，实训期间，请学生严格执行安全操作规程。

（2）在实训操作前，请认真学习实训任务内容，明确实训目的、实训步骤和安全注意事项。应认真检查本组仪器、设备及电子元器件状况，若发现缺损或异常现象，应立即报告指导教师或实训室管理人员处理。

（3）学生在实训过程中使用的实训设备，人为损坏或丢失的将追究其责任。

（4）水杯不得放到实训台面，防止漏水触电。

（5）人离开实训室前要断掉电源总闸，养成良好的安全习惯。

（6）严禁带电操作。

学 习 任 务 单 卡

班级：　　　　　组别：　　　　　学号：　　　　　姓名：　　　　　实训日期：

课程信息	课程名称	教学单元	本次课训练任务	学时	实训地点
	电工普训	家庭照明线路的安装和设计	任务　二室一厅家庭照明线路的安装与调试	4节	
任务描述	在设计好的板房里把开关箱、开关、插座固定好；按图纸要求完成线路的连接，实现各个灯具能亮，插座上的电压正常，可供家用电器使用。安装完成后由指导教师设置故障点，然后由学生解决问题，查出故障所在处。				
学做过程记录	**任务 1　画出电路原理图及各部件连接图**				
	实训内容及步骤 对二室一厅的房子进行家庭照明线路设计，画出电路原理图及各部件连接图。 要求电路从配电箱到电灯、开关及插座构成闭合回路，然后对各器件定位画线。 【教师现场评价：完成□，未完成□】				
	任务 2　开关底盒、插座的布局，线槽、线管安装				
	根据实际需要适当调整或增加开关插座的数量。以 120 平方米的三居室为例，比较合适的开关插座数量应该在 50～70 个之间，线路检查、试送电。 【教师现场评价：完成□，未完成□】				

	任务3　导线的敷设、灯具、开关安装
学做过程记录	1．将电度表空气开关用导线连接起来，在分线盒处、插座处、开关处，用导线正确连接电气设备。 2．用兆欧表测量导线绝缘电阻，连接点绝缘电阻。 3．检查无误后，拉通电源、电灯应亮。如有故障，可用万用表进行检查。 【教师现场评价：完成□，未完成□】
	思考题
	在实训过程中，遇到哪些线路故障，怎么解决的。
教师评价	A□　　B□　　C□　　D□　　教师签名：
学生建议	

知识链接　照明电路常见故障及排除方法

为了便于记忆，照明线路的安装可按以下顺口溜的顺序进行："零线火线并排走，零线直接进灯口；火线接在开关上，开关出线接灯头。"

照明电路是由引入电源线连通电度表、总开关、导线、分路出线。发生故障，常因安装不合格或使用不当、年久失修等原因，发生这样或那样的故障。发生故障时应通过观察故障现象，找出可能发生的原因和发生故障的位置，逐步依次从每个组成部分开始检查，一般顺序是从电源开始检查，一直到用电设备，针对不同的情况，用不同的方法排除故障。

一、照明电路的主要故障

照明电路的故障归纳起来，主要有三种：即断路、短路和漏电。

（1）断路

如果照明电路中部分电灯不亮或者全部电灯不亮，而其他相邻的电路中仍然有电，则说明故障不是停电造成的，而是照明电路有断路的可能。产生断路的原因较多，如熔丝熔断、接线桩头松脱、照明线断线、开关没有接通等。检查故障部位时，可以按下列顺序：首先检查用户保险盒里的熔丝是否熔断，如果熔丝熔断可能是电路中负载太大，也可能是电路中短路事故，必须做进一步检查。如果熔丝未熔断，则要用测电笔测一下保险盒上接线桩头是否有电。如果没有电，应检查总开关里的熔丝是否熔断。若总开关里的熔丝也未熔断，则要用测电笔检查总开关的上接线桩是否有电。如果总开关的上接头没有电，可能是进户线脱落，也有可能是供电部门部分断电。如果只是个别电灯不亮，则应先检查不亮的灯泡内灯丝是否烧断，若灯丝未断，可检查分路保修盒内的保险丝是否熔断。若保险丝未断，则要用测电笔测试一下开关的接线桩头是否有电。若开关接线桩头有电，则应检查灯头里的接线是否良好。如果灯头接线良好，则可能是电路中某处断路，应进一步检查，并给予排除。

（2）短路

发生短路时，电路中部分电灯不亮或者全部电灯不亮，这时应检查分路或总干路熔丝是否已熔断。如果换上新的熔丝后，刚合闸又立即熔断，这说明电路中有短路的故障出现，必须查出发生短路的原因，并加以处理后，才可换上熔丝，再合闸通电。发生短路的原因可能是：用电器内接线不好，使火、零两线相触；未用接头，直接把两个线头插入插座时造成碰线；保护套受压后内部绝缘层破损造成短接；灯头或开关进水，或绝缘不好的两根电线相碰；用电器内部绝缘层破损；螺口灯头内部松动，致使灯头中心铜片与螺旋套接触等。发生短路时，要先找到短路部位，再根据具体情况将故障排除。

（3）漏电

电线、用电器及电气装置用久了，绝缘强度会逐渐降低，乃至发生漏电事故。电线的绝缘层、用电器和电气装置的绝缘外壳破了也会引起漏电。即使是很好的绝缘体，受到雨淋或者水浸，也可能漏电。发生漏电时往往会出现下列的情况：用电度数比平时增多；人体触到建筑物等漏电部位，感到发麻；电线发热；电灯变暗。发生漏电时，如果把电路里的灯泡及所有用电器插头拔下后，电度表铝盘仍然不停地转动，直至将总开关电闸拉开后，铝盘才停止转动。电路漏电时，首先应从灯头、挂线盒、开关、插座等处入手，再检查电路连接处、电线穿墙处、电线转弯处、电线脱落处、双股电线绞和处及容易受潮、腐蚀的地方。如果只发生一两处漏电，只要把漏电的电线换上新线或用电器修好即可。若发现多处漏电，并且发现电线的绝缘层全部变硬发脆，那就要全部换新线了。

二、故障的检查方法

（1）用测电笔检查断路故障

测电笔实质是电压指示器，在总开关接通、电路带电的情况下，从火线引入端沿着电回路逐点测试。测试过程中原先电笔发光，以后发现在某一点测电笔不发光了，说明这一点与前一点之间存在断路故障。

（2）用万用表测断路故障

用万用表交流电压 250V 或 500V 挡，在带电情况下，从电源引入的两端逐步向负载端测试，发现在哪个地方无电压指示了，说明此处与前处之间存在断路故障。也可用万用表电阻挡在不带电情况下（总开关断开），从负载端向电源引入端逐段地测电阻，原先电阻表有指示，当发现无指示时，也就找到了断路的故障。

（3）用万用表电阻挡在开路情况下测短路故障

让总开关和电路里所有的分开关都断开，在总开关下两根线的引入端测电阻，如果此时电阻值为零，说明分开关前的总线上短路；如果未发现短路，可分别逐个闭合分开关，当合上某个分开关、电阻指示为零时，说明这个支电路上有短路现象。

（4）用挑担灯（也叫校火灯）检查短路

让总开关和电路里所有的电灯开关都断开，拔下控制火线的用户保险盒的插盖（另一只保险盒不可拔下），取一只大功率灯泡把灯头两端连线分别接在这只保险盒的上下两个接线桩上，使这盏电灯串联在电路里。这种连接法叫"挑担灯"。推上总开关，使电路通电，如果这时灯泡正常发光，说明总开关到各分开关之间存在短路；如果这时灯泡不亮，分别逐个合上各个电灯分开关。当合上某一分开关时，发现"挑担灯"与这路电灯都发光，但比较暗，说明这一路安装正确；当合上某一分开关时，发现这一路电灯不亮，而"挑担灯"发光明亮，则说明这一分电路发生短路。

项目五　变压器与电动机

学习目标

变压器与电动机是高等职业技术学校电工类专业的一门专业课。在电能的生产、传输、变配以及使用过程中,大量使用了变压器与电动机。它们已普遍应用在国民经济和人民生活的各个方面,发挥着十分重要的作用。通过本项目的学习,使学生掌握变压器的结构、工作原理、连接与运行,熟悉各种电动机的结构、工作原理、主要特性和维护的知识,突出职业技能训练来培养学生对变压器与电动机的故障处理、判断、分析和检修的能力。

任务一　变压器的检测

能力目标

1. 会用工具正确拆装变压器;
2. 会测试变压器的相关参数;
3. 能理解变压器的铭牌数据。

知识目标

1. 掌握单相变压器的结构、工作原理;
2. 掌握单相变压器的额定值;
3. 掌握单相变压器的常见故障及原因。

技能训练1　变压器的拆装

一、实训前的准备工作

1. 知识准备
(1) 掌握变压器的拆装的基本方法;
(2) 了解变压器的绕制方法。
2. 材料准备
(1) 变压器各1台/组;
(2) 电工常用工具1套/组;
(3) QJ-23单臂电桥10个。

二、实训过程

请同学们按照实训任务单卡要求完成实训内容,完成后将任务单卡沿着虚线撕下上交。

三、实训注意事项

（1）实训分组进行，实训期间，请学生严格执行安全操作规程。

（2）在实训操作前，请认真学习实训任务内容，明确实训目的、实训步骤和安全注意事项。应认真检查本组仪器、设备及电子元器件状况，若发现缺损或异常现象，应立即报告指导教师或实训室管理人员处理。

（3）学生在实训过程中使用的实训设备，人为损坏或丢失的将追究其责任。

（4）水杯不得放到实训台面，防止漏水触电。

（5）人离开实训室前要断掉电源总闸，养成良好的安全习惯。

（6）严禁带电操作。

学习任务单卡

班级：　　　　　组别：　　　　　学号：　　　　　姓名：　　　　　实训日期：

课程信息	课程名称	教学单元	本次课训练任务	学时	实训地点
	电工普训	变压器和电动机	任务　变压器的拆装	2节	
任务描述	现有一台单相变压器，对其进行拆分与重装。按照实训步骤对单相变压器进行拆装、检查，并在装配后通电试验。					

学做过程记录	任务1　变压器的拆卸

实训内容及步骤

1. 按照变压器的拆卸步骤，拆卸变压器，测量并记录绕组的线径和匝数；

绕组	线径	匝数
一次绕组		
二次绕组		

【教师现场评价：完成□，未完成□】

任务2　变压器绕组的制作

1. 重新制作变压器绕组；
2. 组装变压器并进行绝缘处理。

【教师现场评价：完成□，未完成□】

思考题

1. 变压器由_____和_____两部分组成。
2. 变压器是借助于电磁感应原理，以相同的_____在两个或两个以上_____之间变换_____电压和电流而_____的一种静止电气设备。
3. 变压器各绕组的电压比与它们的线圈匝数比（　　　）。
   A．成正比　　　　B．相等　　　　C．成反比　　　　D．无关
4. 变压器的作用是（　　　）。
   A．生产电能　　　B．消耗电能　　　C．生产又消耗电能　　　D．传递功率
5. 变压器中性点接地叫作（　　　）。
   A．工作接地　　　B．保护接地　　　C．工作接零　　　D．保护接零
6. 变压器铭牌上的额定容量是指（　　　）。
   A．有功功率　　　B．无功功率　　　C．视在功率　　　D．平均功率
7. 变压器的拆装步骤有哪些？

教师评价	A□　　B□　　C□　　D□　　教师签名：
学生建议	

知识链接　变压器的拆装

1. 变压器的拆装

一些初学者面对变压器，不知如何下手，才能妥善拆下铁心，而且不伤及线圈和骨架。有采用破坏性的拆卸方式——用钢锯来锯开线包，或者用钳子钳开线包。

这里介绍一个简单而有效的方法，只需要一把平口起子和一把老虎钳，当然，如果有小台虎钳更好。如果有台钳，就把变压器夹在上面，不是全夹，夹住大部分，留出若干片铁心（至少3~5片）不夹。没有台钳，可以找块木板，把变压器放在上面，边缘也是留出几片铁心的位置悬空，如图5-1所示。

接下来用起子对着最外面的一两片铁心，用老虎钳敲起子，开始不要用蛮力，在铁心两端敲击后，最外侧的铁心开始松动。当然，没有台钳，就可以请人从上面按住变压器，或者自己用脚踩住，如图5-2所示。

图5-1　放置变压器　　　　　　　　图5-2　固定变压器

起子的角度要适当，使力量集中在最外面的一两片铁心上，切记不要对多片铁心同时用力，如图5-3所示。在适当的敲击之下，外侧铁心就产生位移，这就是良好的开端。注意，第一片是最难敲的，可不能太用劲，否则会造成损伤。

最外面的铁心松动了，开始产生位移，如图5-4所示。

图5-3　敲击最外层铁心　　　　　　图5-4　用起子继续撬动

接下来用起子慢慢连敲带撬，让那一两片铁心加大位移，直到从线包中完全脱离出来，如图 5-5 所示。

图 5-5　使最外层铁心脱离

把对侧的那两片也敲出来，这下铁心就没有那么紧了，重复上面的步骤，再敲出一两片来，就不会很困难了，如图 5-6 所示。

图 5-6　敲出最外层几片铁心

接下来把铁心撬松，这时就可以很简单地取出其余的铁心了，如图 5-7 所示。

运用简单的工具就可以完整地拆下简单变压器的铁心和线包，如图 5-8 所示。

图 5-7　敲出更多铁心　　　　图 5-8　铁心和线圈完全脱开

2. 变压器线圈极性测定

（1）同极性端的标记（见图 5-9）

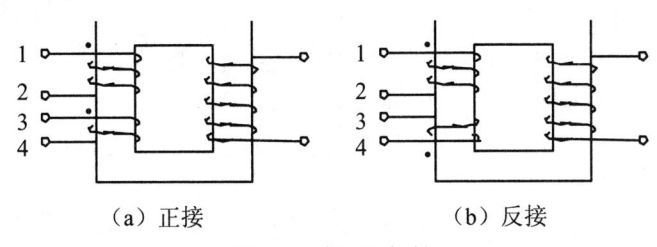

（a）正接　　　　　　（b）反接

图 5-9　变压器极性

（2）同极性端的测定（见图 5-10 和图 5-11）

毫安表的指针正偏 1 和 3 是同极性端；反偏 1 和 4 是同极性端。

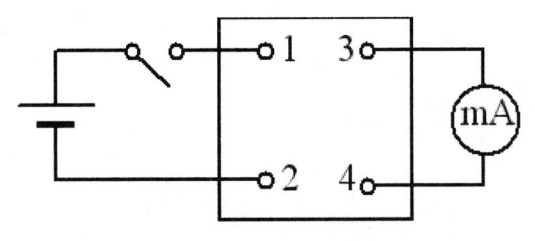

图 5-10　直流法测量

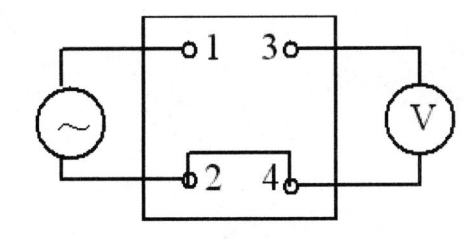

图 5-11　交流法测量

$U_{13}=U_{12}-U_{34}$ 时 1 和 3 是同极性端；$U_{13}=U_{12}+U_{34}$ 时 1 和 4 是同极性端。

技能训练 2　变压器的检测

一、实训前的准备工作

1. 知识准备

（1）熟悉变压器类型、结构、工作原理知识；

（2）能熟练应用测量工具检测变压器。

2. 材料准备

（1）变压器 10kVA，1 台/组；

（2）记录表 1 份/组；

（3）套筒工具 1 套/组；

（4）摇表、万用表、单、双臂电桥（QJ23A，QJ57）等；

（5）0.5 级电压表 1 个/组。

二、实训过程

请同学们按照实训任务单卡要求完成实训内容,完成后将任务单卡沿着虚线撕下上交。

三、实训注意事项

(1)实训分组进行,实训期间,请学生严格执行安全操作规程。

(2)在实训操作前,请认真学习实训任务内容,明确实训目的、实训步骤和安全注意事项。应认真检查本组仪器、设备及电子元器件状况,若发现缺损或异常现象,应立即报告指导教师或实训室管理人员处理。

(3)学生在实训过程中使用的实训设备,人为损坏或丢失的将追究其责任。

(4)水杯不得放到实训台面,防止漏水触电。

(5)人离开实训室前要断掉电源总闸,养成良好的安全习惯。

(6)严禁带电操作。

学习任务单卡

班级：　　　　组别：　　　　学号：　　　　姓名：　　　　实训日期：

课程信息	课程名称	教学单元	本次课训练任务	学时	实训地点
	电工普训	变压器和电动机	任务　变压器的测试	2节	

任务描述	现有多台单相变压器，需要检测变压器质量，按照实训步骤对单相变压器进行测试。

学做过程记录	**任务 1　变压器绝缘电阻测量** 实训内容及步骤 区分绕组、测量各绕组的直流电阻值。对于小型变压器，在外观不清晰时，可以测量各绕组的直流电阻值，填下表，并看其是否符合设计标准，可根据电阻值和线径确定高、低压绕组。方法是：线径细、匝数多、直流电阻大的是高压绕组，线径粗、匝数少、直流电阻小的是低压绕组 	绕组电压指标/V					
绕组直流电阻/Ω					| 【教师现场评价：完成□，未完成□】 **任务 2　测量变压器的变比** 1. 变压器的高压侧加数值（220V）稳定交流电压，记录电压值。 2. 用 0.5 级的电压表测出低压侧感应出相应的电压值。 3. 再根据电压表的读数，算出电压比 K。变比 $K=U_1/U_2=N_1/N_2$ | 次数	U_1 额定电压	U_2 额定电压	N_1 匝数	N_2 匝数
---	---	---	---	---
					  【教师现场评价：完成□，未完成□】 **思考题** 1. 测量电器设备绝缘电阻时，必须先＿＿＿＿＿＿经放电后才能测量。 2. 测试时应该注意什么问题？
---	---

学做过程记录	3．如何测试变压器的同名端？ 4．如何用万用表判断边缘区的好坏？				
教师评价	A□	B□	C□	D□	教师签名：
学生建议					

知识链接 I　变压器的原理、检测

一、变压器使用相关知识

变压器是根据电磁感应原理工作的一种常见的电气设备，在电力系统和电子线路中应用广泛。它的基本作用是将一种等级的交流电变换成另外一种等级的交流电。在电力和电子线路中，变压器具有广泛应用。

（一）变压器基本组成

变压器基本组成部分均为闭合铁心和线圈绕组，如图 5-12 所示。铁心构成变压器的磁路，一般由 0.35～0.55mm 的表面绝缘的硅钢片交错叠压而成。绕组即线圈，是变压器的电路部分，用绝缘导线绕制而成，有原绕组、副绕组之分。

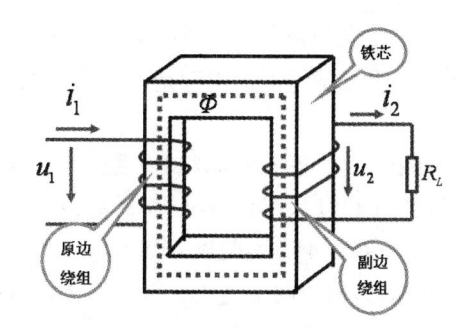

图 5-12　变压器的结构示意图

变压器的三种功能：

$$\frac{U_1}{U_2} = \frac{N_1}{N_2} = k \quad （变压）$$

$$\frac{I_1}{I_2} = \frac{N_2}{N_1} = \frac{1}{k} \quad （变流）$$

$$Z'_L = k^2 Z_L \quad （变阻抗）$$

式中 k 称为变压器的变比，亦即原、副绕组的匝数比。可见，当电源电压 U_1 一定时，只要改变匝数比，就可得出不同的输出电压 U_2。

$k>1$，为降压变压器；

$k<1$，为升压变压器。

变比在变压器的铭牌上注明，它通常以"6000/400V"的形式表示原、副绕组的额定电压之比，此例表明这台变压器的原绕组的额定电压 U_{1N}=6000V，副绕组的额定电压 U_{2N}=400V。

所谓副绕组的额定电压是指原绕组加上额定电压时副绕组的空载电压。由于变压器有内阻抗压降，所以副绕组的空载电压一般应较满载时的电压高 5%～10%。

变压器中的电流虽然由负载的大小确定，但是原、副绕组中电流的比值是基本上不变的；因为当负载增加时，I_2 和 I_2N_2 随之增大，而 I_1 和 I_1N_1 也必须相应增大，以抵偿副绕组的电流和磁动势对主磁通的影响，从而维持主磁通的最大值近于不变。

变压器的额定电流 I_{1N} 和 I_{2N} 是指变压器在长时间连续工作运行时原、副绕组允许通过的最大电流，它们是根据绝缘材料允许的温度确定的。

注意，变压器副绕组的额定电压与额定电流的乘积称为变压器的额定容量，即 $S_N = U_{2N}I_{2N}$

（单相），它是视在功率（单位是伏安），与输出功率（单位是瓦）不同。

（二）变压器的检测

（1）通过观察变压器的外貌来检查其是否有明显异常现象。如线圈引线是否断裂、脱焊，绝缘材料是否有烧焦痕迹，铁心紧固螺杆是否有松动，硅钢片有无锈蚀，绕组线圈是否有外露等。

（2）绝缘性测试。用万用表 R×10K 挡分别测量铁心与初级，初级与各次级、铁心与各次级、静电屏蔽层与次级、次级各绕组间的电阻值，万用表指针均应在无穷大位置不动。否则，说明变压器绝缘性能不良。

（3）线圈通断的检测。将万用表置于 R×1 挡，测试中，若某个绕组的电阻值为无穷大，则说明此绕组有断路性故障。

（4）判别初、次级线圈。电源变压器初级引脚和次级引脚一般都是分别从两侧引出的，并且初级绕组多标有 220V 字样，次级绕组则标出额定电压值，如 15V、24V、35V 等。再根据这些标记进行识别。

注意：变压器绕组是有极性的，需分辨同名端。如图 5-13（a）所示电流从 1 端和 3 端流入（或流出）时，产生的磁通的方向相同，两个绕组中的感应电动势的极性也相同，则 1 和 3 两端称为同名端，标以记号"·"，2 和 4 两端是同名端。

如果连接错误，譬如串联时将 2 和 4 两端连在一起，将 1 和 3 两端接电源，如图 5-13（b）所示。这样，铁心中两个磁通就互相抵消，两个感应电动势也互相抵消，接通电源后，绕组中将流过很大的电流，把变压器烧毁。因此必须按照绕组的同极性端才能正确连接。绕组的同名端一般可用图 5-13（c）的图形表示。

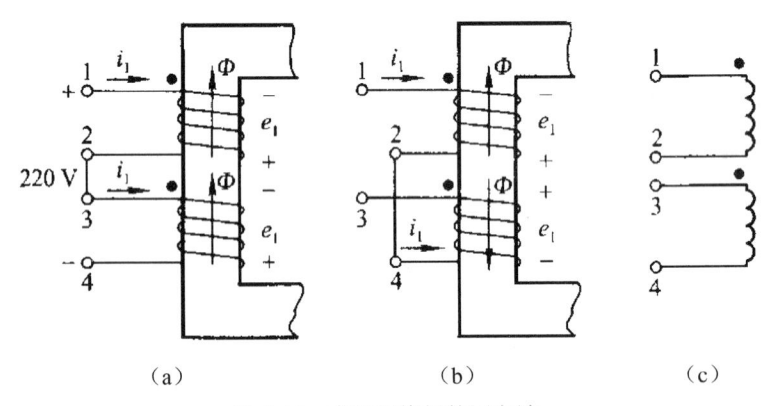

图 5-13　变压器绕组的同名端

（5）空载电流的直接检测。将次级所有绕组全部开路，把万用表置于交流电流挡 500mA，串入初级绕组。当初级绕组的插头插入 220V 交流市电时，万用表所指示的便是空载电流值。此值不应大于变压器满载电流的 10%～20%。一般常见电子设备电源变压器的正常空载电流应在 100mA 左右。如果超出太多，则说明变压器有短路性故障。

（6）空载电压的检测。将电源变压器的初级接 220V 市电，用万用表交流电压挡依次测出各绕组的空载电压值（u_{21}、u_{22}、u_{23}、u_{24}）应符合要求值。

知识链接 Ⅱ　其他变压器

一、自耦变压器

自耦变压器的构造如图 5-14 所示。在闭合的铁心上只有一个绕组，它既是原绕组又是副绕组。低压绕组是高压绕组的一部分。

电压比、电流比为 $U_1/U_2=N_1/N_2=K$，$I_1/I_2=N_2/N_1=1/K$。

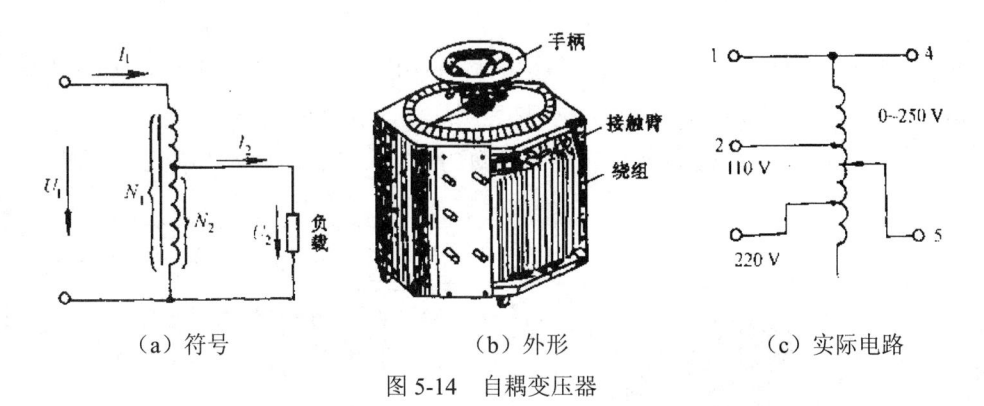

（a）符号　　　　　（b）外形　　　　　（c）实际电路

图 5-14　自耦变压器

自耦变压器常用于调节电炉炉温，调节照明亮度，起动交流电动机以及用于实验和小仪器中。使用时应当注意：

① 在接通电源前，应将滑动触头旋到零位，以免突然出现过高电压。
② 接通电源后应慢慢地转动调压手柄，将电压调到所需要的数值。
③ 输入、输出边不得接错，电源不准接在滑动触头侧，否则会引起短路事故。

二、仪用互感器

仪用互感器是专供电工测量和自动保护的装置，使用仪用互感器的目的在于扩大测量表的量程。为高压电路中的控制设备及保护设备提供所需的低电压或小电流并使它们与高压电路隔离，以保证安全。仪用互感器包括电压互感器和电流互感器两种。

（一）电压互感器

电压互感器的副边额定电压一般设计为标准值 100V，以便统一电压表的表头规格。其接线如图 5-15 所示。

电压互感器原、副绕组的电压比也是其匝数比为 $U_1/U_2=N_1/N_2=K_u$。

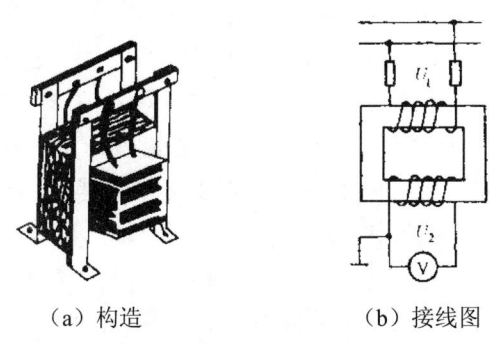

（a）构造　　　　　（b）接线图

图 5-15　电压互感器

若电压互感器和电压表固定配合使用,则从电压表上可直接读出高压线路的电压值。使用时应当注意:

① 电压互感器副边不允许短路,因为短路电流很大,会烧坏线圈,为此应在高压边将熔断器作为短路保护。

② 电压互感器的铁心、金属外壳及副边的一端都必须接地,否则万一高、低压绕组间的绝缘损坏,低压绕组和测量仪表对地将出现高电压,这对工作是非常危险的。

（二）电流互感器

电流互感器是用来将大电流变为小电流的特殊变压器,它的副边额定电流一般设计为标准值5A,以便统一电流表的表头规格。其接线图如图 5-16 所示。

电流互感器的原、副绕组的电流比仍为匝数的反比,即:$I_1/I_2=N_2/N_1=1/K_u$。

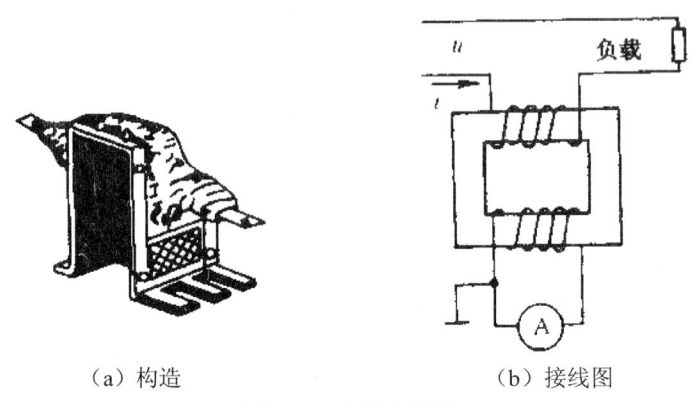

（a）构造　　　　（b）接线图

图 5-16　电流互感器

若安培表与专用的电流互感器配套使用,则安培表的刻度就可按大电流电路中的电流值标出。使用时应当注意:

① 电流互感器的副边不允许开路。

② 副边电路中装拆仪表时,必须先使副绕组短路,并且在副边电路中不允许安装保险丝等保护设备。

③ 电流互感副绕组的一端以及外壳、铁心必须同时可靠接地。

三、汽车上使用的变压器

汽车上最常见的变压器就是点火线圈,它能将汽车电源系统提供的低压变为高达几千伏甚至上万伏的高压,用于点燃发动机内的汽油混合气。除了点火线圈以外,现在汽车上还安装有基于变压器原理的传感器。下面以可变电感式进气压力传感器来说明。

如图 5-17 所示,当振荡器输出的交流电通过一次线圈 W_1,由于互感作用,使二次线圈 W_2 产生输出电压,其大小取决于两线圈的耦合情况。耦合越紧,输出电压越大。因此,当铁心向两线圈中间移动时,输出信号就会增强。

在可变电感式进气压力传感器中,铁心与线圈的相对位置由膜盒控制。进气歧管绝对压力升高时,膜盒收缩,使铁心向线圈中部移动,这时输出信号增强。

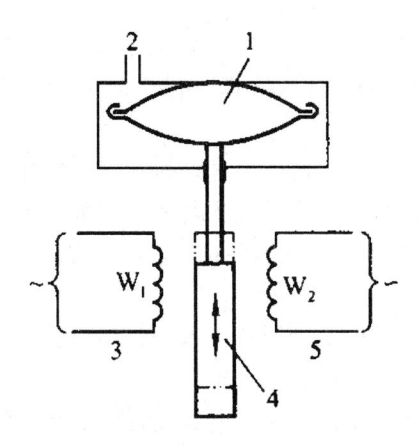

1-膜盒；2-进气管；3-次线圈；4-次铁心；5-二次线圈

图 5-17　可变电感式进气压力传感器示意图

任务二　三相交流异步电动机的拆装

能力目标

1．能拆装三相交流异步电动机；
2．会判别三相交流异步电动机的好坏；
3．能拆装小型直流电动机；
4．会测量三相交流异步电动机线圈的电阻。

知识目标

1．掌握三相交流异步电动机的工作原理；
2．掌握三相交流异步电动机的功率计算；
3．掌握三相交流异步电动机的额定电流计算；
4．了解三相交流异步电动机的转速、调速方法；
5．掌握三相交流异步电动机的结构。

技能训练 1　三相交流异步电动机的拆装

一、实训前的准备工作

1．知识准备
（1）熟悉三相交流异步电动机拆装方法；
（2）拆装注意事项。
2．材料准备
（1）三相交流异步电动机，1 台/组；
（2）电工常用工具，1 套/组；
（3）拆卸电动机的专用工具，1 套/组。

二、实训过程

请同学们按照实训任务单卡要求完成实训内容，完成后将任务单卡沿着虚线撕下上交。

三、实训注意事项

（1）实训分组进行，实训期间，请学生严格执行安全操作规程。

（2）在实训操作前，请认真学习实训任务内容，明确实训目的、实训步骤和安全注意事项。应认真检查本组仪器、设备及电子元器件状况，若发现缺损或异常现象，应立即报告指导教师或实训室管理人员处理。

（3）学生在实训过程中使用的实训设备，人为损坏或丢失的将追究其责任。

（4）水杯不得放到实训台面，防止漏水触电。

（5）人离开实训室前要断掉电源总闸，养成良好的安全习惯。

（6）严禁带电操作。

学 习 任 务 单 卡

班级：　　　　　组别：　　　　　学号：　　　　　姓名：　　　　　实训日期：

课程信息	课程名称	教学单元	本次课训练任务	学时	实训地点
	电工普训	变压器和电动机	任务　三相交流异步电动机的拆装	2节	
任务描述	现有一台三相交流异步电动机，对其进行拆分与重装。按照实训步骤对三相交流异步电动机进行拆装、检查，并在装配后通电试验。					

<table>
<tr><td rowspan="20">学做过程记录</td><td colspan="3" align="center">任务1　三相交流异步电动机的拆卸</td></tr>
<tr><td colspan="3">实训内容及步骤
按照三相交流异步电动机的拆卸步骤，拆卸三相交流异步电动机，测量并记录绕组的线径和匝数；</td></tr>
<tr><td align="center">绕组</td><td align="center">线径</td><td align="center">匝数</td></tr>
<tr><td>一次绕组</td><td></td><td></td></tr>
<tr><td>二次绕组</td><td></td><td></td></tr>
<tr><td colspan="3">【教师现场评价：完成□，未完成□】</td></tr>
<tr><td colspan="3" align="center">思考题</td></tr>
<tr><td colspan="3">1. 三相交流异步电动机组装的顺序是怎样的？

2. 三相交流异步电动机如何进行组装后的检验？

</td></tr>
</table>

项目五　变压器与电动机

教师评价	A□　　B□　　C□　　D□　　教师签名：
学生建议	

知识链接　三相交流异步电动机的拆装

一、三相交流异步电动机的拆卸

（1）切断电源，卸下皮带。
（2）拆去接线盒内的电源接线和接地线。
（3）卸下底脚螺母、弹簧垫圈和平垫片。
（4）卸下皮带轮，见图5-18。

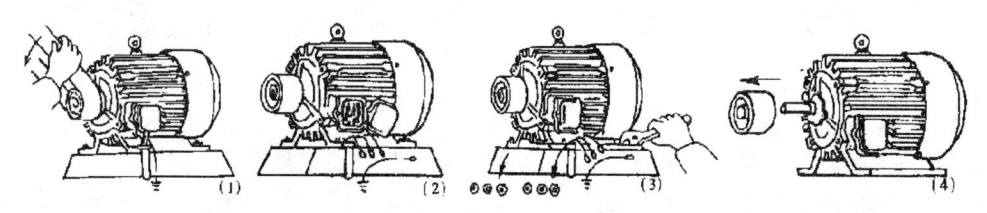

图5-18　三相交流异步电动机的拆卸（一）

（5）卸下前轴承外盖。
（6）卸下前端盖；可用大小适宜的扁凿，插在端盖突出的耳朵处，按端盖对角线依次向外撬，直至卸下前端盖。
（7）卸下风叶罩。
（8）卸下风叶，见图5-19。

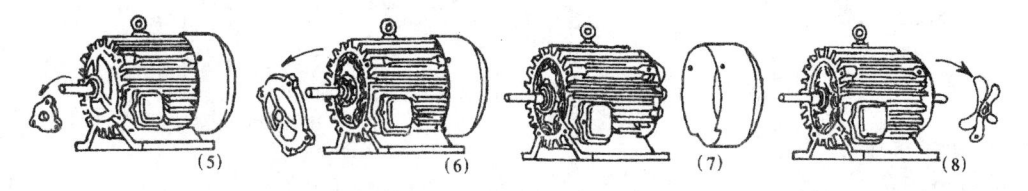

图5-19　三相交流异步电动机的拆卸（二）

（9）卸下后轴承外盖。
（10）卸下后端盖。
（11）卸下转子时在抽出转子之前，应在转子下面和定子绕组端部之间垫上厚纸板，以免抽出转子时碰伤铁心和绕组。
（12）最后用拉具拆卸前后轴承及轴承内盖，见图5-20。

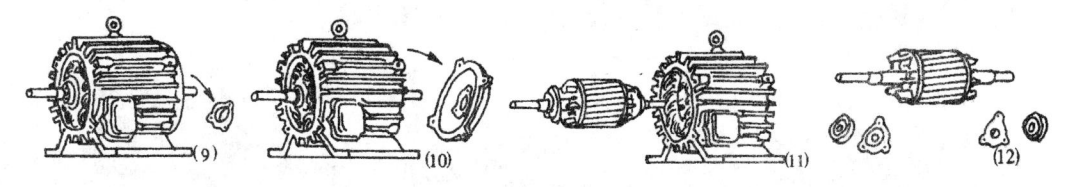

图5-20　三相交流异步电动机的拆卸（三）

二、电动机主要部件的拆装方法

1. 皮带轮或联轴器的拆卸步骤

（1）用粉笔标示皮带轮或联轴器的正反面，以免安装时装反。

（2）用尺子量一下皮带轮或联轴器在轴上的位置，记住皮带轮或联轴器与前端盖之间的距离。

（3）旋下压紧螺丝或取下销子。

（4）在螺丝孔内注入煤油，见图5-21。

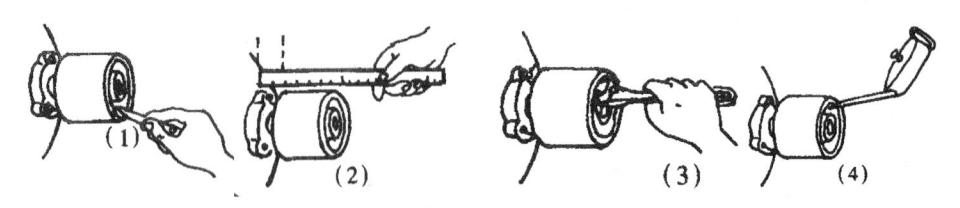

图5-21 皮带轮或联轴器的拆卸（一）

（5）装上拉具，拉具有两脚和三脚，各脚之间的距离要调整好。

（6）拉具的丝杆顶端要对准电动机轴的中心，转动丝杆，使皮带轮或联轴器慢慢地脱离转轴，见图5-22。

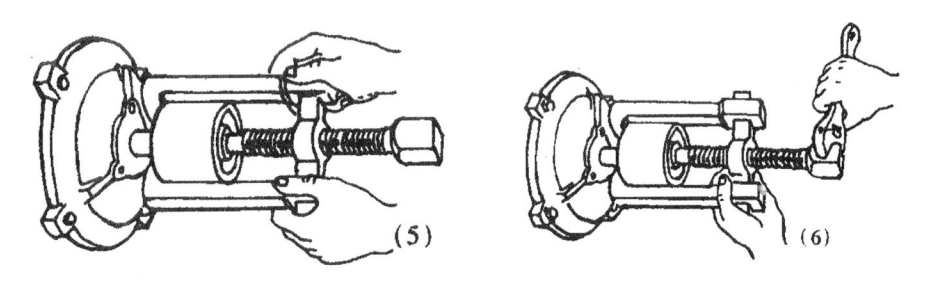

图5-22 皮带轮或联轴器的拆卸（二）

2. 注意事项

如果皮带轮或联轴器一时拉不下来，切忌硬卸，可在定位螺丝孔内注入煤油，等待几小时以后再拉。若还拉不下来，可用喷灯将皮带轮或联轴器四周加热，加热的温度不宜太高，要防止轴变形。拆卸过程中，不能用手锤直接敲出皮带轮或联轴器，以免皮带轮或联轴器碎裂、轴变形、端盖等受损。

三、皮带轮或联轴器的安装步骤

（1）取一块细纱纸卷在圆锉或圆木棍上，把皮带轮或联轴器的轴孔打磨光滑。

（2）用细纱纸把转轴的表面打磨光滑。

（3）对准键槽，把皮带轮或联轴器套在转轴上，见图5-23。

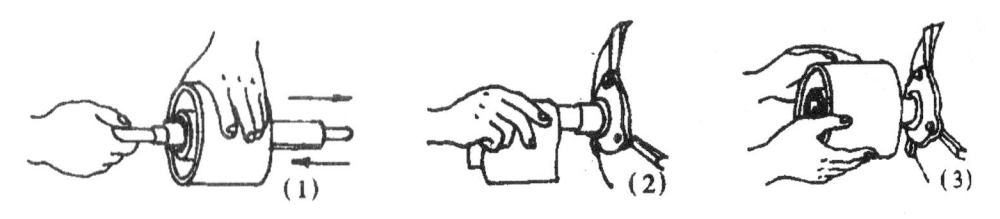

图5-23 皮带轮或联轴器的安装（一）

（4）调整皮带轮或联轴器与转轴之间的键槽位置。

(5)用铁板垫在键的一端,轻轻敲打,使键慢慢进入槽内,键在槽里要松紧适宜,太紧会损伤键和键槽,太松会使电动机运转时打滑,损伤键和键槽。

(6)旋紧压紧螺丝,见图5-24。

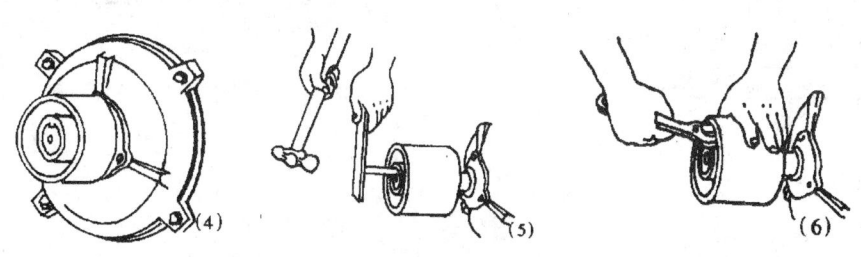

图 5-24　皮带轮或联轴器的安装(二)

四、轴承盖和端盖的拆装步骤

(1)拆卸轴承外盖的方法比较简单,只要旋下固定轴承盖的螺丝,就可把外盖取下。但要注意,前后两个外盖拆下后要标上记号,以免将来安装时前后装错。图 5-25,图 5-26 分别为拆前/后轴承盖。

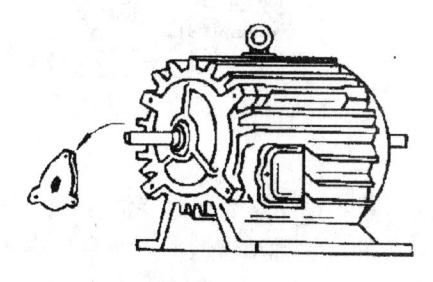

图 5-25　拆前轴承盖　　　　图 5-26　拆后轴承盖

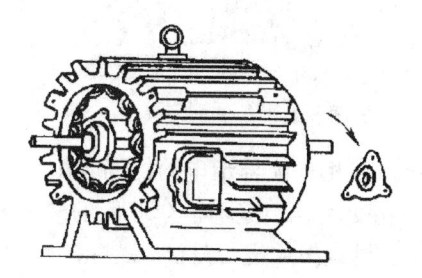

(2)拆卸端盖前,应在机壳与端盖接缝处做好标记,然后旋下固定端盖的螺丝。通常端盖上都有两个拆卸螺孔,用从端盖上拆下的螺丝旋进拆卸螺孔,就能将端盖逐步顶出来。若没有拆卸螺孔,可用大小适宜的扁凿,插在端盖突出的耳朵处,按端盖对角线依次向外撬,直至卸下端盖。但要注意,前后两个端盖拆下后要标上记号,以免将来安装时前后装错。图 5-27,图 5-28 分别为拆前/后轴承盖。

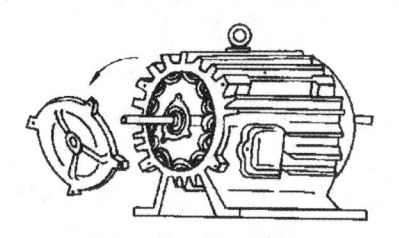

图 5-27　拆前端盖　　　　图 5-28　拆后端盖

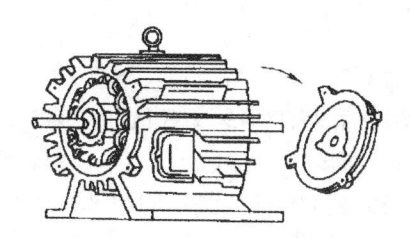

五、风罩和风叶的拆卸步骤

(1)选择适当的旋具,旋出风罩与机壳的固定螺丝,即可取下风罩,如图 5-29 所示。

(2)将转轴尾部风叶上的定位螺丝或销子拧下,用小锤在风叶四周轻轻地均匀敲打,风叶就可取下,如图 5-30 所示。若是小型电动机,则风叶通常不必拆下,可随转子一起抽出。

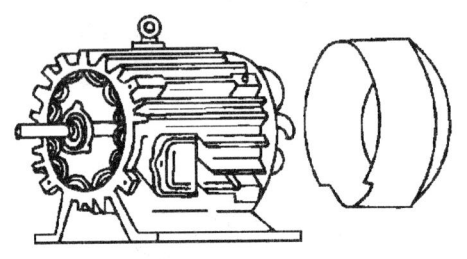

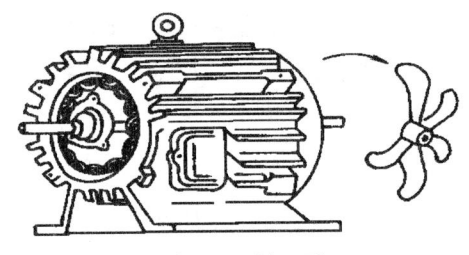

图 5-29 拆风罩　　　　　　　　　　　　图 5-30 拆风页

六、转子的拆装步骤

拆卸小型电动机的转子时，要一手握住转子，把转子拉出一些，随后用另一只手托住转子铁心渐渐往外移，如图 5-31 和图 5-32 所示。要注意，不能碰伤定子绕组。

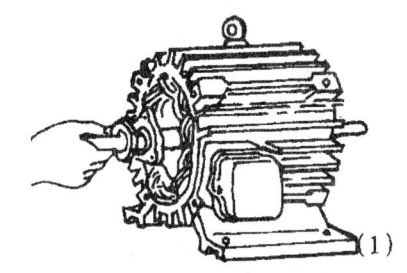

图 5-31 拆卸转子（一）　　　　　　　　图 5-32 拆卸转子（二）

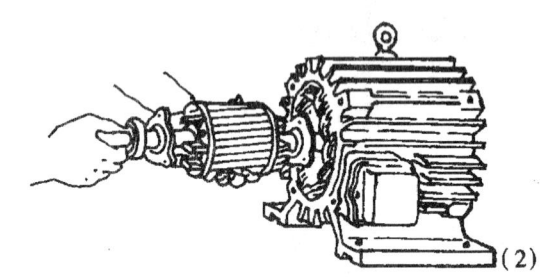

七、三相交流异步电动机的装配

三相交流异步电动机修理后的装配顺序，大致与拆卸时相反。装配时要注意拆卸时的一些标记，尽量按原记号复位。装配的顺序如下：滚动轴承的安装轴承安装的质量直接影响电动机的寿命，装配前应用煤油把轴承、转轴和轴承室等处清洗干净，用手转动轴承外圈，检查是否灵活、均匀和有无卡住现象，如果轴承不需更换，则再用汽油洗净，用干净的布擦干待装。如果是更换新轴承，应把轴承放入变压器油中加热 5min 左右，待防锈油全部熔化后，再用汽油洗净，用干净的布擦干待装。轴承往轴颈上装配的方法有两种：冷套和热套，套装零件及工具都要清洗干净保持清洁，把清洗干净的轴承内盖加好润滑脂套在轴颈上。

（1）冷套法：把轴承套在轴颈上，用一段内径略大于轴径，外径小于轴承内圈直径的铁管，铁管的一端顶在轴承的内圈上，用手锤敲打铁管的另一端，把轴承敲去。如果有条件最好是用油压机缓慢压入。

（2）热套法。轴承放在 80～100℃的变压器油中，加热 30～40min，趁热快速把轴承推到轴颈根部，加热时轴承要放在网架上，不要与油箱底部或侧壁接触，油面要过轴承，温度不宜过高，加热时间也不宜过长，以免轴承退火。

（3）装润滑脂。轴承的内外环之间和轴承盖内，要塞装润滑脂，润滑脂的塞装要均匀和适量，装的太满在受热后容易溢出，装的太少润滑期短，轴承内外盖的润滑脂一般为盖内容积的 1/3～1/2。

装配后的检验：

（1）一般检查所有固件是否拧紧；转子转动是否灵活，轴伸端有无径向偏摆。

（2）测量绝缘电阻。测量电动机定子绕组每相之间的绝缘电阻和绕组对机壳的绝缘电阻，其绝缘电阻值不能小于 0.5MΩ。

（3）测量电流经上述检查合格后，根据铭牌规定的电流电压，正确接通电源，安装好地线，用钳形电流表分别测量三相电流，检查电流是否在规定电流的范围，空载电流约为额定电流的 1/3 之内；三相电流是否平衡。

（4）通电观察。上述检查合格后可通电观察，用转速表测量转速是否均匀并符合规定要求；检查机壳是否过热；轴承有无异常声音。

八、异步电动机首尾判别

当电动机接线板损坏，定子绕组的 6 个线头分不清楚时，不可盲目接线，以免引起电动机内部故障，因此必须分清 6 个线头的首尾端后才能接线。

（1）用 36V 交流电源和灯泡进行首尾端判别时的判别步骤如下：

① 用摇表或万用表的电阻挡，分别找出三相绕组的各相两个线头。

② 先任意给三相绕组的线头分别编号为 U1 和 U2、V1 和 V2、W1 和 W2。并把 V1、U2 连接起来，构成两相绕组串联。

③ U1、V2 线头上各接一只灯泡。

④ W1、W2 两个线头上接通 36V 交流电源，如果灯泡发亮，说明线头 U1、U2 和 V1、V2 的编号正确。如果灯泡不亮，则把 U1、U2 或 V1、V2 中任意两个线头的编号对调一下即可。

⑤ 再按上述方法对 W1、W2 两线头进行判别。

（2）用万用表或微安表判别首尾端

1）方法一

① 先用摇表或万用表的电阻挡，分别找出三相绕组的各相两个线头。

② 给各相绕组假设编号为 U1 和 U2、V1 和 V2、W1 和 W2。

③ 用手转动电动机转子，如万用表（微安挡）指针不动，则证明假设的编号是正确的；若指针有偏转，说明其中有一相首尾端假设编号不对。应逐相对调重测，直至正确为止。

2）方法二

① 先分清三相绕组各相的两个线头，并将各相绕组端子假设为 U1 和 U2、V1 和 V2、W1 和 W2。

② 注视万用表（微安档）指针摆动的方向，合上开关瞬间，若指针摆向大于零的一边，则电池正极所接的线头与万用表负极所接的线头同为首端或尾端；如指针反向摆动，则电池正极所接的线头与万用表正极所接的线头同为首端或尾端。

③ 再将电池和开关接另一相两个线头，进行测试，就可正确判别各相的首尾端。

技能训练 2　三相交流异步电动机的测试

一、实训前的准备工作

1. 知识准备

（1）掌握三相交流异步电动机原理、结构；

（2）掌握三相交流异步电动机检测的方法。

2. 材料准备

（1）三相交流异步电动机，1 台/组；

（2）指针式万用表或数字式万用表各 1 个/组；

（3）电工常用工具 1 套/组。

二、实训过程

请同学们按照实训任务单卡要求完成实训内容，完成后将任务单卡沿着虚线撕下上交。

三、实训注意事项

（1）实训分组进行，实训期间，请学生严格执行安全操作规程。

（2）在实训操作前，请认真学习实训任务内容，明确实训目的、实训步骤和安全注意事项。应认真检查本组仪器、设备及电子元器件状况，若发现缺损或异常现象，应立即报告指导教师或实训室管理人员处理。

（3）学生在实训过程中使用的实训设备，人为损坏或丢失的将追究其责任。

（4）水杯不得放到实训台面，防止漏水触电。

（5）人离开实训室前要断掉电源总闸，养成良好的安全习惯。

（6）严禁带电操作。

学 习 任 务 单 卡

班级：　　　　组别：　　　　学号：　　　　姓名：　　　　实训日期：

课程信息	课程名称	教学单元	本次课训练任务	学时	实训地点
	电工普训	变压器和电动机	任务　三相交流异步电动机的测试	2 节	
任务描述	现有多台三相交流异步电动机，对其进行测试。按照实训步骤对三相交流异步电动机检测。					
学做过程记录	任务1　三相交流异步电动机运行数据记录表 实训内容及步骤 **三相交流异步电动机运行数据记录表** | 转速		r/min		
---	---	---	---	---
三相交流异步电动机	U	A	异常情况	
	V	A		
	W	A		| 【教师现场评价：完成□，未完成□】 **思考题** 1. 三相交流异步电动机是一种将_____的电力拖动装置。 2. 三相交流异步电动机具有_____、_____、_____、_____、_____、_____等优点。 3. 三相交流异步电动机的转矩与电源电压的关系是（　　）。 　　A. 成正比 　　B. 成反比 　　C. 无关 　　D. 与电压平方成正比 4. 三相交流异步电动机的转速越高，则其转差率绝对值越（　　）。 　　A. 小 　　B. 大 　　C. 不变 　　D. 不一定 5. 三相交流异步电动机的旋转方向与（　　）有关。 　　A. 三相交流电源的频率大小 　　B. 三相电源的频率大小 　　C. 三相电源的相序 　　D. 三相电源的电压大小					

教师评价	A□　　B□　　C□　　D□　　教师签名：
学生建议	

知识链接　三相交流异步电动机的原理、结构

一、基本原理

为了说明三相交流异步电动机的工作原理，我们做如下演示实验，如图 5-33 所示。

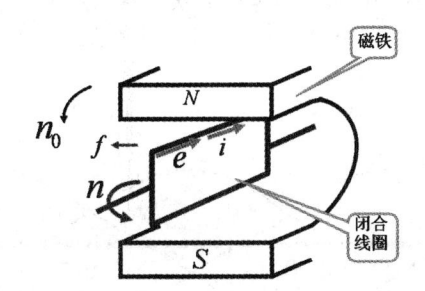

图 5-33　三相交流异步电动机工作原理

（1）演示实验：在装有手柄的蹄形磁铁的两极间放置一个闭合导体，当转动手柄带动蹄形磁铁旋转时，将发现导体也跟着旋；若改变磁铁的转向，则导体的转向也跟着改变。

（2）现象解释：当磁铁旋转时，磁铁与闭合的导体发生相对运动，鼠笼式导体切割磁力线而在其内部产生感应电动势和感应电流。感应电流又使导体受到一个电磁力的作用，于是导体就沿磁铁的旋转方向转动起来，这就是异步电动机的基本原理。

转子转动的方向和磁极旋转的方向相同。

（3）结论：欲使异步电动机旋转，必须有旋转的磁场和闭合的转子绕组。

（一）旋转磁场

1. 产生

图 5-34 表示最简单的三相定子绕组 AX、BY、CZ，它们在空间按互差 $120°$ 的规律对称排列，并接成星形与三相电源 U、V、W 相联。则三相定子绕组便通过三相对称电流：随着电流在定子绕组中通过，在三相定子绕组中就会产生旋转磁场（见图 5-34）。

$$\begin{cases} i_u = I_m \sin \omega t \\ i_v = I_m \sin(\omega t - 120°) \\ i_w = I_m \sin(\omega t + 120°) \end{cases}$$

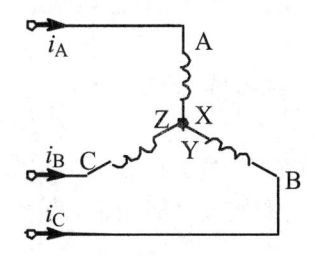

图 5-34　三相交流异步电动机定子接线

当 $\omega t = 0°$ 时，$i_A = 0$，AX 绕组中无电流；i_B 为负，BY 绕组中的电流从 Y 流入 B 流出；i_C 为正，CZ 绕组中的电流从 C 流入 Z 流出；由右手螺旋定则可得合成磁场的方向如图 5-35（a）所示。

当 $\omega t = 120°$ 时，$i_B = 0$，BY 绕组中无电流；i_A 为正，AX 绕组中的电流从 A 流入 X 流出；i_C 为负，CZ 绕组中的电流从 Z 流入 C 流出；由右手螺旋定则可得合成磁场的方向如图 5-35（b）所示。

当 $\omega t = 240°$ 时，$i_C = 0$，CZ 绕组中无电流；i_A 为负，AX 绕组中的电流从 X 流入 A 流出；i_B 为正，BY 绕组中的电流从 B 流入 Y 流出；由右手螺旋定则可得合成磁场的方向如图 5-35（c）所示。

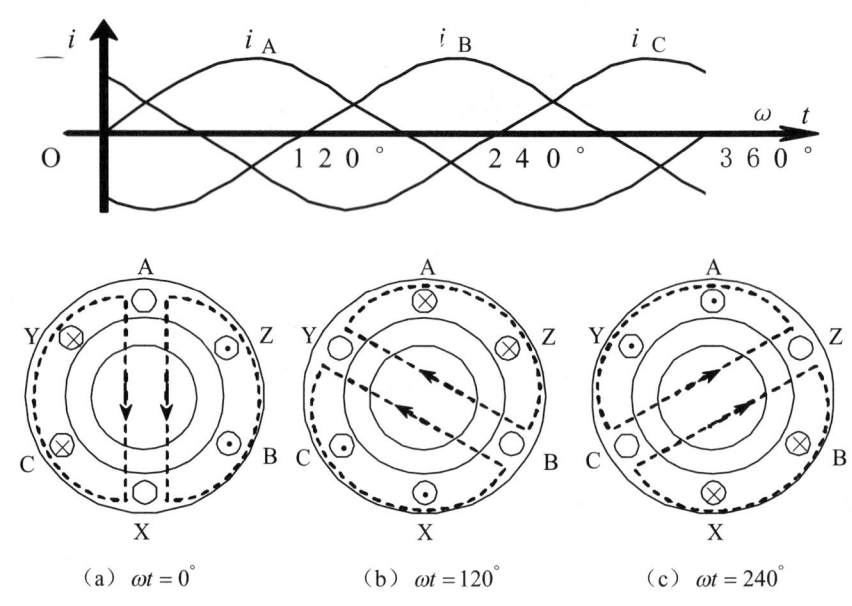

图 5-35 旋转磁场的形成

可见，当定子绕组中的电流变化一个周期时，合成磁场也按电流的相序方向在空间旋转一周。随着定子绕组中的三相电流不断地作周期性变化，产生的合成磁场也不断地旋转，因此称为旋转磁场。

2. 旋转磁场的方向

旋转磁场的方向是由三相绕组中电流相序决定的，若想改变旋转磁场的方向，只要改变通入定子绕组的电流相序，即将三根电源线中的任意两根对调即可。这时，转子的旋转方向也跟着改变。

（二）三相交流异步电动机的极数与转速

1. 极数（磁极对数 p）

三相交流异步电动机的极数就是旋转磁场的极数。旋转磁场的极数和三相绕组的安排有关。

当每相绕组只有一个线圈，绕组的始端之间相差 120° 空间角时，产生的旋转磁场具有一对极，即 $p=1$；

当每相绕组为两个线圈串联，绕组的始端之间相差 60° 空间角时，产生的旋转磁场具有两对极，即 $p=2$；

同理，如果要产生三对极，即 $p=3$ 的旋转磁场，则每相绕组必须有均匀安排在空间的串联的三个线圈，绕组的始端之间相差 40°（$=120°/p$）空间角。极数 p 与绕组的始端之间的空

间角 θ 的关系为：

$$\theta = 120°/p$$

2. 转速 n

三相交流异步电动机旋转磁场的转速 n_0 与电动机磁极对数 p 有关，它们的关系是：

$$n_0 = \frac{60 f_1}{p}$$

由公式可知，旋转磁场的转速 n_0 决定于电流频率 f_1 和磁场的极数 p。对某一异步电动机而言，f_1 和 p 通常是一定的，所以磁场转速 n_0 是个常数。

在我国，工频 f_1=50Hz，因此对应于不同磁极对数 p 的旋转磁场转速 n_0，见下表。

p	1	2	3	4	5	6
n_0	3000	1500	1000	750	600	500

3. 转差率 s

电动机转子转动方向与磁场旋转的方向相同，但转子的转速 n 不可能达到与旋转磁场的转速 n_0 相等，否则转子与旋转磁场之间就没有相对运动，因而磁力线就不切割转子导体，转子电动势、转子电流以及转矩也就都不存在。也就是说旋转磁场与转子之间存在转速差，因此我们把这种电动机称为异步电动机，又因为这种电动机的转动原理是建立在电磁感应基础上的，故又称为感应电动机。

旋转磁场的转速 n_0 常称为同步转速。

转差率 s——用来表示转子转速 n 与磁场转速 n_0 相差的程度的物理量。即：

$$s = \frac{n_0 - n}{n_0} = \frac{\Delta n}{n_0}$$

转差率是异步电动机的一个重要的物理量。

当旋转磁场以同步转速 n_0 开始旋转时，转子则因机械惯性尚未转动，转子的瞬间转速 n=0，这时转差率 s=1。转子转动起来之后，n>0，(n_0-n) 差值减小，电动机的转差率 s<1。如果转轴上的转矩加大，则转子转速 n 降低，即异步程度加大，才能产生足够大的感受电动势和电流，产生足够大的电磁转矩，这时的转差率 s 增大。反之，s 减小。异步电动机运行时，转速与同步转速一般很接近，转差率很小。在额定工作状态下约为 0.015～0.06 之间。

根据上式，可以得到电动机的转速常用公式

$$n = (1-s)n_0$$

【例 5.1】有一台三相交流异步电动机，其额定转速 n=975r/min，电源频率 f=50Hz，求电动机的极数和额定负载时的转差率 s。

解：由于电动机的额定转速接近而略小于同步转速，而同步转速对应于不同的磁极对数有一系列固定的数值。显然，与 975r/min 最相近的同步转速 n_0=1000r/min，与此相应的磁极对数 p=3。因此，额定负载时的转差率为：

$$s = \frac{n_0 - n}{n_0} \times 100\% = \frac{1000 - 975}{1000} \times 100\% = 2.5\%$$

4. 三相交流异步电动机机的定子电路与转子电路

三相交流异步电动机中的电磁关系同变压器类似，定子绕组相当于变压器的原绕组，转子绕组（一般是短接的）相当于副绕组。给定子绕组接上三相电源电压，则定子中就有三相电流通过，此三相电流产生旋转磁场，其磁力线通过定子和转子铁心而闭合，这个磁场在转子和定子的每相绕组中都要感应出电动势。

结论：

① 三相交流异步电动机的两个基本组成部分为定子（固定部分）和转子（旋转部分）。

② 欲使异步电动机旋转，必须有旋转的磁场和闭合的转子绕组，并且旋转的磁场和闭合的转子绕组的转速不同，这也是"异步"二字的含义；

③ 三相电源流过在空间互差一定角度按一定规律排列的三相绕组时，便会产生旋转磁场；

④ 旋转磁场的方向是由三相绕组中电源相序决定的；

⑤ 三相交流异步电动机旋转磁场的转速 n_0 与电动机磁极对数 p 有关，它们的关系是：

$$n_0 = \frac{60 f_1}{p}$$

⑥ 转差率 s——用来表示转子转速 n 与磁场转速 n_0 相差的程度的物理量。即：

$$s = \frac{n_0 - n}{n_0} = \frac{\Delta n}{n_0}$$

转差率是三相交流异步电动机的一个重要的物理量，三相交流异步电动机运行时，转速与同步转速一般很接近，转差率很小。在额定工作状态下约为 0.015~0.06 之间。

⑦ 三相交流异步电动机中的电磁关系同变压器类似，定子绕组相当于变压器的原绕组，转子绕组（一般是短接的）相当于副绕组。

（三）三相交流异步电动机的选择

正确选择电动机的功率、种类、型式是极为重要的。

1. 功率的选择

电动机的功率根据负载的情况选择合适的功率，选大了虽然能保证正常运行，但是不经济，电动机的效率和功率因数都不高；选小了就不能保证电动机和生产机械的正常运行，不能充分发挥生产机械的效能，并使电动机由于过载而过早地损坏。

（1）连续运行电动机功率的选择

对连续运行的电动机，先算出生产机械的功率，所选电动机的额定功率等于或稍大于生产机械的功率即可。

（2）短时运行电动机功率的选择

如果没有合适的专为短时运行设计的电动机，可选用连续运行的电动机。由于发热惯性，在短时运行时可以容许过载。工作时间愈短，则过载可以愈大。但电动机的过载是受到限制的。通常是根据过载系数λ来选择短时运行电动机的功率。电动机的额定功率可以是生产机械所要求的功率的 1/λ。

2. 种类和型式的选择

（1）种类的选择

选择电动机的种类是从交流或直流、机械特性、调速与起动性能、维护及价格等方面来考虑的。

① 交、直流电动机的选择

如没有特殊要求，一般都应采用交流电动机。

② 鼠笼式与绕线式的选择

三相鼠笼式异步电动机结构简单，坚固耐用，工作可靠，价格低廉，维护方便，但调速困难，功率因数较低，起动性能较差。因此在要求机械特性较硬而无特殊调速要求的一般生产机械的拖动应尽可能采用鼠笼式电动机。因此只有在不方便采用鼠笼式异步电动机时才采用绕线式电动机。

（2）结构型式的选择

电动机常制成以下几种结构型式：

① 开启式

在构造上无特殊防护装置，用于干燥无灰尘的场所。通风非常良好。

② 防护式

在机壳或端盖下面有通风罩，以防止铁屑等杂物掉入。也有将外壳做成挡板状，以防止在一定角度内有雨水滴溅入其中。

③ 封闭式

它的外壳严密封闭，靠自身风扇或外部风扇冷却，并在外壳带有散热片。在灰尘多、潮湿或含有酸性气体的场所，可采用它。

④ 防爆式

整个电机严密封闭，用于有爆炸性气体的场所。

（3）安装结构型式的选择

① 机座带底脚，端盖无凸缘（B_3）

② 机座不带底脚，端盖有凸缘（B_5）

③ 机座带底脚，端盖有凸缘（B_{35}）

（4）电压和转速的选择

① 电压的选择

电动机电压等级的选择，要根据电动机类型、功率以及使用地点的电源电压来决定。Y系列鼠笼式电动机的额定电压只有 380V 一个等级。只有大功率异步电动机才采用 3000V 和 6000V。

② 转速的选择

电动机的额定转速是根据生产机械的要求而选定的。但通常转速不低于 500r/min。因为当功率一定时，电动机的转速愈低，则其尺寸愈大，价格愈贵，且效率也较低。因此就不如购买一台高速电动机再另配减速器来得合算。

异步电动机通常采用 4 个极的，即同步转速 n_0=1500r/min。

【例 5.2】有一 Y225M-4 型三相鼠笼式异步电动机，额定数据如下表：试求（1）额定电流；（2）额定转差率 S_N；（3）额定转矩 T_N、最大转矩 T_{max}、起动转矩 T_{st}。

功率	转速	电压	效率	功率因数	I_{st}/I_N	T_{st}/T_N	$T_{max}/T_N(\lambda)$
45kW	1480r/min	380V	92.3%	0.88	7.0	19	2.2

解：（1）4～10kW 电动机通常都采用 380Y/△接法

$$I_N = \frac{P_2}{\sqrt{3}U_N \cos\varphi_N \eta} = \frac{45 \times 10^3}{\sqrt{3} \times 380 \times 0.88 \times 0.923} = 84.2A$$

（2）已知电动机是四极的，即 $p=2, n_0 = 1500r/\min$. 所以

$$s_N = \frac{n_0 - n}{n_0} = \frac{1500 - 1480}{1500} = 0.013$$

（3）

$$T_N = 9550 \frac{P_N}{n_N} = 9550 \times \frac{45}{1480} = 290.4(N \cdot m)$$

$$T_{st} = \frac{T_{st}}{T_N} T_N = 1.9 \times 290.4 = 551.8(N \cdot m)$$

$$T_{\max} = \lambda T_N = 2.2 \times 290.4 = 638.9(N \cdot m)$$

（四）三相异步电动机技术数据及选择

（1）三相异步电动机技术数据

每台电动机的机座上都装有一块铭牌。铭牌上标注有该电动机的主要性能和技术数据，如表5-1所示。

表5-1 三相异步电动机技术数据

型号	Y132M-4	功率	7.5kW	频率	50Hz
电压	380V	电流	15.4A	接法	Δ
转速	1440r/min	绝缘等级	E	工作方式连续	
温升	80℃	防护等级	IP44	重量	55Kg
年月编号××电机厂					

（2）型号

为不同用途和不同工作环境的需要，电机制造厂把电动机制成各种系列，每个系列的不同电动机用不同的型号表示，如表5-2所示。

表5-2 型号

Y	315	S	6
三相异步电动机	机座中心高 mm	机座长度代号 S：短铁心 M：中铁心 L：长铁心	磁极数

（3）接法

接法指电动机三相定子绕组的联接方式。

一般鼠笼式电动机的接线盒中有六根引出线，标有 U_1、V_1、W_1、U_2、V_2、W_2，其中：

U_1、V_1、W_1 是每一相绕组的始端

U_2、V_2、W_2 是每一相绕组的末端

三相异步电动机的联接方法有两种：星形（Y）联接和三角形（Δ）联接。通常三相异步

电动机功率在 4kW 以下者接成星形；在 4kW（不含）以上者，接成三角形。

（4）电压

铭牌上所标的电压值是指电动机在额定运行时定子绕组上应加的线电压值。一般规定电动机的电压不应高于或低于额定值的 5%。

必须注意：在低于额定电压下运行时，最大转矩 T_{max} 和起动转矩 T_{st} 会显著地降低，这对电动机的运行是不利的。

三相异步电动机的额定电压有 380V、3000V 及 6000V 等多种。

（5）电流

铭牌上所标的电流值是指电动机在额定运行时定子绕组的最大线电流允许值。

当电动机空载时，转子转速接近于旋转磁场的转速，两者之间相对转速很小，所以转子电流近似为零，这时定子电流几乎全为建立旋转磁场的励磁电流。当输出功率增大时，转子电流和定子电流都随着相应增大。

（6）功率与效率

铭牌上所标的功率值是指电动机在规定的环境温度下，在额定运行时电极轴上输出的机械功率值。输出功率与输入功率不等，其差值等于电动机本身的损耗功率，包括铜损、铁损及机械损耗等。

所谓效率η就是输出功率与输入功率的比值。一般鼠笼式电动机在额定运行时的效率约为 72%～93%。

（7）功率因数

因为电动机是电感性负载，定子相电流比相电压滞后一个φ角，cosφ就是电动机的功率因数。三相异步电动机的功率因数较低，在额定负载时约为 0.7～0.9，而在轻载和空载时更低，空载时只有 0.2～0.3。

选择电动机时应注意其容量，防止"大马拉小车"，并力求缩短空载时间。

（8）转速

电动机额定运行时的转子转速，单位为转/分。

不同的磁极数对应有不同的转速等级。最常用的是四个级的（n0=1500r/min）。

（9）绝缘等级

绝缘等级是按电动机绕组所用的绝缘材料在使用时容许的极限温度来分级的。所谓极限温度是指电机绝缘结构中最热点的最高容许温度。如表 5-3 所示。

表 5-3 绝缘等级

绝缘等级	环境温度 40℃时的容许温升	极限允许温度
A	65℃	105℃
E	80℃	120℃
B	90℃	130℃

二、三相交流异步电动机的构造

三相交流异步电动机的两个基本组成部分为定子（固定部分）和转子（旋转部分）。此外还有端盖、风扇等附属部分，如图 5-36 所示。

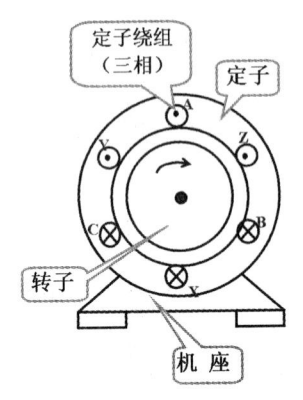

图 5-36 三相交流异步电动机的结构示意图

（1）定子

三相交流异步电动机的定子由三部分组成：如表 5-5 所示。

表 5-4 定子

定子	定子铁心	由厚度为 0.5mm 的，相互绝缘的硅钢片叠成，硅钢片内圆上有均匀分布的槽，其作用是嵌放定子三相绕组 AX、BY、CZ。
	定子绕组	三组用漆包线绕制好的，对称地嵌入定子铁心槽内的相同的线圈。这三相绕组可接成星形或三角形。
	机座	机座用铸铁或铸钢制成，其作用是固定铁心和绕组

（2）转子

三相交流异步电动机的转子由三部分组成：如表 5-5 所示。

表 5-5 转子

转子	转子铁心	由厚度为 0.5mm 的，相互绝缘的硅钢片叠成，硅钢片外圆上有均匀分布的槽，其作用是嵌放转子三相绕组。
	转子绕组	转子绕组有两种形式： 鼠笼式 -- 鼠笼式异步电动机。 绕线式 -- 绕线式异步电动机。
	转轴	转轴上加机械负载

鼠笼式电动机由于构造简单，价格低廉，工作可靠，使用方便，成为了生产上应用得最广泛的一种电动机。

为了保证转子能够自由旋转，在定子与转子之间必须留有一定的空气隙，中小型电动机的空气隙约在 0.2~1.0mm 之间。

项目六　继电器控制线路的安装与调试

学习目标

继电器控制线路的安装与调试，是楼宇及工矿企业电动机控制中最简单最基本的内容，也是电气职业人员必须掌握的一项基本功。熟悉基本的常用电工工具的使用，掌握常用低压电气元件的使用方法及电动机控制电路的安装与调试，掌握电气原理图的绘制规则和能读懂简单的电气原理图，是从事电类行业的基础。

任务一　常用低压电器

能力目标

1. 能用万用表测量三相交流电压；
2. 会使用万用表测量低压元器件各触点的通断情况；
3. 会使用万用表判别低压元器件的好坏。

知识目标

1. 了解低压元器件基本知识；
2. 掌握万用表的使用方法。

技能训练　常用低压电器的检测

一、实训前的准备工作

1. 知识准备
（1）低压元件的相关知识；
（2）熟练地读懂低压元件的电子符号。
2. 材料准备
（1）所学低压元件 1 套/组。
（2）指针式万用表（MF47）或数字式万用表各 1 个/组。
（3）Φ15 的线管 25 米/组，1.5mm^2 导线 200 米/组，2.5mm^2 导线 50 米/组。

二、实训过程
请同学们按照实训任务单卡要求完成实训内容，完成后将任务单卡沿着虚线撕下上交。

三、实训注意事项
（1）实训分组进行，实训期间，请学生严格执行本专业的安全操作规程。

（2）在实训操作前，请认真学习实训任务内容，明确实训目的、实训步骤和安全注意事项。应认真检查本组仪器、设备及电子元器件状况，若发现缺损或异常现象，应立即报告指导教师或实训室管理人员处理。

（3）学生在实训过程中使用的实训设备，人为损坏或丢失的将追究其责任。

（4）水杯不得放到实训台面，防止漏水触电。

（5）人离开实训室前要断掉电源总闸，养成良好的安全习惯。

（6）严禁带电操作。

学 习 任 务 单 卡

| 班级： | | 组别： | | 学号： | | 姓名： | | 实训日期： | |

课程信息	课程名称	教学单元	本次课训练任务	学时	实训地点
	电工普训	常用低压电器	常用低压电器的检测	2节	

任务描述	

<table>
<tr><td rowspan="20">学做过程记录</td><td colspan="2" align="center">任务接触器、热继电器、按钮开关等低压器件测试</td></tr>
<tr><td colspan="2">实训内容及步骤

1. 接触器等器件的外观检查

通过目力观察和手动的方法来检查接触器等器件的装配质量。开关、热继电器等器件的塑料表面应光滑平整、无明显斑痕、划痕，颜色同封装样品一致。注意铭牌标志。

2. 接触器等器件的质量检查

用万用表检查开关、接触器、热继电器的通断是否良好。触点应接触良好，按键应灵活、无卡滞现象，按键动作应清晰有手感。根据铭牌数据，判断接触器等元件的选用是否合理。
</td></tr>
<tr><td colspan="2">

元器件名称	型号规格	额定电压	额定电流	触电个数	外观
按钮开关					
接触器					
热继电器					

</td></tr>
<tr><td colspan="2">3. 根据结构特征，了解各低压元件的工作原理。</td></tr>
<tr><td colspan="2">【教师现场评价：完成□，未完成□】</td></tr>
</table>

项目六　继电器控制线路的安装与调试

学做过程记录	思考题
	1．接触器的工作原理是什么？
	2．热继电器的工作原理是什么？
教师评价	A□　　B□　　C□　　D□　　教师签名：
学生建议	

知识链接　几种常用的低压电器

低压电器是指工作在直流 1200V、交流 1000V 以下的各种电器，按动作性质可分为手动电器和自动电器两种。下面先介绍继电—接触器控制系统中最常用的几种低压电器。

一、刀开关

刀开关是一种手动电器，用来接通和断开电路，刀开关可分为开启式负荷开关、封闭式负荷开关、组合开关、熔断器式刀开关等。

1. 开启式负荷开关（闸刀开关）

开启式负荷开关又称闸刀开关，是结构最简单的手动电器，如图 6-1（a）所示，由静插座、手柄、动触刀、铰链支座和绝缘底板组成。刀开关在低压电路中用于不频繁接通和分断电路，或用来将电路与电源隔离。

按极数不同刀开关分单极（单刀）、双极（双刀）和三极（三刀）三种，单刀和三刀在电路图中的符号如图 6-1（b）所示。

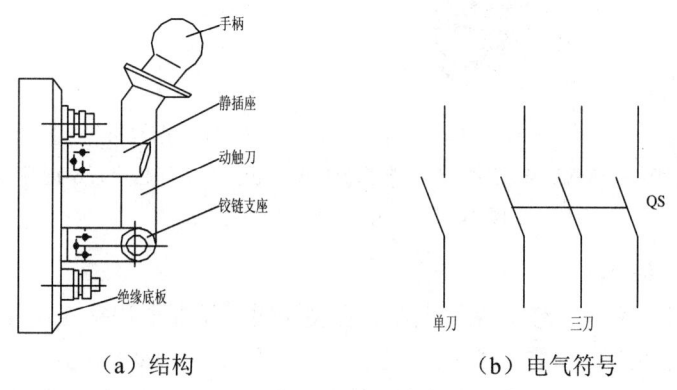

（a）结构　　　　　　（b）电气符号

图 6-1　开启式负荷开关的基本结构及电气符号

2. 封闭式负荷开关（铁壳开关）

封闭式负荷开关又称铁壳开关，其结构如图 6-2 所示。它与闸刀开关基本相同，但在铁壳开关内装有速断弹簧，它的作用是使闸刀快速接通和断开，以消除电弧。另外，在铁壳开关内还设有联锁装置，即在闸刀处于闭合状态时，开关盖不能开启，以保证安全。铁壳开关的型号有 HH10、HH11 等系列。

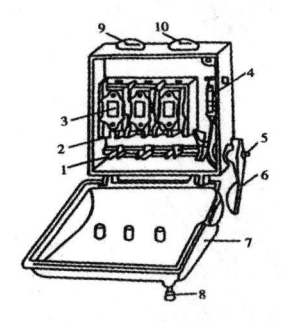

1-U 形动触刀；2-静夹座；3-瓷插式熔断器；4-速断弹簧；5-转轴；6-操作手柄；
7-开关盖；8-开关盖锁紧螺栓；9-进线孔；10-出线孔

图 6-2　封闭式负荷开关的结构图

3. 组合开关

组合开关又称转换开关，是手动控制电器。它是一种凸轮式的作旋转运动的刀开关。组合开关主要用于电源引入或 5.5kW 以下电动机的直接起动、停止、反转、调速等场合。按极数不同，组合开关有单极、双极、三极和多极结构，常用的为 HZ10 系列组合开关。HZ10 系列组合开关的结构及图形符号如图 6-3 所示。

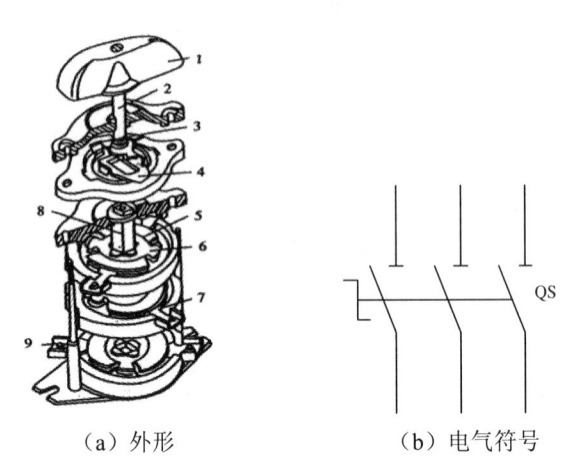

（a）外形　　　　（b）电气符号

1-手柄；2-转轴；3-弹簧；4-凸轮；5-绝缘垫板；6-动触点；7-静触点；8-绝缘方轴；9-接线柱

图 6-3　HZ10 系列组合开关结构图

二、熔断器（保险丝）

熔断器是一种最简单有效的保护电器。在使用时，熔断器串接在所保护的电路中，作为电路及用电设备的短路和严重过载保护，主要用作短路保护。熔断器主要由熔体（俗称保险丝）和安装熔体的熔管（或熔座）两部分组成。熔体由易熔金属材料铅、锌、锡、银、铜及其合金制成，通常制成丝状和片状。熔管是装熔体的外壳，由陶瓷、绝缘钢纸制成，在熔体熔断时兼有灭弧作用。

熔断器可分为瓷插式熔断器、螺旋式熔断器、管式熔断器。

1. 瓷插式熔断器

瓷插式熔断器结构如图 6-4 所示。因为瓷插式熔断器具有结构简单、价廉、外形小、更换熔丝方便等优点，所以被广泛地用于中、小容量的控制系统中，瓷插式熔断器的型号为 RC1A 系列。

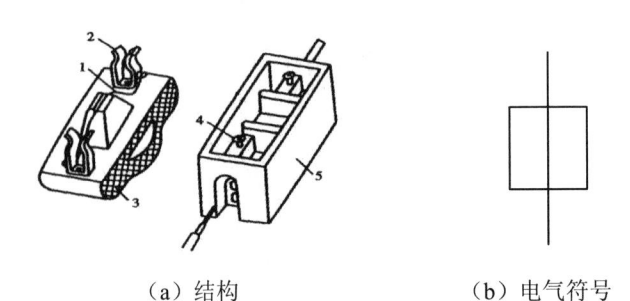

（a）结构　　　　（b）电气符号

1-熔丝；2-动触点；3-瓷盖；4-静触点；5-瓷体

图 6-4　瓷插式熔断器

2. 螺旋式熔断器

螺旋式熔断器的外形和结构如图 6-5 所示。在熔断管内装有熔丝，并填充石英砂，做熄灭电弧之用。熔断管口有色标，以显示熔断信号。当熔断器熔断时，色标被反作用弹簧弹出后自动脱落，通过瓷帽上的玻璃窗口可看见。螺旋式熔断器型号有 RL1、RL7 系列。

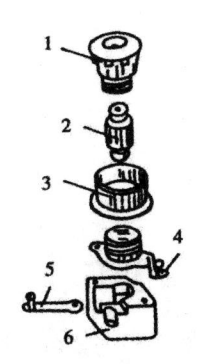

1-瓷帽；2-熔断管；3-瓷套；4-上接线盒；5-下接线盒；6-瓷座

图 6-5　螺旋式熔断器

3. 管式熔断器

管式熔断器分为有填料式和无填料式两类。有填料管式熔断器的结构如图 6-6 所示。有填料管式熔断器是一种分断能力较大的熔断器，主要用于要求分断较大电流的场合。常用的型号有 RT12、RT14、RT15、RT17 等系列。

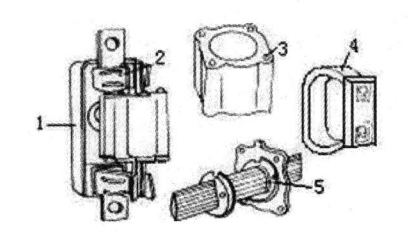

（a）无填料封闭管式熔断器　　　　　　（b）有填料封闭管式熔断器
1-铜圈；2-熔断管；3-管帽；4-插座；　　1-瓷底座；2-弹簧片；3-管体；
5-特殊垫圈；6-熔体；7-熔片　　　　　　4-绝缘手柄；5-熔体

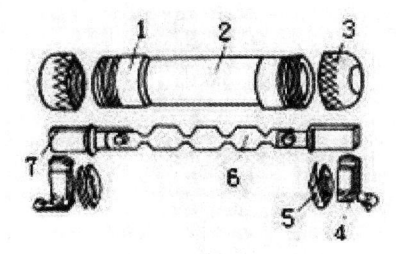

图 6-6　管式熔断器

在照明和电热电路中选用的熔体额定电流应等于或略大于保护设备的额定电流，而保护电动机的熔体为了防止在起动时被熔断，又能在短路时尽快熔断，一般可选用熔体的额定电流约等于电动机额定电流的 1.5～2.5 倍。

三、按钮

按钮又称控制按钮，也是一种简单的手动开关，通常用于发出操作信号，接通或断开电流较小的控制电路，以控制电流较大的电动机或其他电气设备的运行。

按钮的结构和图形符号如图 6-7 所示，它由按钮帽、动触点、静触点和复位弹簧等构成。将按钮帽按下时，下面一对原来断开的静触点被桥式动触点接通，以接通某一控制电路；而上面一对原来接通的静触点则被断开，以断开另一控制回路。手指放开后，在弹簧的作用下触点立即恢复原态。原来接通的触点称为常闭触点，原来断开的触点称为常开触点。因此，当按下按钮时，常闭触点先断，常开触点后通；而松开按钮时，常开触点先断，常闭触点后通。

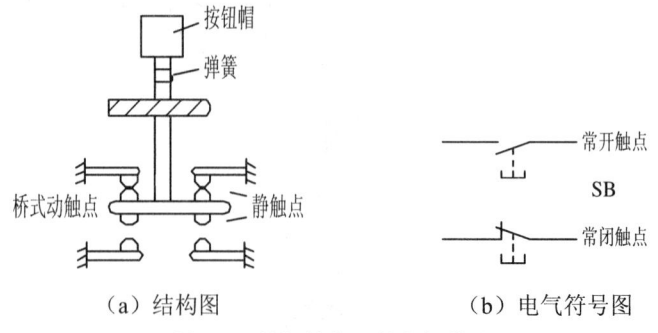

图 6-7 按钮结构及其电气符号

为了标明各个按钮的作用，避免误操作，通常将按钮帽做成不同的颜色，以示区别。按钮帽的颜色有红、绿、黑、黄、蓝等，一般用红色表示停止按钮，绿色表示起动按钮。

四、交流接触器

交流接触器是利用电磁吸力来接通和断开电动机或电源到负载的主电路的自动电器。图 6-8 是交流接触器的主要结构及图形符号。交流接触器主要由电磁铁和触点两部分组成，当电磁铁线圈通电后，吸住动铁心（也称衔铁），使常开触点闭合，因而把主电路接通。电磁铁断电后，靠弹簧反作用力使动铁心释放，切断主电路。

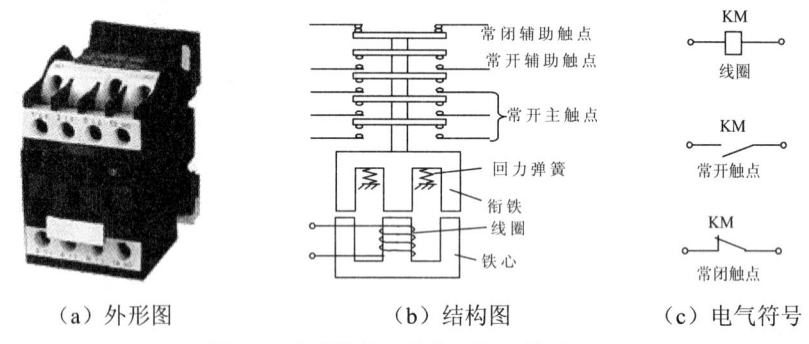

图 6-8 交流接触器结构及图形符号

交流接触器的触点分为两类，一类接在电动机的主电路中，通过的电流较大，称为主触点；另一类接在控制电路中，通过的电流较小，称为辅助触点。

主触点断开瞬间，触点间会产生电弧烧坏触点，因此交流接触器的动触点都做成桥式，有两个断点，以降低当触点断开时加在断点上的电压，使电弧容易熄灭。在电流较大的接触器的主触点上还专门装有灭弧罩，其外壳由绝缘材料制成，里面的平行薄片使三对主触点相互隔开，其作用是将电弧分割成小段，使之容易熄灭。

为了减小磁滞及涡流损耗，交流接触器的铁心由硅钢片叠成。此外，由于交流电在一个周期内有两次过零点，当电流为零时，电磁吸力也为零，使动铁心振动，噪声大。为了消除这一现象，在交流接触器铁心的端面一部分嵌有短路环。

在选用接触器时，应注意它的额定电流、线圈电压及触点数量等。接触器的额定电压是指吸引线圈的额定电压，额定电流是指主触点的额定电流。

五、继电器

继电器是一种根据外来电信号来接通或断开电路，以实现对电路的控制和保护作用的自动切换电器。继电器一般不直接控制主电路，而反映的是控制信号。继电器的种类很多，根据用途可分为控制继电器和保护继电器；根据反映的信号不同可分为电压继电器、电流继电器、中间继电器、时间继电器、热继电器、速度继电器、温度继电器和压力继电器等。下面介绍其中的几种。

1. 热继电器

电动机在工作时，当负载过大、电压过低或发生一相断路故障时，电动机的电流都要增大，其值往往超过额定电流。如果超过不多，电路中熔断器的熔体不会熔断，但时间长了会影响电动机的寿命，甚至烧毁电动机，因此需要有过载保护。热继电器用于电动机的过载保护，是利用电流热效应使双金属片受热后弯曲，通过联动机构使触点动作的自动电器。图 6-9 是热继电器的结构及图形符号。

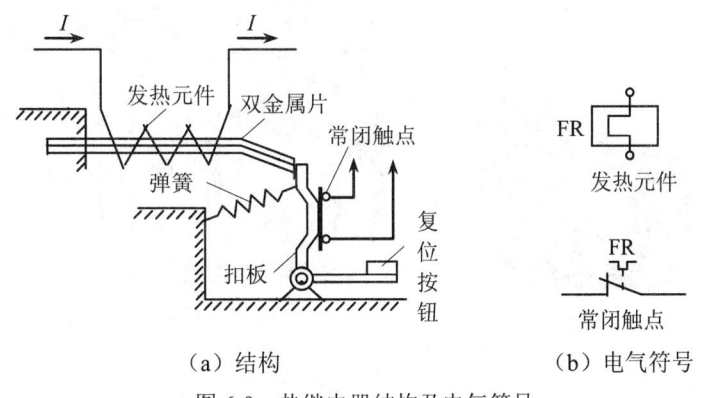

图 6-9 热继电器结构及电气符号

热继电器由发热元件、双金属片、触点及一套传动和调整机构组成。发热元件是一段阻值不大的电阻丝，串接在被保护电动机的主电路中。双金属片由两种不同热膨胀系数的金属片辗压而成。图中所示的双金属片，下层一片的热膨胀系数大，上层的小。当电动机过载时，通过发热元件的电流超过整定电流，双金属片受热向上弯曲脱离扣板，使常闭触点断开。由于常闭触点是接在电动机的控制电路中的，它的断开会使得与其相接的接触器线圈断电，从而接触器主触点断开，电动机的主电路断电，实现了过载保护。

热继电器动作后，双金属片经过一段时间冷却，按下复位按钮即可复位。热继电器的主要技术数据是整定电流。整定电流是指长期通过发热元件而不致使热继电器动作的最大电流。当发热元件中通过的电流超过整定电流值的 20% 时，热继电器应在 20 分钟内动作。热继电器的整定电流大小可通过整定电流旋钮来改变。选用和整定热继电器时一定要使整定电流值与电动机的额定电流一致。

由于热继电器是间接受热而动作的，热惯性较大，因而即使通过发热元件的电流短时间内超过整定电流几倍，热继电器也不会立即动作。只有这样，在电动机起动时热继电器才不会因起动电流大而动作，否则电动机将无法起动。反之，如果电流超过整定电流不多，但时间一长也会动作。由此可见，热继电器与熔断器的作用是不同的，热继电器只能作过载保护而不能作短路保护，而熔断器则只能作短路保护而不能作过载保护。在一个较完善的控制电路中，特别是容量较大的电动机中，这两种保护都应具备。

2. 时间继电器

在生产中，经常需要按一定的时间间隔来对生产机械进行控制。例如，电动机的降压起动需要一定的时间，然后才能加上额定电压；在一条自动线中的多台电动机，常需要分批起动，在第一批电动机起动后，需经过一定时间才能起动第二批。这类自动控制称为时间控制。时间控制通常是利用时间继电器来实现的。

时间继电器是一种利用电磁原理或机械动作原理实现触头延时接通或断开的自动控制电器，其种类很多，常用的有电磁式、空气阻尼式、电动式和晶体管式等。这里仅介绍通电延时的空气阻尼式时间继电器。

空气阻尼式时间继电器是利用空气阻尼原理获得延时的，它由电磁机构、延时机构、触头三部分组成，其外形及结构如图6-10所示。

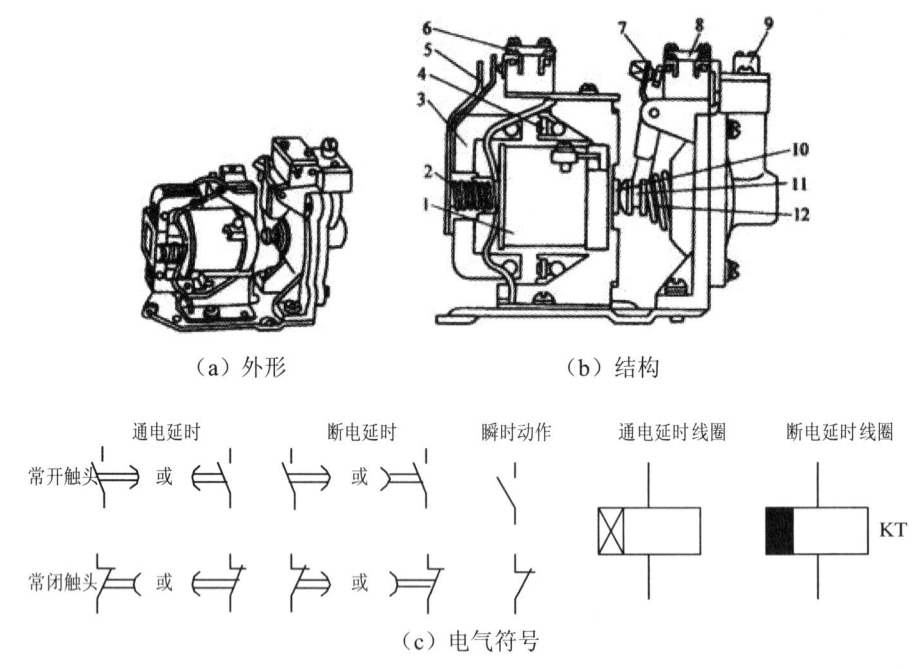

（a）外形　　　　　（b）结构

（c）电气符号

1-线圈；2-反力弹簧；3-衔铁；4-铁芯；5-弹簧片；6-瞬时触点；7-杠杆；
8-延时触点；9-调节螺丝；10-推板；11-推杆；12-宝塔弹簧

图6-10　空气阻尼式时间继电器结构图

图6-11是通电延时的空气阻尼式时间继电器的结构和触头符号。线圈1通电后，吸下动铁心2，活塞3因失去支撑，在释放弹簧4的作用下开始下降，带动伞形活塞5和固定在其上的橡皮膜6一起下移，在膜上面造成空气稀薄的空间，活塞由于受到下面空气的压力，只能缓慢下降。经过一定时间后，杠杆8才能碰触微动开关9，使常闭触点断开，常开触点闭合。可见，从电磁线圈通电开始到触点动作为止，中间经过一定的延时，这就是时间继电器的延时作用。延时长短可以通过螺钉10调节进气孔的大小来改变。空气阻尼式时间继电器的延时范围较大，可达0.4~180s。

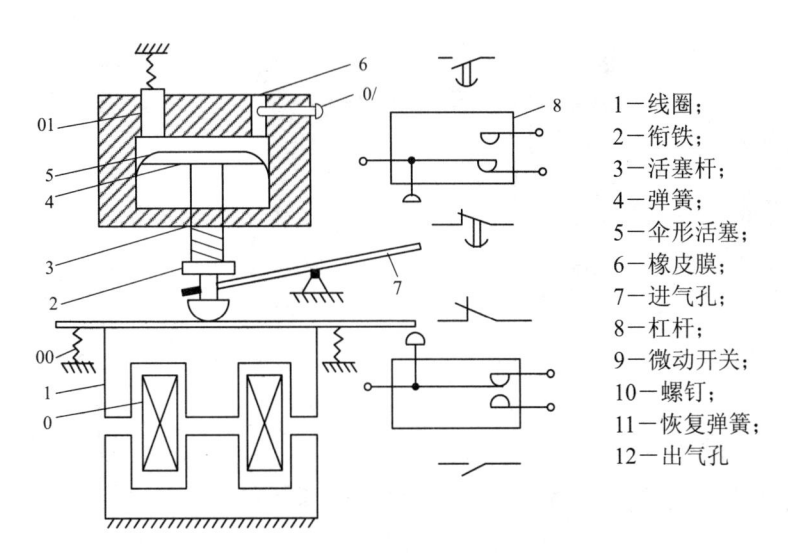

```
1—线圈；
2—衔铁；
3—活塞杆；
4—弹簧；
5—伞形活塞；
6—橡皮膜；
7—进气孔；
8—杠杆；
9—微动开关；
10—螺钉；
11—恢复弹簧；
12—出气孔
```

图 6-11　通电延时的空气阻尼式时间继电器

当电磁线圈断电后，活塞在恢复弹簧 11 的作用下迅速复位，气室内的空气经由出气孔 12 及时排出，因此，断电不延时。

3. 速度继电器

速度继电器主要用作笼型异步电动机的反接制动控制，所以也称反接制动继电器。它主要由转子、定子和触头三部分组成。转子是一个圆柱形永久磁铁，定子是一个笼形空心圆环，由硅钢片叠成，并装有笼型绕组。图 6-12 为速度继电器外形和结构示意图。

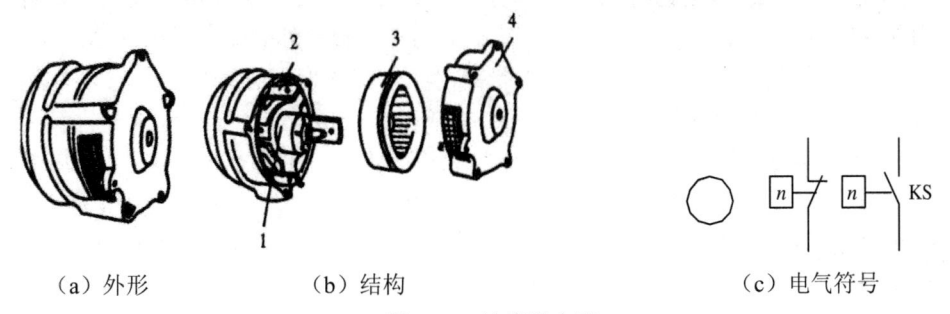

（a）外形　　　　（b）结构　　　　（c）电气符号

图 6-12　速度继电器

速度继电器工作原理：速度继电器转子的轴与被控电动机的轴相连接，而定子空套在转子上。当电动机转动时，速度继电器的转子随之转动，定子内的短路导体便切割磁场，产生感应电动势，从而产生电流。此电流与旋转的转子磁场作用产生转矩，于是定子开始转动。当转到一定角度时，装在定子轴上的摆锤推动簧片动作，使常闭触头分断，常开触头闭合。当电动机转速低于某一值时，定子产生的转矩减小，触头在弹簧作用下复位。

六、行程开关

行程开关又称限位开关，是一种利用生产机械某些运动部件的碰撞来发出控制指令的自动电器，用于控制生产机械的运动方向、行程大小或位置保护等。

行程开关的种类很多，但其结构基本一样，不同的仅是动作的传动装置。图 6-13 为行程开关的外形图。

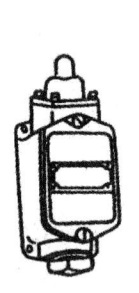

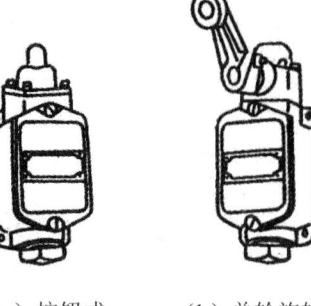

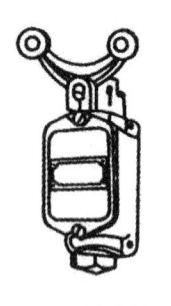

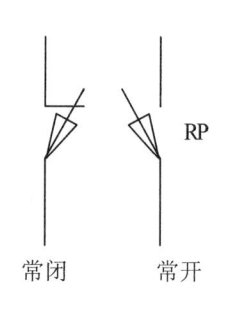

(a) 按钮式　　　(b) 单轮旋转式　　　(c) 双轮旋转式　　　(d) 电气符号

图 6-13　行程开关外形图

从结构上来看，行程开关可分为三部分：操作机构、触点系统、外壳，其中单轮旋转式和按钮式行程开关可自动复位，而双轮旋转式行程开关不能自动复位，这是因为双轮旋转式行程开关无复位弹簧，它需要两个方向的撞块来回撞击，才能重复工作。

七、低压断路器

低压断路器又称自动空气开关、自动空气断路器或自动开关，它是一种半自动开关电器。当电路发生严重过载、短路以及失压等故障时，低压断路器能自动切断故障电路，有效保护串接在它后面的电气设备。在正常情况下，低压断路器也可用于不频繁接通和断开的电路及控制电动机。

低压断路器的保护参数可以人为整定，使用安全、可靠、方便，是目前使用最广泛的低压电器之一。

低压断路器按其用途和结构特点可分为框架式低压断路器、塑料外壳式低压断路器、直流快速低压断路器和限流式低压断路器等。下面主要介绍塑料外壳式低压断路器。

塑料外壳式低压断路器又称装置式低压断路器或塑壳式低压断路器，一般用作配电线路的保护开关、电动机及照明线路的控制开关等。其外形如图 6-14 所示，它主要由触头系统、灭弧装置、自动与手动操作机构、外壳、脱扣器等部分组成。根据功能的不同，低压断路器所装脱扣器主要有电磁脱扣器（用于短路保护）、热脱扣器（用于过载保护）、失压脱扣器、过励脱扣器以及由电磁和热脱扣器组合的复式脱扣器等。脱扣器是低压断路器的重要部分，可人为整定其动作电流。

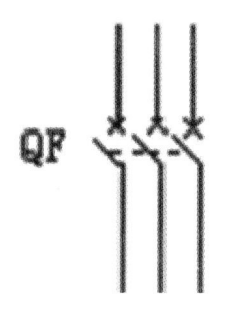

(a) 外形　　　(b) 电气符号

图 6-14　常用塑壳式低压断路器外形

塑壳式低压断路器工作原理如图 6-15 所示。其中，触头 2 合闸时，与转轴相连的锁扣扣住跳扣 4，使弹簧 1 受力而处于储能状态。正常工作时，热脱扣器的发热元件 10 温升不高，不会使双金属片弯曲到顶动 6 的程度；电磁脱扣器 13 的线圈磁力不大，不能吸住 12 去拨动 6，开关处于正常供电状态。如果主电路发生过载或短路，电流超过热脱扣器或电磁脱扣器动作电流时，双金属片 11 或衔铁 12 将拨动连杆 6，使跳扣 4 被顶离锁扣 3，弹簧 1 的拉力使触头 2 分离切断主电路。当电压失压和低于动作值时，线圈 9 的磁力减弱，衔铁 8 受弹簧 7 拉力向上移动，顶起 6 使跳扣 4 与锁扣 3 分开切断回路，起到失压保护作用。

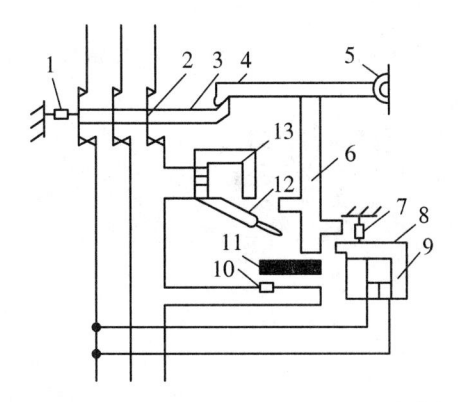

1、7—弹簧；2—触头；3—锁扣；
4—跳扣；5—转轴；6—连杆；
8、12—衔铁；9—线圈；10—发热元件；
11—双金属片；13—电磁脱扣器

图 6-15　DZ 壳式低压断路器工作原理

任务二　基本控制线路的安装与调试

能力目标

1. 掌握三相异步电动机的基本控制；
2. 能根据实际情况设计简单的控制电路。

知识目标

1. 了解常用低压电器的结构、功能和用途；
2. 掌握电气原理图的绘制规则和能读懂简单的电气原理图。

技能训练 1　单向连续运行控制电路

一、实训前的准备工作

1. 知识准备

（1）低压元件的相关知识；

（2）熟练地读懂低压元件的电子符号。

2. 材料准备

（1）空气开关、交流接触器（380V）、热继电器、按钮、三相交流异步电动机。

（2）指针式万用表（MF47）或数字式万用表各 1 个/组。

（3）Φ15 的线管 25 米/组，1.5mm^2 导线 200 米/组，2.5mm^2 导线 50 米/组。

二、实训过程

请同学们按照实训任务单卡要求完成实训内容，完成后将任务单卡沿着虚线撕下上交。

三、实训注意事项

（1）实训分组进行，实训期间，请学生严格执行本专业的安全操作规程。

（2）在实训操作前，请认真学习实训任务内容，明确实训目的、实训步骤和安全注意事项。应认真检查本组仪器、设备及电子元器件状况，若发现缺损或异常现象，应立即报告指导教师或实训室管理人员处理。

（3）学生在实训过程中使用的实训设备，人为损坏或丢失的将追究其责任。

（4）水杯不得放到实训台面，防止漏水触电。

（5）人离开实训室前要断掉电源总闸，养成良好的安全习惯。

（6）严禁带电操作。

学 习 任 务 单 卡

班级：　　　　　组别：　　　　　学号：　　　　　姓名：　　　　　实训日期：

课程信息	课程名称	教学单元	本次课训练任务		学时	实训地点
	电工普训	基本控制线路的安装与调试	任务1　三相异步电动机的点动控制电路的安装调试		2节	电工技术实训室
			任务2　三相异步电动机的长动控制电路的安装调试		2节	
任务描述	把电气原理图变换成安装接线图；对方电动机实现点动控制、长动控制接线、调试，并成功运行					
学做过程记录	**任务1　三相异步电动机的点动控制电路的安装** 实训步骤： 1. 选用与检测元器件。 根据以下电气原理图（图1）选用要用的元器件，检测元器件的好坏；并写出元器件的名称。 图1　三相异步电动机点动控制电路 图2　三相异步电动机长动控制电路					

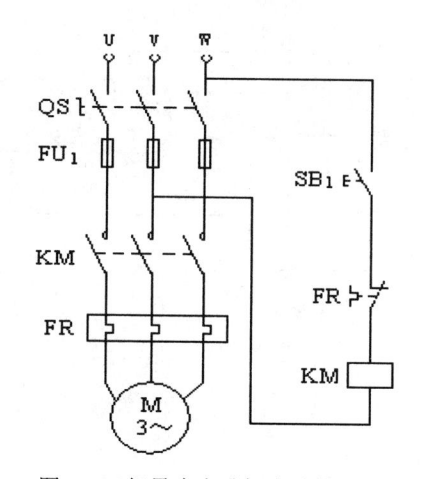

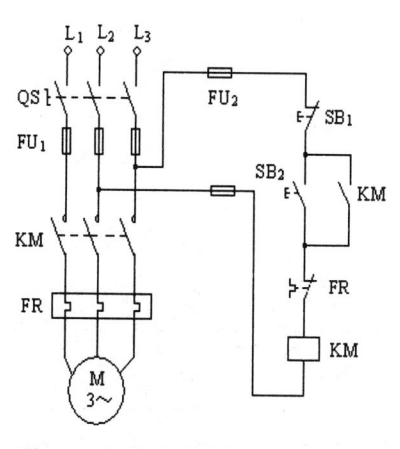

项目六　继电器控制线路的安装与调试　233

<table>
<tr><td rowspan="6">学做过程记录</td><td>2. 根据以上原理图，写出元器件名称。
QS： KM： FU： SB：
【教师现场评价：完成□，未完成□】</td></tr>
<tr><td>任务 2　三相异步电动机的长动控制电路的安装</td></tr>
<tr><td>3. 根据电气原理图（图 2）选用元器件，并检测所要用的元器件的好坏；
QS： KM： FR：
FU1： SB1： SB2：
4. 按图安装线路并调试。
【教师现场评价：完成□，未完成□】</td></tr>
<tr><td>思考题</td></tr>
<tr><td>图 3 所示控制电路能否使电动机进行正常点动控制？如果不行，指出可能出现的故障现象？并将其改正。
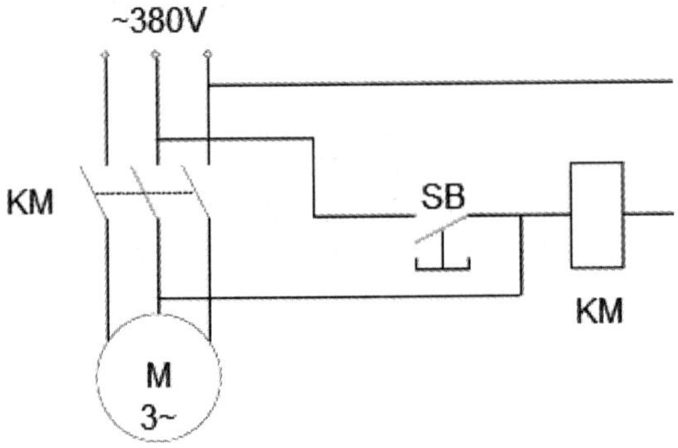

图 3</td></tr>
<tr><td></td></tr>
<tr><td>教师评价</td><td>A□ B□ C□ D□ 教师签名：</td></tr>
<tr><td>学生建议</td><td></td></tr>
</table>

知识链接　电动机电气控制原理图的识读

一、控制线路的结构图和原理图

将各个电器都按照其实际位置画出，属于同一电器的各部分都集中在一起，这样的图称为控制线路的结构图。这种画法比较容易识别电器，便于安装和检修。但当线路比较复杂和使用的电器较多时，线路便不容易看清楚。因为同一电器的各部件在机械上虽然连在一起，但是在电路上并不一定互相关联。因此，为了读图和分析研究，也为了设计线路的方便，控制线路常根据其作用原理画出，把控制电路和主电路清楚地分开。这样的图称为控制线路的原理图。

图 6-16 是控制线路的结构图。其原理是三相电源通过闸刀开关、熔断器、接触器常开触点、热继电器发热元件接至电动机。这部分称为主电路。主电路电流大，功率大。控制电路是由按钮 SB、接触器线圈 KM、热继电器常闭接点 K 串联后，由 1、2 两点接电源。控制电路电流小、功率小。

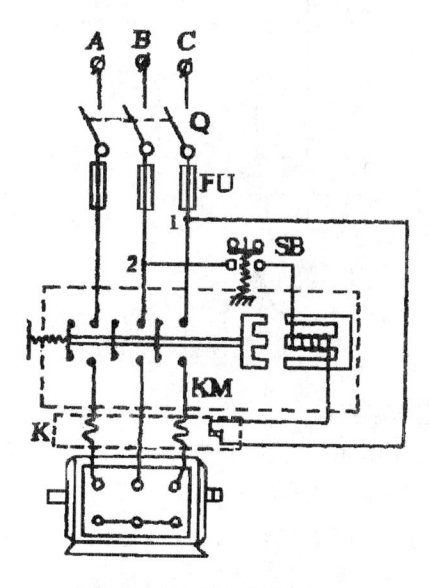

图 6-16　控制线路的结构图

二、电气原理图绘制的基本规则

（1）原理图中，所有电动机、电器等元件都应采用国家统一规定的图形符号和文字符号来表示。属于同一电器的线圈和触点，都要用同一文字符号表示。当使用相同类型电器时，可在文字符号后加注阿拉伯数字序号来区分。

（2）原理图一般分主电路和辅助电路两部分画出。主电路就是从电源到电动机绕组的大电流通过的路径。辅助电路包括控制回路、照明电路、信号电路及保护电路等，一般由继电器的线圈和触点、接触器的线圈和触点、按钮、照明灯、信号灯、控制变压器等电气元件组成。一般主电路用粗实线表示，画在左边（或上部）；辅助电路用细实线表示，画在右边（或下部）。

（3）原理图中，各电气元件的导电部件如线圈和触点的位置，应根据便于阅读和分析的原则来安排，绘在它们完成作用的地方。同一电气元件的各个部件可以不画在一起。

（4）原理图中，所有电器触点都按没有通电或没有外力作用时的开闭状态画出。如继电器、接触器的触点，按线圈未通电时的状态画；按钮、行程开关的触点按不受外力作用时的状态画；控制器按手柄处于零位时的状态画等。

（5）原理图中，有直接电联系的交叉导线的连接点，要用黑圆点表示。无直接电联系的交叉导线，交叉处不能画黑圆点。

（6）原理图中，无论是主电路还是辅助电路，各电气元件一般应按动作顺序从上到下、从左到右依次排列，可水平或垂直布置。

在上述原则的基础上，就可把图 6-16 画成如图 6-17 所示原理图。

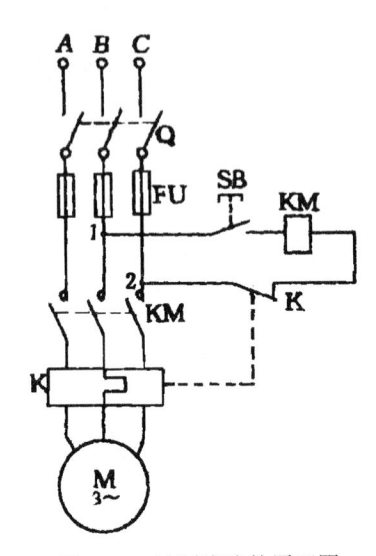

图 6-17 控制线路的原理图

三、三相异步电动机的基本控制

三相笼型异步电动机的结构简单、价格便宜，维修和维护都较方便，所以在生产机械中应用较为广泛。电动机的起动控制方式有直接起动和降压起动两种。在起动时，加在电动机定子绕组上的电压是额定电压的，都属于直接起动（或称全压起动）。直接起动的优点是电气设备少，电路简单、可靠、经济，维修和维护方便。但直接起动的起动电流一般为额定电流的 5~7 倍，会影响到同一电网其他设备的工作。所以直接起动电动机的容量受到一定的限制，可以根据电动机容量、电动机起动次数、电网容量等方面来考虑。一般电动机额定功率在 10kW 以下，均可采用直接起动。当电动机的功率在 10kW 以上时，应采用降压起动。

电器元件在电路中组成基本控制电路，对电动机实现点动控制、正反转控制、行程控制、顺序控制、时间控制等。下面分别介绍这几种基本电路。

1. 点动控制

所谓点动控制，是指按下按钮时电动机动作，放开按钮时，电动机停止工作。生产机械在进行试车和调整时常要求点动控制。

图 6-18 所示为点动控制电路图，它由组合开关 QS、熔断器 FU1、按钮 SB、接触器 KM 和电动机 M 组成。当电动机需要点动时，先合上 QS，再按下 SB，使接触器 KM 的吸引线圈通电，铁心吸合，于是接触器的三对主触头闭合，电动机与电源接通而运转。松开 SB 后，接触器 KM 的线圈失电，动铁心在弹簧力作用下释放复位，主触头 KM 断开，于是电动机就停转。

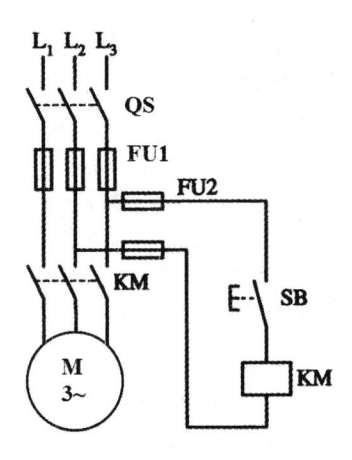

图 6-18　点动控制电路图

2. 起、停控制

大多数生产机械需要连续工作，例如水泵、通风机、机床等，如仍采用点动控制电路，则需要操作人员一直按着按钮来工作，这显然不符合生产实际的要求。为了使电动机在按钮按过以后能保持连续运转，需用接触器的一副常开触头与按钮并联，如图 6-19 所示。

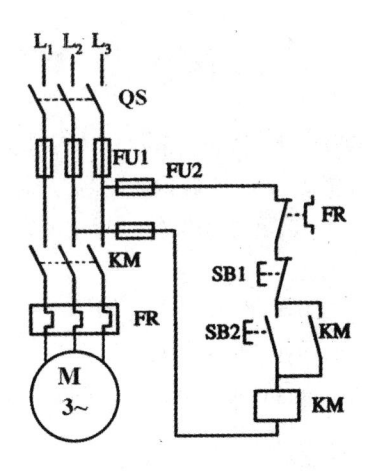

图 6-19　起、停控制

当按下起动按钮 SB$_2$ 以后，接触器线圈 KM 通电，其主触头 KM 闭合，电动机运转。同时辅助触头 KM 也闭合，它给线圈 KM 另外提供了一条通路，因此按钮松开后线圈能保持通电，于是电动机便可连续运行。接触器用自己的常开辅助触头"锁住"自己的线圈电路，这种作用称为自锁，此时该触头称为自锁触头。这时的按钮 SB$_2$ 已不再起点动作用，故改称为起动按钮。另外，电路中还串接了一个停止按钮 SB$_1$，当需要电动机停转时，按下 SB$_1$ 使常闭触头断开，线圈 KM 失电，主触头和自锁触头同时断开，电动机便停转。

在图 6-19 所示的电路中，刀开关 QS 作为隔离开关使用，当需要对电动机或电路进行检查、维修时，用它来隔离电源，确保操作安全。隔离开关一般不能用于带负载切断或接通电源。起动时应先合上 QS，再按起动按钮 SB$_2$；断电时则应先按停止按钮 SB$_1$，再断开 QS。熔断器 FU 在电路中起短路保护作用，一旦发生短路事故，熔丝熔断，切断电源，电动机立即停转。

项目六　继电器控制线路的安装与调试

热继电器 FR 在电路中起过载保护作用，当发生过载事故时，热继电器 FR 的常闭点断开，控制电路断电，交流接触器 KM 线圈断电，其常开主触点断开，电动机停转。

上述电路还具有零压保护和欠压保护，即在停电或电压过低时，接触器线圈的电磁吸力消失或不足，使主触头断开，切断了电动机的电源，同时也使自锁触头断开。而当电源恢复正常时，必须再按起动按钮才能使电动机重新起动。如果使用手动刀开关控制，则当电源恢复时，电动机会自行起动，有可能造成人身和设备事故。

技能训练 2　电动机两地控制电路的安装与调试

一、实训前的准备工作

1. 知识准备

（1）低压元件的相关知识；

（2）熟练地读懂低压元件的电子符号。

2. 材料准备

（1）空气开关、交流接触器（380V）、热继电器、按钮 2 个、三相交流异步电动机。

（2）指针式万用表（MF47）或数字式万用表各 1 个/组。

（3）Φ15 的线管 25 米/组，1.5mm^2 导线 200 米/组，2.5mm^2 导线 50 米/组。

二、实训过程

请同学们按照实训任务单卡要求完成实训内容，完成后将任务单卡沿着虚线撕下上交。

三、实训注意事项

（1）实训分组进行，实训期间，请学生严格执行本专业的安全操作规程。

（2）在实训操作前，请认真学习实训任务内容，明确实训目的、实训步骤和安全注意事项。应认真检查本组仪器、设备及电子元器件状况，若发现缺损或异常现象，应立即报告指导教师或实训室管理人员处理。

（3）学生在实训过程中使用的实训设备，人为损坏或丢失的将追究其责任。

（4）水杯不得放到实训台面，防止漏水触电。

（5）人离开实训室前要断掉电源总闸，养成良好的安全习惯。

（6）严禁带电操作。

学 习 任 务 单 卡

班级：　　　　　组别：　　　　　学号：　　　　　姓名：　　　　　实训日期：

课程信息	课程名称	教学单元	本次课训练任务	学时	实训地点
	电工普训	基本控制线路的安装与调试	电动机两地控制电路的安装与调试	2	电工技术实训室
任务描述	把电气原理图变换成安装接线图；对方电动机实现两地控制接线、调试，并成功运行					

任务 1　三相异步电动机的异地控制电路的安装

实训步骤：

1. 选用与检测元器件

根据以下电气原理图选择要用的元器件，检测元器件的好坏；并写出元器件的名称。

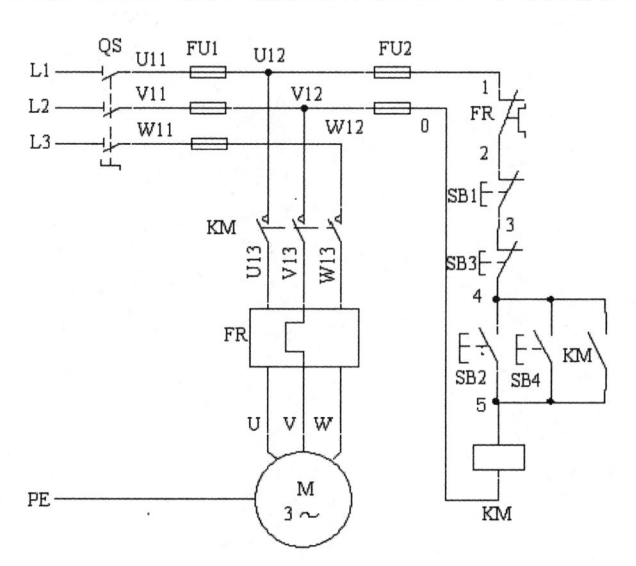

2. 根据以上原理图，写出元器件名称。

　　QS：　　　　KM：　　　　FU：　　　　SB：

3. 思考：完成异地控制的关键是什么？

【教师现场评价：完成□，未完成□】

项目六　继电器控制线路的安装与调试　239

	思考题
学做过程记录	设计一台电机控制电路，要求：该电机能单向连续运行，并且能实现异地控制。有过载、短路保护。
教师评价	A☐　　B☐　　C☐　　D☐　　教师签名：
学生建议	

知识链接　电动机两地控制电路

为达到两地控制的目的，必须在另一个地点再装一组起动和停止按钮。这两组起停按钮接线的方法必须是起动按钮要相互并联，停止按钮要相互串联，见图 6-20。

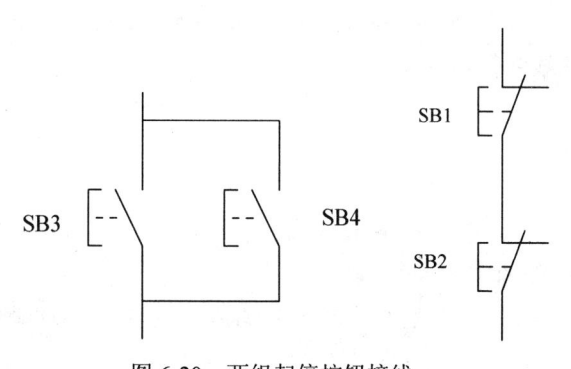

图 6-20　两组起停按钮接线

（一）识别原理图

1．明确线路的构成

由图 6-21 所示三相异步电动机异地控制原理图可以看出，三相交流电源 L1、L2、L3 与低压断路器 QS 组成电源电路；熔断器 FU1、交流接触器 KM 主触点、热继电器 FR 主触点和三相异步电动机 M 构成主电路；熔断器 FU2、热继电器 FR 常闭辅助触点、甲地起动按钮 SB2 和停止按钮 SB1、乙地起动按钮 SB4 和停止按钮 SB3、交流接触器 KM 的线圈和常闭辅助触点组成控制电路。

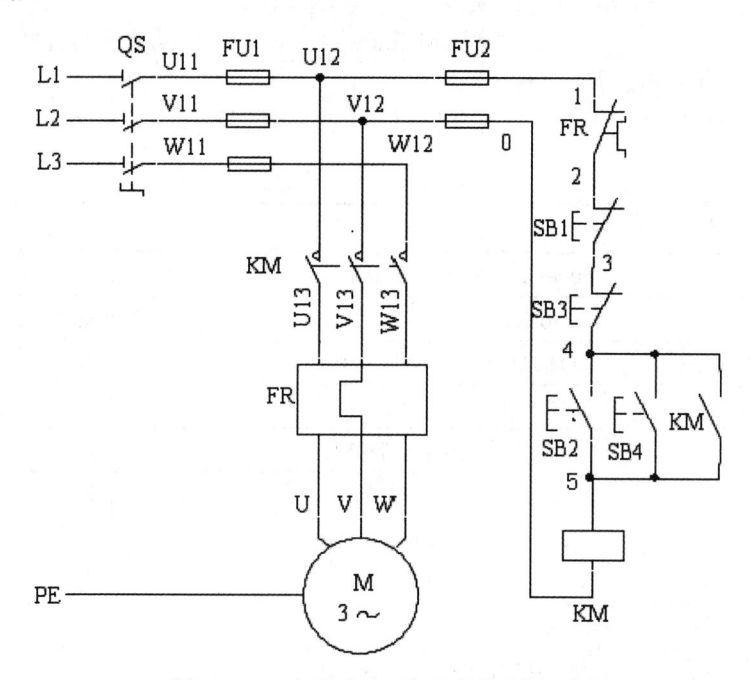

图 6-21　三相异步电动机异地控制原理图

2. 熟悉线路的工作原理

先合上电源开关 QS

（1）甲地控制：

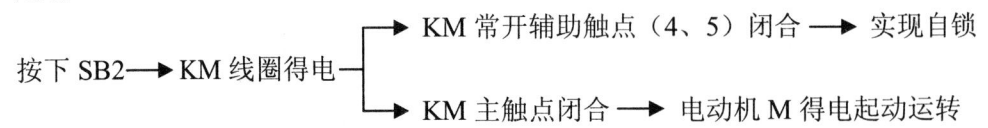

起动

按下 SB2 → KM 线圈得电 →
- → KM 常开辅助触点（4、5）闭合 → 实现自锁
- → KM 主触点闭合 → 电动机 M 得电起动运转

停止：

按下 SB1 → KM 线圈断电 →
- → KM 常开辅助触点（4、5）断开 → 解除自锁
- → KM 主触点断开 → 电动机断电停转

（2）乙地控制：

按下 SB4 → KM 线圈得电 →
- → KM 常开辅助触点（4、5）闭合 → 实现自锁
- → KM 主触点闭合 → 电动机 M 得电起动运转

停止：

按下 SB3 → KM 线圈断电 →
- → KM 常开辅助触点（4、5）断开 → 解除自锁
- → KM 主触点断开 → 电动机断电停转

停止使用时，断开电源开关 QS

根据电动机的规格选配工具、仪表和器材，并进行质量检验，见表 6-1。

表 6-1　工具、仪表和器材

序号	名称	型号与规格	单位	数量	代号
1	配线板	600mm×450mm×20mm	块	1	
2	行线槽	TC3025	条	6	
3	三相异步电动机	AO2 7114T，250W、380V、△接法	台	1	M
4	低压断路器	DZ5-20/330	个	1	QS
5	交流接触器	CJ10-10，线圈电压 380V	只	1	KM
6	热继电器	JR36-20/3D，整定电流 3A	只	1	FR
7	熔断器、熔芯	RL1-15/380V、15A	套	3	FU1
8	熔断器、熔芯	RL1-15/380V、2A	套	2	FU2
9	按钮盒		个	2	SB
10	接线端子排	JX2-1020，500V、10A、20 节	条	1	XT
11	快丝	φ3×25	个	32	

续表

序号	名称	型号与规格	单位	数量	代号
12	记号笔	自定	支	1	
13	塑料软铜线	BVR-0.75mm^2，颜色自定	m	10	
14	异型管	Φ3.5mm	m	0.3	
15	三相四线电源	～3×380/220V、20A	处	1	
16	电工工具	钢锯、米尺、剥线钳、偏口钳、尖嘴钳、验电笔、小号一字改锥、小号十字改锥、小磁性一字、十字改锥等	套	1	
17	万用表	MF500	块	1	
18	劳保用品	绝缘鞋、工作服	套	1	

（二）安装步骤及工艺要求

1. 安装元件

（1）按图6-22所示布置图在配线板上安装行线槽和电器元件。

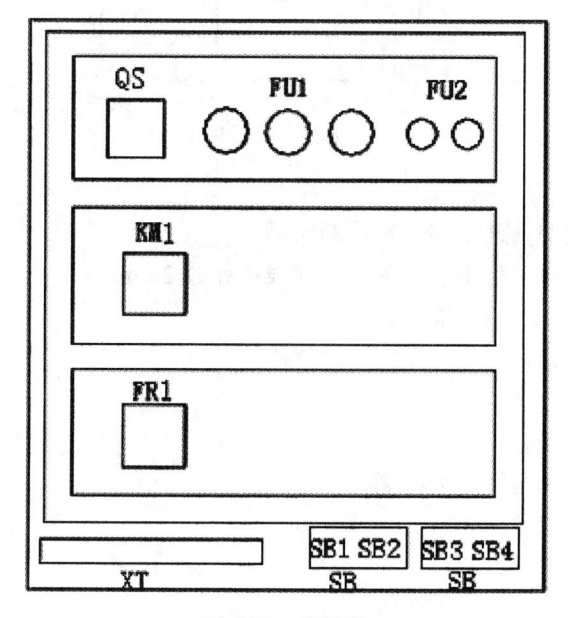

图6-22 布置图

（2）工艺要求

断路器、熔断器的受电端子应安装在配线板的外侧，并确保熔断器的受电端为底座的中心端。

各元件的安装位置应整齐、匀称，间距合理。

紧固元件时，用力要均匀，紧固程度适当。

2. 布线

（1）按图6-23所示接线图的走线方法，进行板前明线布线和套编异形管。

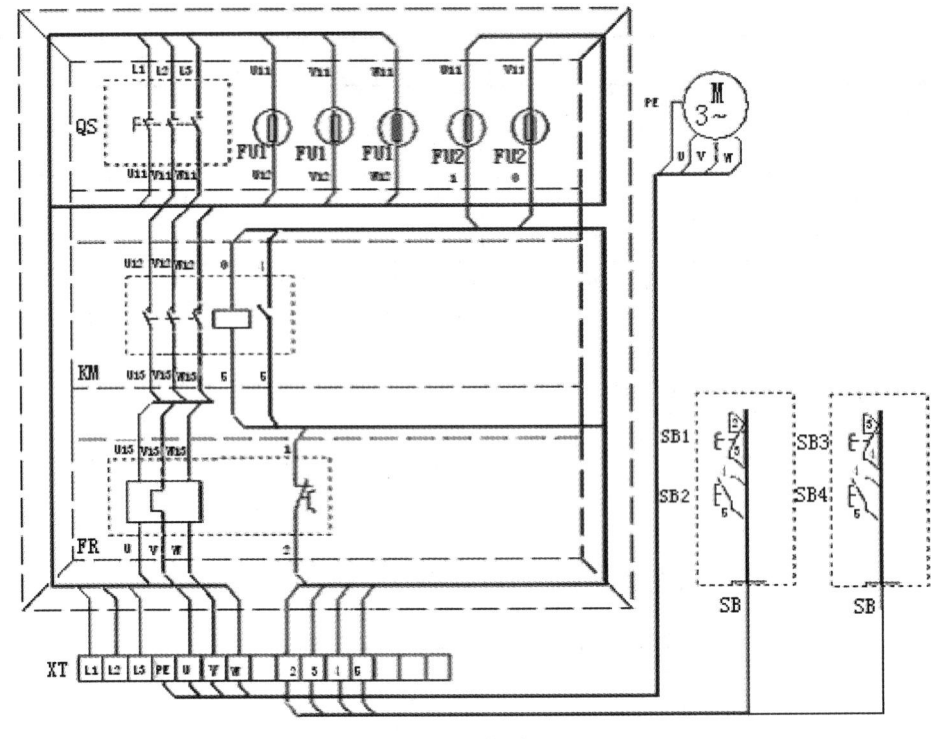

图 6-23 接线图

(2) 工艺要求

所有走线要入行线槽并遵循左主右控的原则。

接线要与接线点垂直并且不能有毛刺，裸线不超过 2mm。

布线要合理，不能太长也不能太短。

接线压线时不能漏铜，更不能压住绝缘线皮。

去掉绝缘线皮长度要适当。

七芯导线绞紧拧成线鼻子。

连接线鼻子时应该顺时针方向拧紧。

不能损坏工具和元器件。

接线点要标明线号。

(3) 检查布线

根据图 6-22 所示电路检查配线板布线的正确性。

(三) 自检

按电路图或接线图从电源端开始，逐段核对接线及接线端子处线号是否正确，有无漏接错接之处。检查导线接点是否符合要求，压线是否牢固。同时注意接点接触应良好，以避免带负载运转时产生闪弧现象。

用万用表检查线路的通断情况。检查时，应选用 R×100 倍率的电阻挡，并进行校零，以防发生短路故障。

检查控制电路，可将万用表的表笔分别搭接在 U_{12}、V_{12} 线端上，读数应为 "∞"，按图 6-24 依次进行检测。

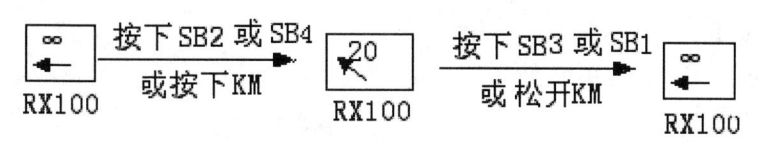

图 6-24 检查控制电路

注：图中 20、∞为万用表的示数，示数 20 表明交流接触器线圈的直流电阻阻值 20×100Ω=2kΩ。

检查主电路时，可以手动来代替接触器受电线圈励磁吸合时的情况进行检查，即按下 KM 触点系统，用万用表检测 L1-U、L2-V、L3-W 是否相导通。

（四）试车

为保证学生的安全，通电试车必须在指导老师的监护下进行。试车前应做好准备工作，包括：清点工具；清除安装底板上的线头杂物；装好接触器的灭弧罩；检查各组熔断器的熔体；分断各开关，使按钮、行程开关处于未操作前的状态；检查三相电源是否对称等。然后按下述步骤通电试车。

（1）空操作试验。正确连接好电源后，接通三相电源，使线路不带负荷（电动机）通电操作，以检查辅助电路工作是否正常。操作各按钮检查它们对接触器的控制作用；检查接触器的控制作用；注意有无卡住或阻滞等不正常现象；细听电器动作时有无过大的振动噪声；检查有无线圈过热等现象。

（2）带负荷试车。控制线路经过数次空操作试验动作无误，即可切断电源后，再正确连接好电动机带负荷试车。电动机起动前应先作好停车准备，起动后要注意它的运行情况。如果发现电动机起动困难、发出噪声及线圈过热等异常现象，应立即停车，切断电源后进行检查。

注意：

接电前必须征得教师同意，并由教师接通 L1、L2、L3，和进行现场监护。

学生合上电源开关 QS 后，不得对线路是否正确进行带电检查。

第一次按下按钮时，应短时点动，以观察线路和电动机运行有无异常现象。

试车成功率以通电后第一次按下按钮时计算。

出现故障后，学生应独立检修，若需带电检修时，必须有教师在场监护。

检修完毕再次试车，也应由教师监护，并做好课题实习时间记录。

技能训练 3　电动机顺序控制电路的安装与调试

一、实训前的准备工作

1. 知识准备

（1）低压元件的相关知识；

（2）熟练地读懂低压元件的电子符号。

2. 材料准备

（1）空气开关、交流接触器 2 个（380V）、热继电器 2 个、组合按钮 2 个、三相交流异步电动机 2 台。

（2）指针式万用表（MF47）或数字式万用表各 1 个/组。

（3）$\Phi 15$ 的线管 25 米/组，$1.5mm^2$ 导线 200 米/组，$2.5mm^2$ 导线 50 米/组。

二、实训过程

请同学们按照实训任务单卡要求完成实训内容，完成后将任务单卡沿着虚线撕下上交。

三、实训注意事项

（1）实训分组进行，实训期间，请学生严格执行本专业的安全操作规程。

（2）在实训操作前，请认真学习实训任务内容，明确实训目的、实训步骤和安全注意事项。应认真检查本组仪器、设备及电子元器件状况，若发现缺损或异常现象，应立即报告指导教师或实训室管理人员处理。

（3）学生在实训过程中使用的实训设备，人为损坏或丢失的将追究其责任。

（4）水杯不得放到实训台面，防止漏水触电。

（5）人离开实训室前要断掉电源总闸，养成良好的安全习惯。

（6）严禁带电操作。

学 习 任 务 单 卡

班级：　　　　　组别：　　　　　学号：　　　　　姓名：　　　　　实训日期：

课程信息	课程名称	教学单元	本次课训练任务	学时	实训地点
	电工普训	基本控制线路的安装与调试	任务1　三相异步电动机顺序控制主电路的安装调试	2节	电工技术实训室
			任务2　三相异步电动机的顺序控制电路的安装调试	2节	

任务描述	把电气原理图变换成安装接线图；对方电动机实现顺序控制接线、调试，并成功运行

学做过程记录

任务1　三相异步电动机的顺序控制电路的安装

实训步骤：

选用与检测元器件

根据以下电气原理图（见图1）选择要用的元器件，检测元器件的好坏；并写出元器件的名称。

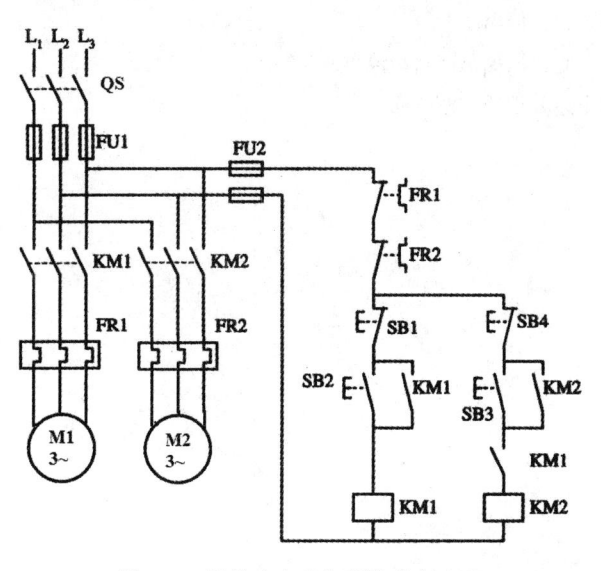

图1　三相异步电动机顺序控制电路

QS：　　　　　KM：　　　　　FU：　　　　　SB：

【教师现场评价：完成□，未完成□】

项目六　继电器控制线路的安装与调试

	思考题
学做过程记录	1．接触器、热继电器、按钮开关各用了几个？ 2．实现电动机顺序控制的关键是什么？ 3．在空调设备中对风机和压缩机的起动有如下要求： （1）先开风机 M1（KM1），再开压缩机 M2（KM2）； （2）压缩机可自由停车； （3）风机停车时，压缩机即自动停车。 试设计满足上述要求的控制线路。
教师评价	A□　　B□　　C□　　D□　　教师签名：
学生建议	

知识链接　电动机顺序控制电路

在生产机械中，往往有多台电动机，各电动机的作用不同，需要按一定的顺序进行动作，才能保证整个工作过程的合理性和可靠性。例如，X62W 型万能铣床上要求主轴电动机起动后，进给电动机才能起动，称为电动机的顺序控制。

如图 6-25 所示，电路中有两台电动机 M1 和 M2，它们分别由接触器 KM1 和 KM2 控制。工作原理如下：当按下起动按钮 SB2 时，KM1 通电，M1 运转。同时，KM1 的常开触点闭合，此时，再按下 SB3，KM2 线圈通电，M2 运行。如果先按 SB3，由于 KM1 线圈未通电，其常开触点未闭合，KM2 线圈不会通电。这样保证了必须 M1 起动后 M2 才能起动的控制要求。

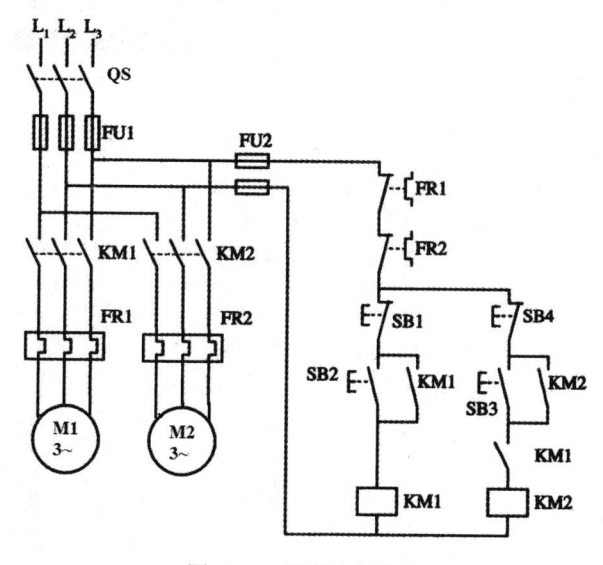

图 6-25　顺序控制电路

在图 6-25 所示电路中，采用熔断器和热断电器进行短路保护和过载保护，其中，两个热断电器的常闭触点串联，保证了如果有一台电动机出现过载故障，两台电动机都会停止。

顺序控制电路有如下缺点：要起动两台电动机时需要按两次起动按钮，增加了劳动强度；同时两台电动机的时间差由操作者控制，精度较差。

技能训练 4　电动机正反转控制电路的安装与调试

一、实训前的准备工作

1. 知识准备

（1）低压元件的相关知识；

（2）熟练地读懂低压元件的电子符号。

2. 材料准备

（1）空气开关 1 个、交流接触器 2 个（380V）、热继电器 2 个、组合按钮 2 个、三相交流异步电动机 1 台。

（2）指针式万用表（MF47）或数字式万用表各 1 个/组。

（3）Φ15 的线管 25 米/组，1.5mm^2 导线 200 米/组，2.5mm^2 导线 50 米/组。

二、实训过程

请同学们按照实训任务单卡要求完成实训内容，完成后将任务单卡沿着虚线撕下上交。

三、实训注意事项

（1）实训分组进行，实训期间，请学生严格执行本专业的安全操作规程。

（2）在实训操作前，请认真学习实训任务内容，明确实训目的、实训步骤和安全注意事项。应认真检查本组仪器、设备及电子元器件状况，若发现缺损或异常现象，应立即报告指导教师或实训室管理人员处理。

（3）学生在实训过程中使用的实训设备，人为损坏或丢失的将追究其责任。

（4）水杯不得放到实训台面，防止漏水触电。

（5）人离开实训室前要断掉电源总闸，养成良好的安全习惯。

（6）严禁带电操作。

学习任务单卡

班级：　　　　　组别：　　　　　学号：　　　　　姓名：　　　　　实训日期：

课程信息	课程名称	教学单元	本次课训练任务	学时	实训地点
	电工普训	正反转控制	任务1　三相异步电动机的正反转控制主电路安装调试 任务2　三相异步电动机的正反转控制电路安装调试	4节	电工技术实训室
任务描述	完成三相异步电动机的正反转控制电路安装调试及接线					

学做过程记录

任务1　三相异步电动机的正反转控制主电路安装调试

按图1接线，接触器、时间继电器质量检测，按钮、导线检测，按实际电路图进行主电路安装接线，对主电路进行检查。

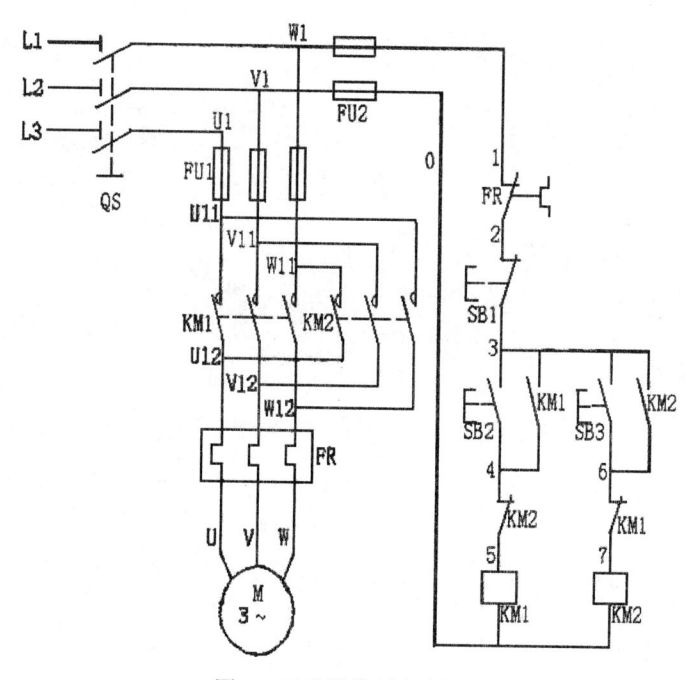

图1　正反转控制电路图

【教师现场评价：完成□，未完成□】

任务2　三相异步电动机的正反转控制电路安装调试

1. 在三相异步电动机的正反转控制电路中，正转用接触器 KM1 和反转用接触器 KM2 之间的互锁作用是由（　　）联接方法实现的。

　　A. KM1 的线圈与 KM2 的常闭辅助触头串联，KM2 的线圈与 KM1 的常闭辅助触头串联

　　B. KM1 的线圈与 KM2 的常开辅助触头串联，KM2 的线圈与 KM1 的常开辅助触头串联

　　C. KM1 的线圈与 KM1 的常闭辅助触头串联，KM2 的线圈与 KM2 的常闭辅助触头串联

　　D. KM1 的线圈与 KM1 的常开辅助触头串联，KM2 的线圈与 KM2 的常开辅助触头串联

项目六　继电器控制线路的安装与调试

2. 在继电器接触器控制电路中，自锁环节触点的正确连接方法是（　　）。

  A．接触器的动合辅助触点与起动按钮并联

  B．接触器的动合辅助触点与起动按钮串联

  C．接触器的动断辅助触点与起动按钮并联

  D．接触器的动断辅助触点与起动按钮串联

思考题
画出双重联锁的正反转控制主电路及控制电路（要求具有短路、过载及失压保护，能够进行正—反—停操作）。

学做过程记录

教师评价　A□　　B□　　C□　　D□　　教师签名：

学生建议

知识链接　电动机正反转控制电路

生产上有许多设备需要正、反两个方向的运动，例如机床主轴的正转和反转，工作台的前进和后退，吊车的上升和下降等，都要求电动机能够正反转。我们知道，为了实现三相异步电动机的正、反转，只要将接到电源的三根连线中的任意两根对调即可。因此，可利用两个接触器和三个按钮组成正反转控制电路。

1. 无联锁的正、反转控制

如图 6-26 所示 KM1 为正转接触器，KM2 为反转接触器，SB2 为正转按钮，SB3 为反转按钮。正转接触器 KM1 的三对主触头把电动机按相序 L1-U1、L2-V1、L3-W1 与电源相接；反转接触器 KM2 的三对主触头把电动机按相序 L3-U1、L2-V1、L1-W1 与电源相接。因此，当按下正转按钮 SB2 时，KM1 接通并自锁，电动机正转；当按下反转按钮 SB3 时，则 KM3 接通并自锁，电动机反转；当按下停止按钮 SB1 时，接触器释放，电动机停转。

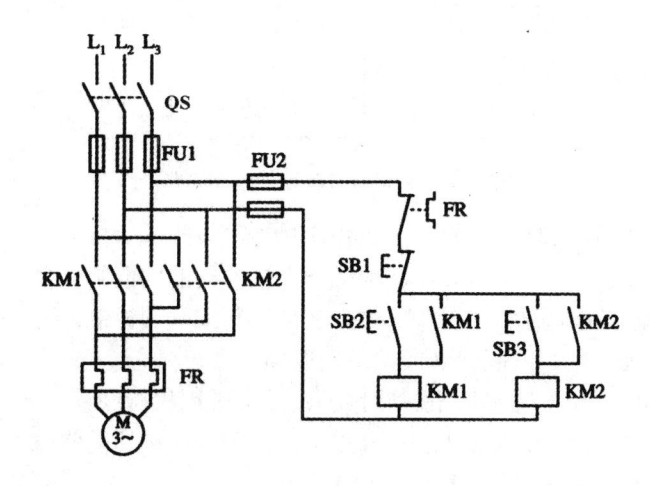

图 6-26　无联锁的正反转控制

从主电路可以看出，KM1 和 KM2 的主触头是不允许同时闭合的，否则会发生相间短路，因此要求在各自的控制电路中串接入对方的常闭辅助触头。当正转接触器 KM1 的线圈通电时，其常闭触头断开，即使按下 SB3 也不能使 KM2 线圈通电；同理，当 KM2 的线圈通电时，其常闭触头断开，也不能使 KM1 线圈通电。这两个接触器利用各自的触头封锁对方的控制电路，称为互锁。这两个常闭触头称为互锁触头。控制电路中加入互锁环节后，就能够避免两个接触器同时通电，从而防止了相间短路事故的发生。

上述电路中，当电动机在正转时，如要使其反转，必须先按停止按钮 SB1，令 KM1 失电，常闭触头 KM1 闭合，然后按下 SB3，才能使 KM2 得电，电动机反转。如果不按 SB1 而直接按 SB3，将不起作用。反之，由反转改为正转也要先按停止按钮。这种操作方式适用于大功率电动机及一些频繁正、反转的电动机。因为电动机如果由正转直接变为反转或由反转直接变为正转，在换接瞬间，其转差率 s 接近等于 2，不仅会引起很大的电流冲击，而且会造成相当大的机械冲击。

如果频繁正、反转，还会使热继电器动作，故对大功率电动机及一些频繁正、反转的电动机一般应先按停止按钮，待转速下降后再反转。图 6-26 所示的控制电路能防止因操作失误而造成直接正、反转。但对于一些功率较小的允许直接正、反转的电动机，采用这种电路会使操作不方便。

2. 有联锁的正、反转控制电路

为了克服上述电路的缺点，常用具有联锁的控制电路。具有电气联锁的控制电路如图 6-27 所示。

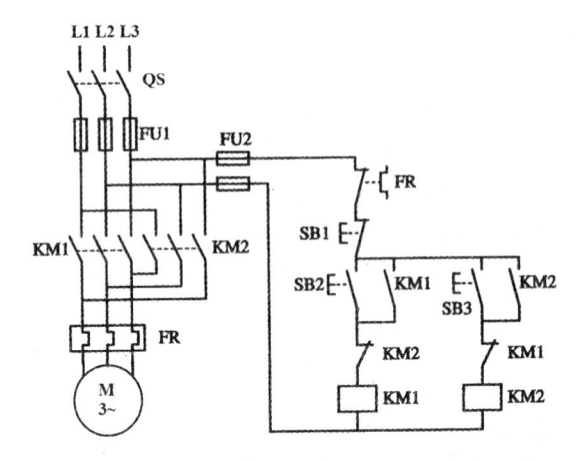

图 6-27 具有电气联锁的控制电路

当按下 SB2，KM1 通电时，KM1 的辅助常闭触点断开，这时，如果按下 SB3，KM2 的线圈不会通电，这就保证了电路的安全。这种将一个接触器的辅助常闭触点串联在另一个线圈的电路中，使两个接触器相互制约的控制，称为互锁控制或联锁控制。利用接触器（或继电器）的辅助常闭触点的联锁，称电气联锁（或接触器联锁）。

在正、反转控制电路中，除采用电气联锁外，还可采用机械联锁，如图 6-28 所示。SB2 和 SB3 的常闭按钮串联在对方的常开触点电路中。这种利用按钮的常开、常闭触点，在电路中互相牵制的接法，称为机械联锁（按钮联锁）。具有电气、机械双重联锁的控制电路是电路中最常见的，也是最可靠的正、反转控制电路。它能实现由正转直接到反转，或由反转直接到正转的控制。

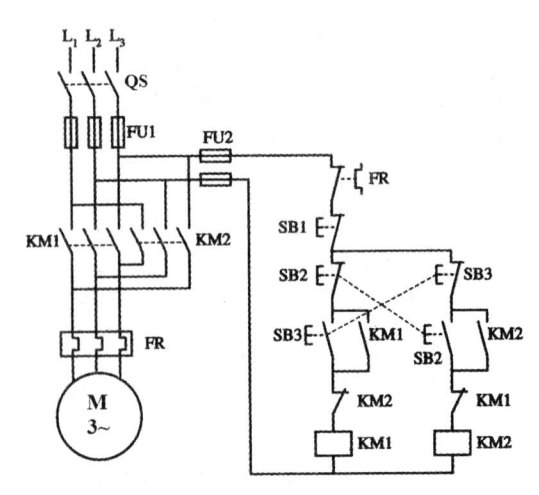

图 6-28 具有双重联锁的控制电路

附录 电工考证试题库

一、数字电路部分

1. 一片集成二－十进制计数器 74L160 可构成（   ）进制计数器。
   A．2 至 10 间的任意   B．5
   C．10   D．2
2. 组合逻辑电路的比较器功能为（   ）。
   A．只是逐位比较   B．只是最高位比较
   C．高位比较有结果，低位可不比较   D．只是最低位比较
3. 晶闸管触发电路所产生的触发脉冲信号必须要（   ）。
   A．有一定的电位   B．有一定的电抗
   C．有一定的频率   D．有一定的功率
4. 当 74LS94 的 Q_3 经非门的输出与 S_r 相连时，电路实现的功能为（   ）。
   A．左移扭环形计数器   B．右移扭环形计数器
   C．保持   D．并行置数
5. JK 触发器，当 JK 为（   ）时，触发器处于置 0 状态。
   A．00   B．01   C．10   D．11
6. 当 74LS94 的 Q_0 经非门的输出与 S_L 相连时，电路实现的功能为（   ）。
   A．左移扭环形计数器   B．右移扭环形计数器
   C．保持   D．并行置数
7. 集成运放电路的两输入端外接（   ）防止输入信号过大而损坏器件。
   A．三极管   B．反并联二极管   C．场效应管   D．稳压管
8. 时序逻辑电路的置数端有效，则电路为（   ）状态。
   A．计数   B．并行置数   C．置 1   D．清 0
9. 微分集成运放电路反馈元件采用的是（   ）元件。
   A．电感   B．电阻   C．电容   D．三极管
10. 两片集成计数器 74LS192，最多可构成（   ）进制计数器。
    A．100   B．50   C．10   D．9
11. 集成与非门的多余引脚（   ）时，与非门被封锁。
    A．悬空   B．接高电平   C．接低电平   D．并接
12. JK 触发器，当 JK 为（   ）时，触发器处于翻转状态。
    A．00   B．01   C．10   D．11
13. 集成运放电路的输出端外接（   ）防止负载过大而损坏器件。
    A．三极管   B．二极管   C．场效应管   D．反串稳压管
14. 当初始信号为零时，在阶跃输入信号作用下，积分调节器（   ）与输入量成正比。

A．输出量的变化率 B．输出量的大小
C．积分电容两端电压 D．积分电容两端的电压偏差

15．KC04 集成触发电路由锯齿波形成、移相控制、（　　）及整形放大输出等环节组成。
A．三角波控制 B．正弦波控制
C．脉冲形成 D．偏置角形成

16．下列不属于集成运放电路非线性应用的是（　　）。
A．加法运算电路 B．滞回比较器
C．非过零比较器 D．过零比较器

17．下列不属于组合逻辑电路的加法器为（　　）。
A．半加器　　B．全加器　　C．多位加法器　　D．计数器

18．锯齿波触发电路中双窄脉冲产生环节可在一个周期内发出间隔（　　）的两个窄脉冲。
A．60°　　　B．90°　　　C．180°　　　D．120°

19．时序逻辑电路的数码寄存器结果与输入不同，是（　　）有问题。
A．清零端　　B．送数端　　C．脉冲端　　D．输出端

20．555 定时器构成的多谐振荡电路的脉冲频率由（　　）决定。
A．输入信号 B．输出信号
C．电路充放电电阻及电容 D．555 定时器结构

21．集成译码器 74LS42 是（　　）译码器。
A．变量　　B．显示　　C．符号　　D．二－十进制

22．处于截止状态的三极管，其工作状态为（　　）。
A．射结正偏，集电结反偏 B．射结反偏，集电结反偏
C．射结正偏，集电结正偏 D．射结反偏，集电结正偏

23．电容器上标注的符号 224 表示其容量为 22×10^4（　　）。
A．F　　　B．μF　　　C．mF　　　D．pF

24．"BATT"变色灯是后备电源指示灯，绿色表示正常，红色表示（　　）。
A．故障，要更换电源 B．电量低
C．过载 D．以上都不是

25．集成计数器 74LS161 是（　　）计数器。
A．二进制同步可预置 B．二进制异步可预置
C．二进制同步可清零 D．二进制异步可清零

26．KC04 集成触发电路中 11 脚和 12 脚上所接的 R8、C2 决定输出脉冲的（　　）。
A．宽度　　B．高度　　C．斜率　　D．频率

27．在晶闸管可逆调速系统中，为防止逆变失败，应设置（　　）的保护环节。
A．限制 $β_{min}$ B．限制 $α_{min}$
C．限制 $β_{min}$ 和 $α_{min}$ D．$β_{min}$ 和 $α_{min}$ 任意限制其中一个

28．KC04 集成触发电路由锯齿波形成、（　　）、脉冲形成及整形放大输出等环节组成。
A．三角波控制 B．移相控制
C．方波控制 D．偏置角形成

29．当 74LS94 的控制信号为 10 时，该集成移位寄存器处于（　　）状态。

A．左移 B．右移 C．保持 D．并行置数

30．三极管的 f_a 高于等于（　）为高频管。
A．1MHz B．2MHz C．3MHz D．4MHz

31．时序逻辑电路的清零端有效，则电路为（　）状态。
A．计数 B．保持 C．置1 D．清0

32．当集成译码器74LS138的3个使能端都满足要求时，其输出端为（　）有效。
A．高电平 B．低电平 C．高阻 D．低阻

33．集成译码器与七段发光二极管构成（　）译码器。
A．变量 B．逻辑状态 C．数码显示 D．数值

34．KC04集成触发电路一个周期内可以从1脚和15脚分别输出相位差（　）的两个窄脉冲。
A．60° B．90° C．120° D．180°

35．集成或非门的多余引脚（　）时，或非门被封锁。
A．悬空 B．接高电平 C．接低电平 D．并接

36．晶闸管触发电路所产生的触发脉冲信号必须要（　）。
A．与主电路同步 B．有一定的电抗
C．有一定的电位 D．有一定的频率

37．KC04集成触发电路由锯齿波形成、移相控制、脉冲形成及（　）等环节组成。
A．三角波输出 B．正弦波输出
C．偏置角输出 D．整形放大输出

38．集成计数器74LS161是（　）计数器。
A．四位二进制加法 B．四位二进制减法
C．五位二进制加法 D．三位二进制加法

39．射极输出器的输出电阻小，说明该电路的（　）。
A．带负载能力强 B．带负载能力差
C．减轻前级或信号源负荷 D．取信号能力强

40．时序逻辑电路的分析方法有（　）。
A．列写状态方程 B．列写驱动方程
C．列写状态表 D．以上都是

41．锯齿波触发电路由锯齿波产生与相位控制、（　）、强触发与输出、双窄脉冲产生等四个环节组成。
A．矩形波产生与移相 B．脉冲形成与放大
C．尖脉冲产生与移相 D．三角波产生与移相

42．集成运放电路的（　）可外接二极管，防止其极性接反。
A．电源端 B．输入端 C．输出端 D．接地端

43．分压式偏置的共发射极放大电路中，若 V_B 点电位过高，电路易出现（　）。
A．截止失真 B．饱和失真
C．晶体管被烧损 D．双向失真

44．三极管的功率大于等于（　）为大功率管。

A．1W　　　　　B．0.5W　　　　　C．2W　　　　　D．1.5W

45．当 74LS94 的控制信号为 11 时，该集成移位寄存器处于（　　）状态。
　　A．左移　　　B．右移　　　　C．保持　　　　D．并行置数

46．集成运放电路（　　），会损坏运放。
　　A．输出负载过大　　　　　　　B．输出端开路

47．集成译码器 74LS48 可点亮（　　）显示器。
　　A．共阴七段　B．共阳七段　　C．液晶　　　　D．等离子

48．集成运放电路的电源端可外接（　　），防止其极性接反。
　　A．三极管　　B．二极管　　　C．场效应管　　D．稳压管

49．电容器上标注的符号 2μ2，表示该电容数值为（　　）。
　　A．0.2μ　　　B．2.2μ　　　　C．22μ　　　　D．0.22μ

50．锯齿波触发电路由锯齿波产生与相位控制、脉冲形成与放大、（　　）、双窄脉冲产生等四个环节组成。
　　A．矩形波产生与移相　　　　　B．尖脉冲产生与移相
　　C．强触发与输出　　　　　　　D．三角波产生与移相

51．锯齿波触发电路中的锯齿波是由（　　）对电容器充电以及快速放电产生的。
　　A．矩形波电源　　　　　　　　B．正弦波电源
　　C．恒压源　　　　　　　　　　D．恒流源

52．锯齿波触发电路中调节恒流源对电容器的充电电流，可以调节（　　）。
　　A．锯齿波的周期　　　　　　　B．锯齿波的斜率
　　C．锯齿波的幅值　　　　　　　D．锯齿波的相位

53．实用的调节器线路，一般应有抑制零漂、（　　）、输入滤波、功率放大、比例系数可调、寄生振荡消除等附属电路。
　　A．限幅　　　B．输出滤波　　C．温度补偿　　D．整流

54．组合逻辑电路的分析是（　　）。
　　A．根据已有电路图进行分析　　B．画出对应的电路图
　　C．根据逻辑结果进行分析　　　D．画出对应的输出时序图

55．测得晶体管三管脚的对地电压分别是 2V，6V，2.7V，该晶体管的管型和三个管脚依次为（　　）。
　　A．PNP 管，CBE　　　　　　　B．NPN 管，ECB
　　C．NPN 管，CBE　　　　　　　D．PNP 管，EBC

56．“BATT”变色灯是后备电源指示灯，绿色表示正常，黄色表示（　　）。
　　A．故障　　　B．电量低　　　C．过载　　　　D．以上都不是

数字电路部分答案

1～5：CCDBB　　　　　6～10：ABBBA　　　　　11～15：CDDAC
16～20：ADABC　　　　21～25：DBDAA　　　　 26～30：ACBAC
31～35：DBCDB　　　　36～40：ADAAD　　　　 41～45：CABAD
46～50：AABBC　　　　51～56：DBAABB

二、电工电子部分

1. 变压器油属于（　　）。
   A．固体绝缘材料　　　　　　　　B．液体绝缘材料
   C．气体绝缘材料　　　　　　　　D．导体绝缘材料
2. 变压器的绕组可以分为同心式和（　　）两大类。
   A．同步式　　　B．交叠式　　　C．壳式　　　D．芯式
3. 变压器的器身主要由铁心和（　　）两部分所组成。
   A．绕组　　　B．转子　　　C．定子　　　D．磁通
4. 将变压器的一次侧绕组接交流电源，二次侧绕组开路，这种运行方式称为变压器（　　）运行。
   A．空载　　　B．过载　　　C．满载　　　D．负载
5. 变压器的基本作用是在交流电路中变电压、变电流、变阻抗、（　　）和电气隔离。
   A．变磁通　　　B．变相位　　　C．变功率　　　D．变频率
6. 变压器的基本作用是在交流电路中变电压、变电流、（　　）、变相位和电气隔离。
   A．变磁通　　　B．变频率　　　C．变功率　　　D．变阻抗
7. 变压器的基本作用是在交流电路中变电压、变电流、变阻抗、变相位和（　　）。
   A．电气隔离　　　B．改变频率　　　C．改变功率　　　D．改变磁通

电工电子部分答案

1～7：BBAABDA

三、X62W 铣床电气控制电路

1. X62W 铣床的主电路、控制电路和照明电路由（　　）实现短路保护。
   A．欠电压继电器　　　　　　　　B．过电流继电器
   C．熔断器　　　　　　　　　　　D．热继电器
2. 测绘 X62W 铣床电气线路控制电路图时要画出控制变压器 TC、（　　）、行程开关 SQ1～SQ7、速度继电器 KS、转换开关 SA1～SA3、热继电器 FR1～FR3 等。
   A．电动机 M1～M3　　　　　　　B．按钮 SB1～SB6
   C．熔断器 FU1　　　　　　　　　D．电源开关 QS
3. X62W 铣床主轴电动机 M1 的冲动控制是由位置开关 SQ7 接通（　　）一下。
   A．反转接触器 KM2　　　　　　　B．反转接触器 KM4
   C．正转接触器 KM1　　　　　　　D．正转接触器 KM3
4. X62W 铣床手动旋转圆形工作台时必须将圆形工作台转换开关 SA1 置于（　　）。
   A．左转位置　　　B．右转位置　　　C．接通位置　　　D．断开位置
5. X62W 铣床进给电动机 M2 的（　　）有上、下、前、后、中五个位置。
   A．前后（横向）和升降十字操作手柄　　　B．左右（纵向）操作手柄
   C．高低速操作手柄　　　　　　　　　　　D．起动制动操作手柄
6. X62W 铣床的（　　）采用了反接制动的停车方法。

A．主轴电动机 M1　　　　　　　　　B．进给电动机 M2
C．冷却泵电动机 M3　　　　　　　　D．风扇电动机 M4

7．X62W 铣床工作台前后进给工作正常，左右不能进给的可能原因是（　　）。
A．进给电动机 M2 电源缺相　　　　B．进给电动机 M2 过载
C．进给电动机 M2 损坏　　　　　　D．冲动开关损坏

8．测绘 X62W 铣床电气控制主电路图时要画出电源开关 QS、熔断器 FU1、接触器 KM1～KM6、（　　）、电动机 M1～M3 等。
A．按钮 SB1～SB6　　　　　　　　　B．热继电器 FR1～FR3
C．行程开关 SQ1～SQ7　　　　　　 D．转换开关 SA1～SA2

9．X62W 铣床进给电动机 M2 的前后（横向）和升降十字操作手柄有（　　）位置。
A．快、慢、上、下、中五个　　　　B．上、下、中三个
C．上、下、前、后、中五个　　　　D．左、中、右三个

10．X62W 铣床三相电源缺相会造成（　　）不能起动。
A．主轴一台电动机　　　　　　　　B．三台电动机都
C．主轴和进给电动机　　　　　　　D．快速移动电磁铁

11．X62W 铣床的主轴电动机 M1 采用了（　　）的停车方法。
A．回馈制动　　B．能耗制动　　C．再生制动　　D．反接制动

12．X62W 铣床电气线路的控制电路由控制变压器 TC、熔断器 FU2～FU3、（　　）、位置开关 SQ1～SQ7、速度继电器 KS、转换开关 SA1～SA3、热继电器 FR1～FR3 等组成。
A．按钮 SB1～SB6　　　　　　　　　B．电动机 M1～M3
C．快速移动电磁铁 YA　　　　　　D．电源总开关 QS

13．测绘 X62W 铣床电器位置图时要画出电源开关、电动机、按钮、行程开关、（　　）等在机床中的具体位置。
A．电器箱　　B．接触器　　C．熔断器　　D．热继电器

14．X62W 铣床进给电动机 M2 的冲动控制是由位置开关 SQ6 接通（　　）一下。
A．反转接触器 KM2　　　　　　　　B．反转接触器 KM4
C．正转接触器 KM1　　　　　　　　D．正转接触器 KM3

15．X62W 铣床的主轴电动机 M1 采用了（　　）的停车方法。
A．能耗制动　　B．反接制动　　C．电磁抱闸制动　　D．机械摩擦制动

16．分析 X62W 铣床主电路工作原理图时，首先要看懂主轴电动机 M1 的正反转电路、（　　），然后再看进给电动机 M2 的正反转电路，最后看冷却泵电动机 M3 的电路。
A．Y-△起动电路　　　　　　　　　B．高低速切换电路
C．制动及冲动电路　　　　　　　　D．降压起动电路

17．X62W 铣床进给电动机 M2 的（　　）有左、中、右三个位置。
A．前后（横向）和升降十字操作手柄　　B．左右（纵向）操作手柄
C．高低速操作手柄　　　　　　　　D．起动制动操作手柄

18．X62W 铣床的主电路由电源总开关 QS、熔断器 FU1、（　　）、热继电器 FR1～FR3、电动机 M1～M3、快速移动电磁铁 YA 等组成。
A．位置开关 SQ1～SQ7　　　　　　　B．按钮 SB1～SB6

C．接触器 KM1～KM6 D．速度继电器 KS

19．X62W 铣床的主电路由电源总开关 QS、熔断器 FU1、接触器 KM1～KM6、热继电器 FR1～FR3、（　　）、快速移动电磁铁 YA 等组成。

A．位置开关 SQ1～SQ7 B．电动机 M1～M3
C．按钮 SB1～SB6 D．速度继电器 KS

20．X62W 铣床的进给电动机 M2 采用了（　　）起动方法。

A．定子串电抗器 B．自耦变压器
C．全压 D．转子串频敏变阻器

21．X62W 铣床的主电路由（　　）、熔断器 FU1、接触器 KM1～KM6、热继电器 FR1～FR3、电动机 M1～M3、快速移动电磁铁 YA 等组成。

A．位置开关 SQ1～SQ7 B．按钮 SB1～SB6
C．速度继电器 KS D．电源总开关 QS

22．X62W 铣床电气线路的控制电路由控制变压器 TC、熔断器 FU2～FU3、按钮 SB1～SB6、（　　）、速度继电器 KS、转换开关 SA1～SA3、热继电器 FR1～FR3 等组成。

A．电动机 M1～M3 B．位置开关 SQ1～SQ7
C．快速移动电磁铁 YA D．电源总开关 QS

X62W 铣床电气控制电路答案

1～5：CBADA　　　6～10：ADBCB
11～15：DAABB　　16～22：CBCBCDB

四、T68 镗床电气控制

1．分析 T68 镗床电气控制主电路原理图时，首先要看懂主轴电动机 M1 的正反转电路和（　　），然后再看快速移动电动机的正反转电路。

A．Y-△起动电路 B．能耗制动电路
C．高低速切换电路 D．降压起动电路

2．测绘 T68 镗床电气控制主电路图时要画出电源开关 QS、（　　）、接触器 KM1～KM7、热继电器 FR、电动机 M1 和 M2 等。

A．按钮 SB1～SB5 B．行程开关 SQ1～SQ8
C．熔断器 FU1 和 FU2 D．中间继电器 KA1 和 KA2

3．T68 镗床的主轴电动机采用了（　　）方法。

A．自耦变压器起动 B．Y-△起动
C．定子串电阻起动 D．全压起动

4．测绘 T68 镗床电气控制主电路图时画出电源开关 QS、熔断器 FU1 和 FU2、接触器 KM1～KM7、热继电器 FR、（　　）等。

A．电动机 M1 和 M2 B．按钮 SB1～SB5
C．行程开关 SQ1～SQ8 D．中间继电器 KA1 和 KA2

5．T68 镗床电气线路控制电路由控制变压器 TC、按钮 SB1～SB5、行程开关 SQ1～SQ8、中间继电器 KA1 和 KA2、（　　）、时间继电器 KT 等组成。

A．电动机 M1 和 M2　　　　　　　　B．速度继电器 KS
C．制动电阻 R　　　　　　　　　　D．电源开关 QS

6. T68 镗床的主轴电动机采用了（　　）调速方法。
   A．△-YY 变极　　B．Y-YY 变极　　C．变频　　　　D．变转差率

7. 测绘 T68 镗床电气线路的控制电路图时要正确画出控制变压器 TC、按钮 SB1～SB5、行程开关 SQ1～SQ8、中间继电器 KA1 和 KA2、速度继电器 KS、（　　）等。
   A．电动机 M1 和 M2　　　　　　　　B．熔断器 FU1 和 FU2
   C．电源开关 QS　　　　　　　　　　D．时间继电器 KT

8. T68 镗床电气控制主电路由电源开关 QS、（　　）、接触器 KM1～KM7、热继电器 FR、电动机 M1 和 M2 等组成。
   A．速度继电器 KS　　　　　　　　　B．熔断器 FU1 和 FU2
   C．行程开关 SQ1～SQ8　　　　　　　D．时间继电器 KT

9. T68 镗床电气线路控制电路由控制变压器 TC、按钮 SB1～SB5、（　　）、中间继电器 KA1 和 KA2、速度继电器 KS、时间继电器 KT 等组成。
   A．电动机 M1 和 M2　　　　　　　　B．制动电阻 R
   C．行程开关 SQ1～SQ8　　　　　　　D．电源开关 QS

10. T68 镗床的主轴电动机采用了近似（　　）的调速方式。
    A．恒转速　　　B．通风机型　　　C．恒转矩　　　D．恒功率

11. 分析 T68 镗床电气控制主电路图时，重点是（　　）的正反转和高低速转换电路。
    A．主轴电动机 M1　　　　　　　　　B．快速移动电动机 M2
    C．油泵电动机 M3　　　　　　　　　D．尾架电动机 M4

12. T68 镗床进给电动机的起动由（　　）控制。
    A．行程开关 SQ7 和 SQ8　　　　　　B．按钮 SB1～SB4
    C．时间继电器 KT　　　　　　　　　D．中间继电器 KA1 和 KA2

13. 分析 T68 镗床电气控制主电路原理图时，首先要看懂主轴电动机 M1 的（　　）和高低速切换电路，然后再看快速移动电动机 M2 的正反转电路。
    A．Y-△起动电路　　　　　　　　　B．能耗制动电路
    C．降压起动电路　　　　　　　　　D．正反转电路

14. 测绘 T68 镗床电器位置图时，重点要画出两台电动机、电源总开关、（　　）、行程开关以及电器箱的具体位置。
    A．接触器　　　B．熔断器　　　　C．按钮　　　　　D．热继电器

15. 测绘 T68 镗床电器位置图时，重点要画出两台电动机、电源总开关、按钮、（　　）以及电器箱的具体位置。
    A．接触器　　　B．行程开关　　　C．熔断器　　　　D．热继电器

16. T68 镗床的主轴电动机 M1 采用了（　　）的停车方法。
    A．能耗制动　　B．反接制动　　　C．电磁抱闸制动　D．机械摩擦制动

17. T68 镗床的主轴电动机 M1 采用了（　　）的停车方法。
    A．回馈制动　　B．能耗制动　　　C．再生制动　　　D．反接制动

18. T68 镗床的主轴电动机采用了（　　）方法。

A．频敏变阻器起动　　　　　　　　B．Y-△起动
C．全压起动　　　　　　　　　　　D．△-YY起动

19．T68镗床主轴电动机的高速与低速之间的互锁保护由（　　）实现。
A．速度继电器常开触点　　　　　　B．接触器常闭触点
C．中间继电器常开触点　　　　　　D．热继电器常闭触点

20．T68镗床主轴电动机只能工作在低速挡，不能在高速挡工作的原因是（　　）。
A．熔断器故障　　　　　　　　　　B．热继电器故障
C．行程开关QS故障　　　　　　　　D．速度继电器故障

21．测绘T68镗床电气线路的控制电路图时要正确画出控制变压器TC、按钮SB1~SB5、（　　）、中间继电器KA1和KA2、速度继电器KS、时间继电器KT等。
A．电动机M1和M2　　　　　　　　B．行程开关SQ1~SQ8
C．熔断器FU1和FU2　　　　　　　D．电源开关QS

22．T68镗床的（　　）采用了△-YY变极调速方法。
A．风扇电动机　　　　　　　　　　B．冷却泵电动机
C．主轴电动机　　　　　　　　　　D．进给电动机

T68镗床电气控制答案

1~5：CCDAB　　　　　　6~10：ADBCD
11~15：AADCB　　　　　16~22：BDCBCBC

五、步进电动机

1．三相六拍运行比三相双三拍运行时（　　）。
A．步距角不变　　　　　　　　　　B．步距角增加一半
C．步距角减少一半　　　　　　　　D．步距角增加一倍

2．基本步距角θ_s、转子齿数Z_R、通电循环拍数N三者的关系是（　　）。
A．Z_R一定时，θ_s与N成反比　　　B．Z_R一定时，θ_s与N成正比
C．N一定时，θ_s与Z_R成正比　　　D．θ_s一定时，N与Z_R成正比

3．三相双三拍运行，转子齿数Z_R=40的反应式步进电动机，转子以每拍（　　）的方式运转。
A．5°　　　　B．9°　　　　C．3°　　　　D．6°

4．步进电动机有多种。若选用结构简单，步距角较小，不需要正负电源供电的步进电动机应是（　　）。
A．索耶式直线步进电动机　　　　　B．永磁式步进电动机
C．反应式步进电动机　　　　　　　D．混合式步进电动机

5．步进电动机双三拍与单三拍工作方式比较，前者（　　）。
A．电磁转矩小、易产生失步　　　　B．电磁转矩小、不易产生失步
C．电磁转矩大、易产生失步　　　　D．电磁转矩大、不易产生失步

6．对转动惯量较大的负载，步进电动机起动时失步，其原因可能是（　　）。
A．负载过大　　B．电动机过大　　C．起动频率过低　　D．起动频率过高

7．步进电动机的（　　）与脉冲频率 f 成正比。
　　A．线位移或角位移　　　　　　　B．线位移或转速 n
　　C．转速 n 或线速度 v　　　　　　D．转速 n 或角位移
8．为避免步进电动机在低频区工作易产生失步的现象，不宜采用（　　）工作方式。
　　A．单双六拍　　　B．单三拍　　　C．双三拍　　　D．单双八拍
9．三相单三拍运行、三相双三拍运行、三相单双六拍运行。其通电顺序分别是（　　）。
　　A．A－B－C－A　　　　　　AB－BC－CA－AB　　　A-AB-B-BC-C-CA-A
　　B．AB－BC－CA－AB　　　A－B－C－A　　　　　　A-AB-B-BC-C-CA-A
　　C．A－B－C－A　　　　　　A-AB-B-BC-C-CA-A　　　AB－BC－CA－AB
　　D．A-AB-B-BC-C-CA-A　　A－B－C－A　　　　　　AB－BC－CA－AB
10．步进电动机加减速时产生失步和过冲现象，可能的原因是（　　）。
　　A．电动机的功率太小　　　　　　B．设置升降速时间过慢
　　C．设置升降速时间过快　　　　　D．工作方式不对
11．步进电动机在高频区工作产生失步的原因是（　　）。
　　A．励磁电流过大　　　　　　　　B．励磁回路中的时间常数（T=L/R）过小
　　C．输出转矩随频率 f 的增加而升高　D．输出转矩随频率 f 的增加而下降

步进电动机答案

1～5：CACCD　　　　　　6～11：DCBACD

六、测速发电机

1．在计算解答控制系统中，要求测速发电机误差小、剩余电压低。（　　）的线性误差、剩余电压等方面能满足上述的精度要求。
　　A．永磁式直流测速发电机　　　　B．交流异步测速发电机
　　C．交流同步测速发电机　　　　　D．电磁式直流测速发电机
2．直流测速发电机输出电压与转速之间并不能保持确定的线性关系。其主要原因是（　　）。
　　A．电枢电阻的压降　　　　　　　B．电枢电流的去磁作用
　　C．负载电阻的非线性　　　　　　D．电刷的接触压降
3．实际中，CYD 系列永磁式低速直流测速发电机的线性误差为（　　）。
　　A．1%～5%　　B．0.5%～1%　　C．0.1%～0.25%　　D．0.01%～0.1%
4．在转速电流双闭环调速系统中，励磁整流电路可采用（　　）。
　　A．高性能的稳压电路　　　　　　B．一般稳压电路加滤波即可
　　C．高性能的滤波及稳压电路　　　D．专用稳压电源
5．异步测速发电机的误差主要有：线性误差、剩余电压、相位误差。为减小线性误差，交流异步测速发电机都采用（　　），从而可忽略转子漏抗。
　　A．电阻率大的铁磁性空心杯转子　B．电阻率小的铁磁性空心杯转子
　　C．电阻率小的非磁性空心杯转子　D．电阻率大的非磁性空心杯转子
6．交流测速发电机有空心杯转子异步测速发电机、笼型转子异步测速发电机和同步测速

发电机 3 种，目前应用最为广泛的是（　　）。

　　A．同步测速发电机

　　B．笼式转子异步测速发电机

　　C．空心杯转子异步测速发电机

　　D．同步测速发电机和笼式转子异步测速发电机

7．异步测速发电机的定子上安装有（　　）。

　　A．一个绕组　　　　　　　　　　B．两个串联的绕组

　　C．两个并联的绕组　　　　　　　D．两个空间相差 90°电角度的绕组

8．测速发电机的灵敏度高，对调速系统性能的影响是（　　）。

　　A．没有影响

　　B．有影响，灵敏度越高越好

　　C．有影响，灵敏度越低越好

　　D．对系统的稳态性能没有影响，但对动态性能有影响

9．欧陆 514 双闭环直流调速系统运行中，测速发电机反馈线松脱，系统会出现（　　）。

　　A．转速迅速下降后停车、报警并跳闸　　B．转速迅速升高到最大、报警并跳闸

　　C．转速保持不变　　　　　　　　　　　D．转速先升高后恢复正常

测速发电机答案

1～5：BBBBD　　　　　6～9：CDDB

七、交直流调速

1．晶闸管－电动机调速系统的主回路电流断续时，开环机械特性（　　）

　　A．变软　　　B．变硬　　　C．不变　　　D．电动机停止

2．（　　），积分控制可以使调速系统在无静差的情况下保持恒速运行。

　　A．稳态时　　　　　　　　　　　B．动态时

　　C．无论稳态还是动态过程中　　　D．无论何时

3．在带电流截止负反馈的调速系统中，还安装快速熔断器、过电流继电器等，在整定电流时，应使（　　）。

　　A．堵转电流>熔体额定电流>过电流继电器动作电流

　　B．熔体额定电流>堵转电流>过电流继电器动作电流

　　C．熔体额定电流>过电流继电器动作电流>堵转电流

　　D．过电流继电器动作电流>熔体额定电流>堵转电流

4．直流调速装置调试的原则一般是（　　）。

　　A．先检查，后调试　　　　　　　B．先调试，后检查

　　C．先系统调试，后单机调试　　　D．边检查边调试

5．对采用 PI 调节器的无静差调速系统，若要提高系统快速响应能力，应（　　）。

　　A．整定 P 参数，减小比例系数　　B．整定 I 参数，加大积分系数

　　C．整定 P 参数，加大比例系数　　D．整定 I 参数，减小积分系数

6．欧陆 514 调速器组成的电压电流双闭环系统运行中出现负载加重转速升高现象，可能

的原因是（　　）。

  A．电流正反馈欠补偿　　　　　　B．电流正反馈过补偿
  C．电流正反馈全补偿　　　　　　D．电流正反馈没补偿

7．直流双闭环调速系统引入转速微分负反馈后，可增强调速系统的抗干扰性能，使负载扰动下的（　　）大大减小，但系统恢复时间有所延长。

  A．静态转速降　　　　　　　　　B．动态转速降
  C．电枢电压超调　　　　　　　　D．电枢电流超调

8．直流V-M调速系统较PWM调速系统的主要优点是（　　）。

  A．动态响应快　　　　　　　　　B．自动化程度高
  C．控制性能好　　　　　　　　　D．大功率时性价比高

9．工业控制领域中应用的直流调速系统主要采用（　　）。

  A．直流斩波器调压　　　　　　　B．旋转变流机组调压
  C．电枢回路串电阻调压　　　　　D．用静止可控整流器调压

10．闭环负反馈直流调速系统中，电动机励磁电路的电压纹波对系统性能的影响，若采用（　　）自我调节。

  A．电压负反馈调速时能　　　　　B．转速负反馈调速时不能
  C．转速负反馈调速时能　　　　　D．电压负反馈加电流正反馈补偿调速时能

11．电压负反馈调速系统中，电流正反馈在系统中起（　　）作用。

  A．补偿电枢回路电阻所引起的稳态速降
  B．补偿整流器内阻所引起的稳态速降
  C．补偿电枢电阻所引起的稳态速降
  D．补偿电刷接触电阻及电流取样电阻所引起的稳态速降

12．直流双闭环调速系统引入转速微分负反馈后，可使突加给定电压起动时转速调节器提早退出饱和，从而有效地（　　）。

  A．抑制转速超调　　　　　　　　B．抑制电枢电流超调
  C．抑制电枢电压超调　　　　　　D．抵消突加给定电压突变

13．双闭环调速系统中转速调节器一般采用PI调节器，P参数的调节主要影响系统的（　　）。

  A．稳态性能　　B．动态性能　　C．静差率　　D．调节时间

14．欧陆514直流调速装置ASR的限幅值是用电位器P5来调整的。通过端子7上外接0～7.5V的直流电压，调节P5可得到对应最大电枢电流为（　　）。

  A．1.1倍标定电流的限幅值　　　　B．1.5倍标定电流的限幅值
  C．1.1倍电机额定电流的限幅值　　D．等于电机额定电流的限幅值

15．双闭环调速系统中电流环的输入信号有两个，即（　　）。

  A．主电路反馈的转速信号及ASR的输出信号
  B．主电路反馈的电流信号及ASR的输出信号
  C．主电路反馈的电压信号及ASR的输出信号
  D．电流给定信号及ASR的输出信号

16．单闭环转速负反馈系统中必须加电流截止负反馈，电流截止负反馈电路的作用是实

现（ ）。

A. 双闭环控制　　　　　　　　　B. 限制晶闸管电流
C. 系统的"挖土机特性"　　　　　D. 实现快速停车

17. 变频调速时，电动机出现过热，（ ）的方法不能改进过热问题。

A. 尽可能不要低频运行　　　　　B. 换用变频电动机
C. 改进散热条件　　　　　　　　D. 提高电源电压

18. 直流电动机运行中转速突然急速升高并失控。故障原因可能是（ ）

A. 突然失去励磁电流　　　　　　B. 电枢电压过大
C. 电枢电流过大　　　　　　　　D. 励磁电流过大

19. 直流调速装置可运用于不同的环境中，并且使用的电气元件在抗干扰性能与干扰辐射强度存在较大差别，所以安装应以实际情况为基础，遵守（ ）规则。

A. 3C认证　　B. 安全　　C. EMC　　D. 企业规范

20. 直流双闭环调速系统引入转速（ ）后，能有效地抑制转速超调。

A. 微分负反馈　　　　　　　　　B. 微分正反馈
C. 微分补偿　　　　　　　　　　D. 滤波电容

21. 调节直流电动机电枢电压可获得（ ）性能。

A. 恒功率调速　　　　　　　　　B. 恒转矩调速
C. 弱磁通调速　　　　　　　　　D. 强磁通调速

22. 直流调速装置安装的现场调试主要有硬件检查和程序（软件）调试两大内容。调试前准备工作主要有：收集有关资料、熟悉并阅读有关资料和说明书、主设备调试用仪表的准备。其中要（ ），这是日后正确使用设备的基础。

A. 程序（软件）调试　　　　　　B. 熟悉并阅读有关资料和说明书
C. 设备接线检查　　　　　　　　D. 硬件检查

23. 在交流调压调速系统中，目前广泛采用（ ）来调节交流电压。

A. 晶闸管周波控制　　　　　　　B. 定子回路串饱和电抗器
C. 定子回路加自耦变压器　　　　D. 晶闸管相位控制

24. 电压电流双闭环调速系统中的电流正反馈环节是用来实现（ ）。

A. 系统的"挖土机特性"　　　　　B. 调节ACR电流负反馈深度
C. 补偿电枢电阻压降引起的转速降　D. 稳定电枢电流

25. 闭环控制系统具有反馈环节，它能依靠（ ）进行自动调节，以补偿扰动对系统产生的影响。

A. 正反馈环节　　　　　　　　　B. 负反馈环节
C. 校正装置　　　　　　　　　　D. 补偿环节

26. 工业控制领域目前直流调速系统中主要采用（ ）。

A. 直流斩波器调压　　　　　　　B. 旋转变流机组调压
C. 电枢回路串电阻R调压　　　　D. 静止可控整流器调压

27. 直流电动机弱磁调速时，励磁电路接线务必可靠，防止发生（ ）

A. 运行中失磁造成飞车故障　　　B. 运行中失磁造成停车故障
C. 起动时失磁造成飞车故障　　　D. 起动时失磁造成转速失控问题

28. 电压电流双闭环系统中电流调节器 ACR 的输入信号有（　　）。
    A．速度给定信号与电压调节器的输出信号
    B．电流反馈信号与电压反馈信号
    C．电流反馈信号与电压调节器的输出信号
    D．电流反馈信号与速度给定信号
29. （　　）是直流调速系统的主要控制方案。
    A．改变电源频率　　　　　　　　B．调节电枢电压
    C．改变电枢回路电阻 R　　　　　D．改变转差率
30. 自动调速系统应归类在（　　）。
    A．过程控制系统　　　　　　　　B．采样控制系统
    C．恒值控制系统　　　　　　　　D．智能控制系统
31. 速度检测与反馈电路的精度，对调速系统的影响是（　　）。
    A．决定系统稳态精度　　　　　　B．只决定速度反馈系数
    C．只影响系统动态性能　　　　　D．不影响，系统可自我调节
32. 若给 PI 调节器输入阶跃信号，其输出电压随积分的过程积累，其数值不断增长（　　）。
    A．直至饱和　　B．无限增大　　C．不确定　　D．直至电路损坏
33. 根据生产机械调速特性要求的不同，可采用不同的变频调速系统。采用（　　）的变频调速系统技术性能最优。
    A．开环恒压频比控制　　　　　　B．无测速矢量控制
    C．有测速矢量控制　　　　　　　D．直接转矩控制
34. 直流调速装置安装无线电干扰抑制滤波器与进线电抗器，必须遵守滤波器网侧电缆与负载侧电缆在空间上隔离。整流器交流侧电抗器电流按（　　）。
    A．电动机电枢额定电流选取　　　B．等于电动机电枢额定电流 0.82 倍选取
    C．等于直流侧电流选取　　　　　D．等于直流侧电流 0.82 倍选取
35. 工程设计中的调速精度指标要求在所有调速特性上都能满足，故应是调速系统（　　）特性的静差率。
    A．最高调速　　B．额定转速　　C．平均转速　　D．最低转速
36. 稳态时，无静差调速系统中积分调节器的（　　）。
    A．输入端电压一定为零　　　　　B．输入端电压不为零
    C．反馈电压等于零　　　　　　　D．给定电压等于零
37. 转速电流双闭环调速系统稳态时，转速 n 与速度给定电压 U_{gn}、速度反馈系数 α 之间的关系是：（　　）。
    A．$n \neq U_{gn}/α$　B．$n \geq U_{gn}/α$　C．$n = U_{gn}/α$　D．$n \leq U_{gn}/α$
38. 在闭环控制交流调压调速系统中，负载变化范围受限于（　　）时的机械特性，超出此范围闭环系统便失去控制能力。
    A．电压为 U_{1nom}　　　　　　　B．电压为 U_{1min}
    C．电压为 U_{1nom} 与 U_{1min}　　D．电压为 $1.2U_{1nom}$
39. 反馈控制系统主要由（　　）、比较器和控制器构成，利用输入与反馈两信号比较后的偏差作为控制信号来自动地纠正输出量与期望值之间的误差，是一种精确控制系统。

A．给定环节　　　B．补偿环节　　　C．放大器　　　D．检测环节

40．由积分调节器组成的闭环控制系统是（　　）。

A．有静差系统　　B．无静差系统　　C．顺序控制系统　　D．离散控制系统

41．电压负反馈能克服（　　）压降所引起的转速降。

A．电枢电阻　　B．整流器内阻　　C．电枢回路电阻　　D．电刷接触电阻

42．自动控制系统的动态指标中（　　）反映了系统的稳定性能。

A．最大超调量（σ）和振荡次数（N）　　B．调整时间（t_s）

C．最大超调量（σ）　　D．调整时间（t_s）和振荡次数（N）

交直流调速答案

1～5：AACAC	6～10：ABDDC	11～15：AABBB
16～20：CDACA	21～25：BBDCB	26～30：DACBC
31～35：AADDD	36～42：ADCCBBA	

八、20/5t 桥式起重机

1．20/5t 桥式起重机的主电路中包含了电源开关 QS、交流接触器 KM1～KM4、凸轮控制器 SA1～SA3、（　　）、电磁制动器 YB1～YB6、电阻器 1R～5R、过电流继电器等。

A．限位开关 SQ1～SQ4　　B．电动机 M1～M5

C．欠电压继电器 KV　　D．熔断器 FU2

2．20/5t 桥式起重机的主电路中包含了电源开关 QS、交流接触器 KM1～KM4、凸轮控制器 SA1～SA3、电动机 M1～M5、电磁制动器 YB1～YB6、（　　）、过电流继电器等。

A．限位开关 SQ1～SQ4　　B．欠电压继电器 KV

C．熔断器 FU2　　D．电阻器 1R～5R

3．20/5t 桥式起重机的小车电动机可以由凸轮控制器实现（　　）的控制。

A．减压起动　　B．正反转　　C．能耗制动　　D．回馈制动

4．20/5t 桥式起重机的主电路中包含了电源开关 QS、交流接触器 KM1～KM4、（　　）、电动机 M1～M5、电磁制动器 YB1～YB6、电阻器 1R～5R、过电流继电器等。

A．限位开关 SQ1～SQ4　　B．欠电压继电器 KV

C．凸轮控制器 SA1～SA3　　D．熔断器 FU2

5．20/5t 桥式起重机接通电源，扳动凸轮控制器手柄后，电动机不转动的可能原因是（　　）。

A．电阻器 1R～5R 的初始值过小　　B．凸轮控制器主触点接触不良

C．熔断器 FU1～FU2 太粗　　D．热继电器 FR1～FR5 额定值过小

6．20/5t 桥式起重机的主钩电动机一般用（　　）实现过流保护的控制。

A．断路器　　B．电流继电器　　C．熔断器　　D．热继电器

7．20/5t 桥式起重机的保护电路由紧急开关 QS4、过电流继电器 KC1～KC5、欠电压继电器 KV、熔断器 FU1～FU2、（　　）等组成。

A．电阻器 1R～5R　　B．热继电器 FR1～FR5

C．接触器 KM1～KM2　　D．限位开关 SQ1～SQ4

8. 20/5t 桥式起重机的保护电路由紧急开关 QS4、过电流继电器 KC1～KC5、（   ）、熔断器 FU1～FU2、限位开关 SQ1～SQ4 等组成。

  A．电阻器 1R～5R   B．热继电器 FR1～FR5

  C．欠电压继电器 KV   D．接触器 KM1～KM2

9. 20/5t 桥式起重机的小车电动机一般用（   ）实现正反转的控制。

  A．断路器   B．接触器   C．频敏变阻器   D．凸轮控制器

10. 20/5t 桥式起重机的保护电路由紧急开关 QS4、（   ）、欠电压继电器 KV、熔断器 FU1～FU2、限位开关 SQ1～SQ4 等组成。

  A．电阻器 1R～5R   B．过电流继电器 KC1～KC5

  C．热继电器 FR1～FR5   D．接触器 KM1～KM2

11. 20/5t 桥式起重机电气线路的控制电路中包含了主令控制器 SA4、紧急开关 QS4、起动按钮 SB、过电流继电器 KC1～KC5、（   ）、欠电压继电器 KV 等。

  A．电动机 M1～M5   B．电磁制动器 YB1～YB6

  C．限位开关 SQ1～SQ4   D．电阻器 1R～5R

12. 20/5t 桥式起重机的主接触器 KM 吸合后，过电流继电器立即动作的可能原因是（   ）。

  A．电阻器 1R～5R 的初始值过大   B．热继电器 FR1～FR5 额定值过小

  C．熔断器 FU1～FU2 太粗   D．凸轮控制器 SA1～SA3 电路接地

20/5t 桥式起重机答案

1～5：BDBCB   6～12：BDCDBCD

九、PLC 部分

1．PLC 中"BATT"灯出现红色表示（   ）。

  A．故障   B．开路   C．欠压   D．过流

2．不属于 PLC 输入模块本身的故障是（   ）。

  A．传感器故障   B．执行器故障   C．PLC 软件故障   D．输入电源故障

3．PLC 编程语言中梯形图是指（   ）。

  A．SFC   B．LD   C．ST   D．FBD

4．在以下 PLC 梯形图程序中，0 步和 3 步实现的功能（   ）。

```
      X000
  0 ──┤ ├──────────────────────(Y000)
      X001
  3 ──┤ ├──────────────────────(Y001)
```

  A．一样

  B．0 步是上升沿脉冲指令，3 步是下降沿脉冲指令

  C．0 步是点动，3 步是下降沿脉冲指令

  D．3 步是上升沿脉冲指令，0 步是下降沿脉冲指令

5．在 FX2N PLC 中 PLF 是（   ）指令。

A．下降沿脉冲　　B．上升沿脉冲　　C．暂停　　　　D．移位

6. 以下 FX2N 可编程序控制器控制多速电动机运行时，X0 不使用自锁，是因为（　　）。

　　A．X0 是点动按钮　　　　　　　B．Y0 自身能自锁
　　C．Y0 自身带自锁　　　　　　　D．X0 是自锁开关

7. 下列选项不是 PLC 控制系统设计原则的是（　　）。

　　A．保证控制系统的安全、可靠
　　B．最大限度地满足生产机械或生产流程对电气控制的要求
　　C．在选择 PLC 时要求输入输出点数全部使用
　　D．在满足控制系统要求的前提下，力求使系统简单、经济、操作和维护方便

8. 在使用 FX2N 可编程序控制器控制交通灯时，将相对方向的同色灯并联起来，是为了（　　）。

　　A．简化电路　　　　　　　　　　B．节约电线
　　C．节省 PLC 输出口　　　　　　D．减少工作量

9. 以下不属于 PLC 与计算机正确连接方式的是（　　）。

　　A．RS232 通信连接　　　　　　　B．超声波通信连接
　　C．RS422 通信连接　　　　　　　D．RS485 通信连接

10. 以下不属于 PLC 外围输入故障的是（　　）。

　　A．接近开关故障　　　　　　　　B．按钮开关短路
　　C．传感器故障　　　　　　　　　D．继电器

11. 以下程序出现的错误是（　　）。

　　A．双线圈错误　　　　　　　　　B．不能自锁
　　C．没有输出量　　　　　　　　　D．以上都不是

12. 在使用 FX2N 可编程序控制器控制交通灯时，T0 循环定时时间为（　　）。

　　A．550s　　　B．23s　　　C．55s　　　D．20s

13. PLC 控制系统的主要设计内容描述不正确的是（　　）。

A．选择用户输入设备、输出设备，以及由输出设备驱动的控制对象
B．分配I/O点，绘制电气连接图，考虑必要的安全保护措施
C．编制控制程序
D．下载控制程序

14．在以下FX2N PLC程序中，Y1得电，是因为（　　）先闭合。

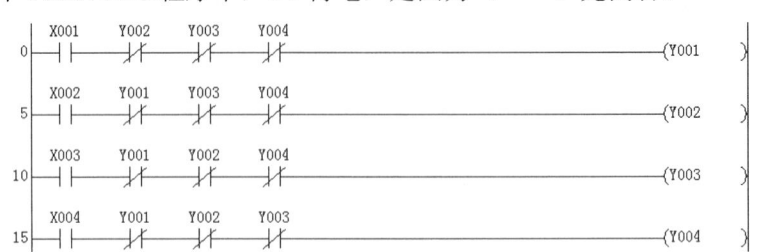

A．X4　　　　　B．X3　　　　　C．X2　　　　　D．X1

15．以下FX2N系列可编程序控制器程序中，第一行和第二行程序功能相比（　　）。

A．第二行程序是错误的　　　　　B．工业现场不能采用第二行程序
C．没区别　　　　　　　　　　　D．第一行程序可以防止输入抖动

16．以下FX2N可编程序控制器控制车床运行时，程序中使用了顺控指令（　　）。

A．STL　　　　B．ZRST　　　　C．RET　　　　D．END

17．PLC输入模块本身的故障描述不正确的是（　　）。

A．没有输入信号，输入模块指示灯不亮是输入模块的常见故障
B．输入模块电源极性接反一般不会烧毁输入端口的元器件
C．PLC输入模块的故障主要是由控制程序编制错误造成的
D．PLC输入使用内部电源，若接通信号时指示灯不亮，很可能是内部电源烧坏

18．PLC通过（　　）寄存器保持数据。
A．掉电保持　　B．存储　　　　C．缓存　　　　D．以上都是

19. 在FX系列PLC控制中可以用（ ）替代中间继电器。
    A．T   B．C   C．S   D．M
20. 在以下FX2N PLC程序中，Y3得电，是因为（ ）先闭合。

```
 0 ──X001──┤/├Y002──┤/├Y003──┤/├Y004────────────(Y001)
 5 ──X002──┤/├Y001──┤/├Y003──┤/├Y004────────────(Y002)
10 ──X003──┤/├Y001──┤/├Y002──┤/├Y004────────────(Y003)
15 ──X004──┤/├Y001──┤/├Y002──┤/├Y003────────────(Y004)
```

    A．X1   B．X2   C．X3   D．X4
21. PLC输出模块常见的故障是（ ）。
    ① 供电电源故障   ② 端子接线故障
    ③ 模板安装故障   ④ 现场操作故障
    A．①②③④   B．②③④   C．①③④   D．①②④
22. PLC输入模块的故障处理方法正确的是（ ）。
    ① 有输入信号但是输入模块指示灯不亮时应检查是不是输入直流电源的正负极接反
    ② 若一个LED逻辑指示灯变暗，而且根据编程器件监视器，处理器未识别输入，则输入模块可能存在故障
    ③ 指示器不亮，万用表检查有电压，直接说明输入模块烧毁了
    ④ 出现输入故障时，首先检查LED电源指示灯是否响应现场元件（如按钮、行程开关等）
    A．①②③   B．②③④   C．①②④   D．①③④
23. 在以下FX2N PLC程序中，优先信号级别最低的是（ ）。

```
 0 ──X001──┤/├Y002──┤/├Y003──┤/├Y004────────────(Y001)
 5 ──X002──┤/├Y003──┤/├Y004─────────────────────(Y002)
 9 ──X003──┤/├Y004──────────────────────────────(Y003)
12 ──X004──────────────────────────────────────(Y004)
```

    A．X1   B．X2   C．X3   D．X4
24. 以下属于PLC硬件故障类型的是（ ）。
    ① I/O模块故障；② 电源模块故障；③ 状态矛盾故障；④ CPU模块故障
    A．①②③   B．②③④   C．①③④   D．①②④
25. PLC输出模块出现故障可能是（ ）造成的。
    A．供电电源   B．端子接线   C．模板安装   D．以上都是
26. 在FX2N PLC中PLS是（ ）指令。
    A．计数器   B．定时器   C．上升沿脉冲 D．下降沿脉冲
27. 在以下FX2N PLC程序中，X0闭合后经过（ ）时间延时，Y0得电。

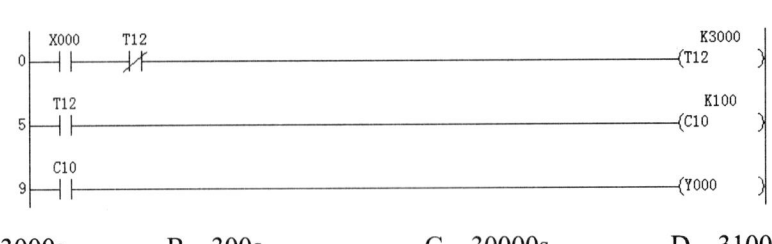

```
    X000   T12                                              K3000
 0  ─┤├────┤/├──────────────────────────────────────────────(T12 )
    T12                                                     K100
 5  ─┤├──────────────────────────────────────────────────── (C10 )
    C10
 9  ─┤├──────────────────────────────────────────────────── (Y000)
```

   A．3000s   B．300s   C．30000s   D．3100s

28．以下不属于PLC与计算机正确连接方式的是（　　）。
  A．电话线通信连接   B．RS422通信连接
  C．RS485通信连接   D．RS232通信连接

29．PLC控制系统设计的步骤是（　　）。
  ① 确定硬件配置，画出硬件接线图
  ② PLC进行模拟调试和现场调试
  ③ 系统交付前，要根据调试的最终结果整理出完整的技术文件
  ④ 深入了解控制对象及控制要求
  A．①→③→②→④   B．①→②→④→③
  C．②→①→④→③   D．④→①→②→③

30．以下PLC梯形图实现的功能是（　　）。

```
    X000  X001
 0  ─┤├───┤/├────────────────────────────────────────────(Y000)
    Y000
    ─┤├──
    X002  X003  Y000
 4  ─┤├───┤/├───┤├───────────────────────────────────────(Y001)
    Y001
    ─┤├──
```

  A．长动控制 B．点动控制 C．顺序起动 D．自动往复

31．（　　）程序的检查内容有指令检查、梯形图检查、软元件检查等。
  A．PLC   B．HMI   C．计算机   D．以上都有

32．（　　）是PLC编程软件可以进行监控的对象。
  A．行程开关体积   B．光电传感器位置
  C．温度传感器类型   D．输入、输出量

33．在使用FX2N可编程序控制器控制电动机Y/△起动时，至少需要使用（　　）个交流接触器。
  A．2   B．3   C．4   D．5

34．PLC编程软件安装方法不对的是（　　）。
  A．安装前，请确定下载文件的大小及文件名称
  B．在安装的时候，最好把其他应用程序关掉，包括杀毒软件
  C．安装选项中，选项无需都打勾
  D．解压后，直接点击安装

35．使用FX2N可编程序控制器控制车床运行时，以下程序中使用了ZRST指令（　　）。

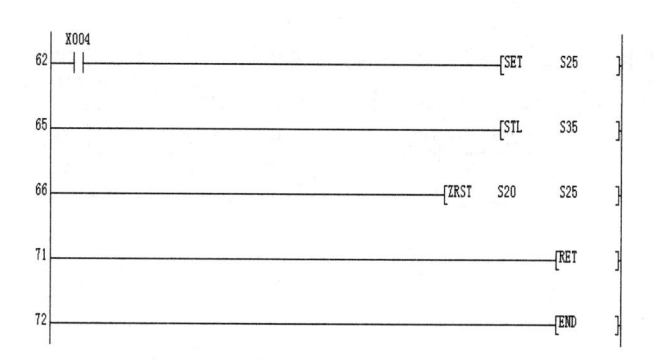

```
         X004
    62   ─┤├────────────────────────────[SET  S25]
    
    65   ─────────────────────────────[STL  S35]
    
    66   ──────────────────────[ZRST  S20  S25]
    
    71   ───────────────────────────────────[RET]
    
    72   ───────────────────────────────────[END]
```

A．复位 S20 和 S25 顺控继电器　　B．复位 S20 到 S25 顺控继电器
C．置位 S20 和 S25 顺控继电器　　D．置位 S20 到 S25 顺控继电器

36．在以下 FX2N PLC 程序中，优先信号级别最高的是（　　）。

```
       X001  Y002  Y003  Y004
   0   ─┤├──┤/├──┤/├──┤/├──────────────(Y001)
       
       X002  Y003  Y004
   5   ─┤├──┤/├──┤/├─────────────────(Y002)
       
       X003  Y004
   9   ─┤├──┤/├────────────────────(Y003)
       
       X004
  12   ─┤├──────────────────────(Y004)
```

A．X1　　　　　B．X2　　　　　C．X3　　　　　D．X4

37．PLC 控制系统设计的步骤描述错误的是（　　）。
    A．正确选择 PLC 对于保证控制系统的技术和经济性能指标起着重要的作用
    B．深入了解控制对象及控制要求是 PLC 控制系统设计的基础
    C．系统交付前，要根据调试的最终结果整理出完整的技术文件
    D．PLC 进行程序调试时直接进行现场调试即可

38．PLC 输入模块的故障处理方法正确的是（　　）。
    A．有输入信号但是输入模块指示灯不亮时应检查是否输入直流电源正负极接反
    B．若一个 LED 逻辑指示器变暗，且根据编程器件监视器，处理器未识别输入，则输入模块可能存在故障
    C．出现输入故障时，首先检查 LED 电源指示器是否响应现场元件（如按钮、行程开关等）
    D．以上都是

39．PLC 编程软件安装方法不正确的是（　　）。
    A．安装前，请确定下载文件的大小及文件名称
    B．在安装的时候，最好把其他应用程序关掉，包括杀毒软件
    C．安装前，要保证 I/O 接口电路连线正确
    D．先安装通用环境，解压后，进入相应文件夹，点击安装

40．PLC 编程软件安装方法不正确的是（　　）。
    A．安装前，请确定下载文件的大小及文件名称
    B．安装过程中，每一步都要杀毒

C．在安装的时候，最好把其他应用程序关掉，包括杀毒软件

D．先安装通用环境，解压后，进入相应文件夹，点击安装

41．以下 FX2N 系列可编程序控制器程序，0 步和 2 步实现的起动功能是（　　）。

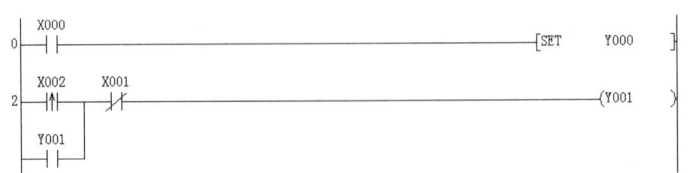

```
 0 ├X000┤─────────────────────────[SET  Y000]
 2 ├X002┤├X001┤──────────────────────────(Y001)
   ├Y001┤
```

A．都能使 Y0 或 Y1 得电　　　　　　B．0 步中 Y0 不能长期得电

C．2 步中 Y1 不能得电　　　　　　　D．0 步错误，2 步工作正常

42．无论更换输入模块还是更换输出模块，都要在 PLC（　　）情况下进行。

A．RUN 状态下　　　　　　　　　　B．通电

C．断电状态下　　　　　　　　　　D．以上都不是

43．在 PLC 模拟仿真前要对程序进行（　　）。

A．程序删除　　B．程序检查　　C．程序备份　　D．程序备注

44．（　　）程序的检查内容有指令检查、梯形图检查、软元件检查等。

A．PLC　　　　B．单片机　　　C．DSP　　　　D．以上都没有

45．以下 FX2N PLC 程序可以实现（　　）功能。

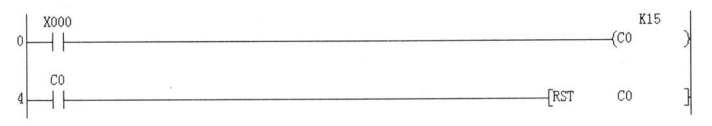

```
 0 ├X000┤──────────────────────────(C0  K15)
 4 ├C0┤─────────────────────────[RST  C0]
```

A．循环计时　　　　　　　　　　　B．计数到 15 停止

C．C0 不能计数　　　　　　　　　　D．循环计数

46．PLC 输出模块故障包括（　　）。

A．输出模块 LED 指示灯不亮　　　　B．输出模块 LED 指示灯常亮不熄灭

C．输出模块没有电压　　　　　　　D．以上都是

47．以下 FX2N PLC 程序可以实现（　　）功能。

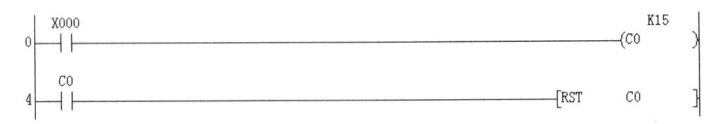

```
 0 ├X000┤──────────────────────────(C0  K15)
 4 ├C0┤─────────────────────────[RST  C0]
```

A．循环计数　　　　　　　　　　　B．计数到 15000 停止

C．C0 控制 K15 线圈　　　　　　　　D．起动 C0 循环程序

48．在 FX2N PLC 中，T200 的定时精度为（　　）。

A．1ms　　　　B．10ms　　　　C．100ms　　　D．1s

49．PLC 通过（　　）寄存器保持数据。

A．计数　　　　B．掉电保持　　C．中间　　　　D．以上都不是

50．在 FX2N PLC 中，T100 的定时精度为（　　）。

A．1ms　　　　B．10ms　　　　C．100ms　　　D．10s

51. 以下 PLC 梯形图实现的功能是（　　）。

A．点动控制　　　B．启保停控制　　　C．双重联锁　　　D．顺序起动

52. 以下 FX2N PLC 程序中存在的问题是（　　）。

A．不需要串联 X1 停止信号，不需要 Y0 触点保持
B．不能使用 X0 上升沿指令
C．要串联 X1 常开点
D．要并联 Y0 常闭点

53. PLC 更换输出模块时，要在（　　）情况下进行。

A．PLC 输出开路状态下　　　B．PLC 短路状态下
C．断电状态下　　　D．以上都是

54. 以下程序出现的错误是（　　）。

A．没有指令表　　B．没有互锁　　　C．没有输出量　　　D．双线圈错误

55. 在使用 FX2N 可编程序控制器控制磨床运行时，Y2 和 M0（　　）。

A．并联输出　　　B．先后输出　　　C．双线圈　　　D．错时输出

56. 以下程序是对输入信号 X0 进行（　　）分频。

A．一　　　B．三　　　C．二　　　D．四

57. 以下 PLC 梯形图实现的功能是（　　）。

A．双线圈输出　　B．多线圈输出　　C．两地控制　　D．以上都不对

58. 以下 FX2N 可编程序控制器控制电动机星三角起动时，星形切换到三角形延时（　　）。

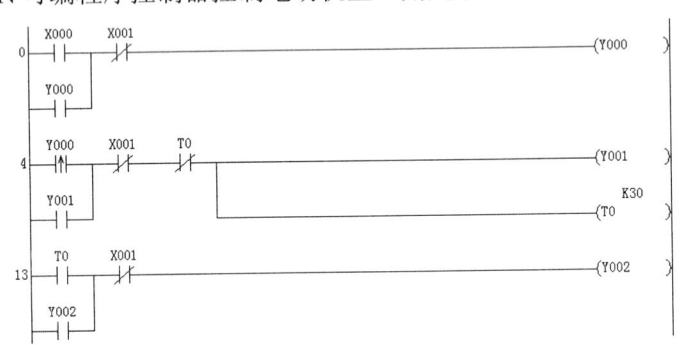

A．1s　　　　B．2s　　　　C．3s　　　　D．4s

59. 在以下 FX2N PLC 程序中，X0 闭合后经过（　　）时间延时，Y0 得电。

A．300000s　　B．3000s　　C．100s　　D．30000s

60. PLC 输出模块常见的故障是（　　）。
① 供电电源故障　　　　　　② 端子接线故障
③ 模板安装故障　　　　　　④ 现场操作故障

A．①②③④　　B．②③④　　C．①③④　　D．①②④

61. PLC 输入模块的故障处理方法正确的是（　　）。
① 有输入信号但是输入模块指示灯不亮时应检查是不是输入直流电源的正负极接反
② 若一个 LED 逻辑指示灯变暗，而且根据编程器件监视器，处理器未识别输入，则输入模块可能存在故障
③ 指示器不亮，万用表检查有电压，直接说明输入模块烧毁了
④ 出现输入故障时，首先检查 LED 电源指示灯是否响应现场元件（如按钮、行程开关等）

A．①②③　　B．②③④　　C．①②④　　D．①③④

62. 在以下 FX2N PLC 程序中，优先信号级别最低的是（　　）。

```
    X001  Y002  Y003  Y004
 0───┤├────┤/├───┤/├───┤/├──────────────────────(Y001)

    X002  Y003  Y004
 5───┤├────┤/├───┤/├─────────────────────────────(Y002)

    X003  Y004
 9───┤├────┤/├───────────────────────────────────(Y003)

    X004
12───┤├──────────────────────────────────────────(Y004)
```

  A．X1   B．X2   C．X3   D．X4

63．以下属于 PLC 硬件故障类型的是（ ）。

  ① I/O 模块故障；② 电源模块故障；③ 状态矛盾故障；④ CPU 模块故障

  A．①②③ B．②③④ C．①③④ D．①②④

64．PLC 输出模块出现故障可能是（ ）造成的。

  A．供电电源 B．端子接线 C．模板安装 D．以上都是

65．在以下 FX2N PLC 程序中，X0 闭合后经过（ ）时间延时，Y0 得电。

```
    X000  T12                                    K3000
 0───┤├────┤/├───────────────────────────────────(T12)

    T12                                          K100
 5───┤├──────────────────────────────────────────(C10)

    C10
 9───┤├──────────────────────────────────────────(Y000)
```

  A．3000s B．300s C．30000s D．3100s

66．以下 PLC 梯形图实现的功能是（ ）。

```
    X000  X001
 0───┤├────┤/├───────────────────────────────────(Y000)
    │
    Y000
   ──┤├──

    X002  X003  Y000
 4───┤├────┤/├───┤/├─────────────────────────────(Y001)
    │
    Y001
   ──┤├──
```

  A．长动控制 B．点动控制 C．顺序起动 D．自动往复

67．在一个程序中不能使用（ ）检查纠正的方法。

  A．梯形图 B．双线圈 C．上电 D．指令表

68．PLC 中"BATT"灯出现红色表示（ ）。

  A．过载 B．短路 C．正常 D．故障

69．用 PLC 控制可以节省大量继电—接触器控制电路中的（ ）。

  A．熔断器   B．交流接触器

  C．开关   D．中间继电器和时间继电器

70．PLC 通过（ ）寄存器保持数据。

  A．内部电源 B．复位 C．掉电保持 D．以上都是

71．以下 FX2N 系列可编程序控制器程序中，第一行和第二行程序功能相比（ ）。

```
     X000   X001
 0───┤├────┤/├─────────────────────────────(Y000)
     Y000
     ├─┤├──┤
     X001   X002
 5───┤├────┤/├─────────────────────────────(Y001)
     Y001
     ├─┤├──┤
```

A．第二行程序功能更强大　　　　B．工业现场必须采用第二行
C．第一行程序可以防止输入抖动　D．没区别

72．在使用 FX2N 可编程序控制器控制交通灯时，将相对方向的同色灯并联起来，是为了（　　）。

A．减少输出电流　　　　　B．节省 PLC 输出口
C．提高输出电压　　　　　D．提高工作可靠性

73．PLC 输出模块没有信号输出，可能是（　　）造成的。
① PLC 没有在 RUN 状态
② 端子接线出现断路
③ 输出模块与 CPU 模块通讯问题
④ 电源供电出现问题
A．①②④　　B．②③④　　C．①③④　　D．①②③④

74．PLC 控制系统的主要设计内容不包括（　　）。
A．选择用户输入设备、输出设备，以及由输出设备驱动的控制对象
B．PLC 的选择
C．PLC 的保养和维护
D．分配 I/O 点，绘制电气连接图，考虑必要的安全保护措施

PLC 部分答案

1～5: ACBBA	6～10: DCCBD	11～15: ACDDD
16～20: ACAAC	21～25: ACADD	26～30: CCADC
31～35: ADBDB	36～40: DDDCB	41～45: ACBAD
46～50: DABBC	51～55: BACDA	56～60: CBCDA
61～65: CADDC	66～70: CCDDC	71～74: CBDC

十、电机部分

1．电动机的起动转矩必须大于负载转矩。若软起动器不能起动某负载，则可改用的起动设备是（　　）。

A．采用内三角接法的软起动器　B．采用外三角接法的软起动器
C．变频器　　　　　　　　　　D．星/三角起动器

2．电动机停车要精确定位，防止爬行时，变频器应采用（　　）的方式。

A．能耗制动加直流制动　　B．能耗制动
C．直流制动　　　　　　　D．回馈制动

3．一台使用多年的250kW电动机拖动鼓风机，经变频改造运行二个月后常出现过流跳闸。故障的原因可能是（   ）。

　　A．变频器选配不当

　　B．变频器参数设置不当

　　C．变频供电的高频谐波使电机绝缘加速老化

　　D．负载有时过重

4．恒转矩负载变频调速的主要问题是调速范围能否满足要求。典型的恒转矩负载有（   ）。

　　A．起重机、车床　　　　　　　　　B．带式输送机、车床

　　C．带式输送机、起重机　　　　　　D．薄膜卷取机、车床

5．变频器网络控制的主要内容是（   ）。

　　A．启停控制、转向控制、显示控制　　B．启停控制、转向控制、电机参数控制

　　C．频率控制、显示控制　　　　　　D．频率控制、启停控制、转向控制

6．软起动器起动完成后，旁路接触器刚动作就跳闸。故障原因可能是（   ）。

　　A．起动参数不合适　　　　　　　　B．晶闸管模块故障

　　C．起动控制方式不当　　　　　　　D．旁路接触器与软起动器的接线相序不一致

7．软起动器采用内三角接法时，电动机额定电流应按相电流设置，这时（   ）。

　　A．容量提高、有三次谐波　　　　　B．容量提高、无三次谐波

　　C．容量不变、有三次谐波　　　　　D．容量减小、无三次谐波

8．变频器连接同步电动机或连接几台电动机时，变频器必须在（   ）特性下工作。

　　A．恒磁通调速　　B．调压调速　　C．恒功率调速　　D．变阻调速

9．软起动器进行起动操作后，电动机运转，但长时间达不到额定值。此故障原因不可能是（   ）。

　　A．起动参数不合适　　　　　　　　B．起动线路接线错误

　　C．起动控制方式不当　　　　　　　D．晶闸管模块故障

10．变频器启停方式有：面板控制、外部端子控制、通信端口控制。当与PLC配合组成远程网络时，主要采用（   ）方式。

　　A．面板控制　　B．外部端子控制　　C．通信端口控制　　D．脉冲控制

11．变频器过载故障的原因可能是：（   ）。

　　A．加速时间设置太短、电网电压太高

　　B．加速时间设置太短、电网电压太低

　　C．加速时间设置太长、电网电压太高

　　D．加速时间设置太长、电网电压太低

12．负载不变情况下，变频器出现过电流故障，原因可能是：（   ）。

　　A．负载过重　　　　　　　　　　　B．电源电压不稳

　　C．转矩提升功能设置不当　　　　　D．斜波时间设置过长

13．将变频器与PLC等上位机配合使用时，应注意（   ）。

　　A．使用共同地线、最好接入噪声滤波器、电线各自分开

　　B．不使用共同地线、最好接入噪声滤波器、电线汇总一起布置

C．不使用共同地线、最好接入噪声滤波器、电线各自分开

D．不使用共同地线、最好不接入噪声滤波器、电线汇总一起布置

14．变频器运行时过载报警，电机不过热。此故障可能的原因是（　　）。

A．变频器过载整定值不合理、电机过载

B．电源三相不平衡、变频器过载整定值不合理

C．电机过载、变频器过载整定值不合理

D．电网电压过高、电源三相不平衡

15．一台大功率电动机，变频调速运行在低速段时电机过热。此故障的原因可能是（　　）。

A．电动机参数设置不正确　　　　B．U/f 比设置不正确

C．电动机功率小　　　　　　　　D．低速时电动机自身散热不能满足要求

电机部分答案

1～5：CACCD　　　6～10：DBABC　　　11～15：BCCBD

十一、三相半控桥式整流电路

1．三相半控桥式整流电路电感性负载每个晶闸管电流平均值是输出电流平均值的（　　）。

A．1/6　　　B．1/4　　　C．1/2　　　D．1/3

2．三相半控桥式整流电路电感性负载时，控制角α的移相范围是（　　）。

A．0～180°　　B．0～150°　　C．0～120°　　D．0～90°

3．三相半控桥式整流电路电阻性负载时，控制角α的移相范围是（　　）。

A．0～180°　　B．0～150°　　C．0～120°　　D．0～90°

4．三相半波可控整流电路大电感负载无续流管，每个晶闸管电流平均值是输出电流平均值的（　　）。

A．1/3　　　B．1/2　　　C．1/6　　　D．1/4

5．三相半波可控整流电路电阻性负载的输出电压波形在控制角（　　）的范围内连续。

A．$0<\alpha<30°$　　B．$0<\alpha<45°$　　C．$0<\alpha<60°$　　D．$0<\alpha<90°$

6．三相桥式可控整流电路电阻性负载的输出电流波形，在控制角α>（　　）时出现断续。

A．30°　　　B．45°　　　C．60°　　　D．90°

7．三相桥式可控整流电路电阻性负载的输出电压波形，在控制角α>（　　）时出现断续。

A．30°　　　B．60°　　　C．45°　　　D．50°

8．三相桥式可控整流电路电感性负载，控制角α增大时，输出电流波形（　　）。

A．降低　　　B．升高　　　C．变宽　　　D．变窄

9．三相可控整流触发电路调试时，首先检查三相同步电压波形，再检查（　　），最后检查输出双脉冲的波形。

A．整流变压器的输出波形　　　　B．同步变压器的输出波形

C．三相锯齿波波形　　　　　　　D．晶闸管两端的电压波形

10．三相全控桥式整流电路电感性负载无续流管，输出电压平均值的计算公式是（　　）。

A．$U_d=2.34U_2\cos\alpha$（$0°\leq\alpha\leq30°$）

B. $U_d=2.34U_2\cos\alpha$（0°≤α≤60°）
C. $U_d=2.34U_2\cos\alpha$（0°≤α≤90°）
D. $U_d=2.34U_2\cos\alpha$（0°≤α≤120°）

11．三相桥式可控整流电路电阻性负载的输出电流波形，在控制角α<（　　）时连续。
A．90°　　　　B．80°　　　　C．70°　　　　D．60°

12．三相半波可控整流电路中的三只晶闸管在电路上（　　）。
A．绝缘　　　　B．混联　　　　C．并联　　　　D．串联

13．单相桥式可控整流电路电感性负载无续流管，控制角α=30°时，输出电压波形中（　　）。
A．不会出现最大值部分　　　　B．会出现平直电压部分
C．不会出现负电压部分　　　　D．会出现负电压部分

14．三相半波可控整流电路大电感负载有续流管的控制角α移相范围是（　　）。
A．0～120°　　B．0～150°　　C．0～90°　　　D．0～60°

15．单相桥式可控整流电路电阻性负载的输出电压波形中一个周期内会出现（　　）个波峰。
A．2　　　　　B．1　　　　　C．4　　　　　D．3

16．三相半波可控整流电路大电感负载无续流管的最大导通角θ是（　　）。
A．60°　　　　B．90°　　　　C．150°　　　　D．120°

17．三相半波可控整流电路电阻负载，每个晶闸管电流平均值是输出电流平均值的（　　）。
A．1/3　　　　B．1/2　　　　C．1/6　　　　D．1/4

18．三相半波可控整流电路电感性负载无续流管，输出电压平均值的计算公式是（　　）。
A．$U_d=1.17U_2\cos\alpha$（0°≤α≤30°）　　B．$U_d=1.17U_2\cos\alpha$（0°≤α≤60°）
C．$U_d=1.17U_2\cos\alpha$（0°≤α≤90°）　　D．$U_d=1.17U_2\cos\alpha$（0°≤α≤120°）

19．三相半控桥式整流电路由（　　）晶闸管和三只功率二极管组成。
A．四只　　　　B．一只　　　　C．二只　　　　D．三只

20．三相半波可控整流电路电感性负载无续流管，输出电压平均值的计算公式是（　　）。
A．$U_d=0.9U_2\cos\alpha$（0°≤α≤90°）　　B．$U_d=0.45U_2\cos\alpha$（0°≤α≤90°）
C．$U_d=2.34U_2\cos\alpha$（0°≤α≤90°）　D．$U_d=1.17U_2\cos\alpha$（0°≤α≤90°）

21．三相可控整流触发电路调试时，首先要检查三相同步电压波形，再检查三相锯齿波波形，最后检查（　　）。
A．同步变压器的输出波形　　　　B．整流变压器的输出波形
C．晶闸管两端的电压波形　　　　D．输出双脉冲的波形

22．三相半控桥式整流电路电感性负载有续流二极管时，若控制角α为（　　），则晶闸管电流平均值等于续流二极管电流平均值。
A．90°　　　　B．120°　　　　C．60°　　　　D．30°

23．三相半控桥式整流电路电感性负载每个二极管电流平均值是输出电流平均值的（　　）。
A．1/4　　　　B．1/3　　　　C．1/2　　　　D．1/6

24．三相全控桥式整流电路电感性负载无续流管，控制角α大于（　　）时，输出出现负压。

　　A．90°　　　　B．60°　　　　C．45°　　　　D．30°

25．三相半控桥式整流电路电阻性负载时，每个晶闸管的最大导通角θ是（　　）。

　　A．150°　　　B．120°　　　C．90°　　　　D．60°

26．三相半控桥式整流电路电阻性负载每个晶闸管电流平均值是输出电流平均值的（　　）。

　　A．1/6　　　　B．1/4　　　　C．1/2　　　　D．1/3

27．三相桥式可控整流电路电感性负载，控制角α减小时，输出电流波形（　　）。

　　A．降低　　　B．升高　　　C．变宽　　　D．变窄

28．三相半波可控整流电路中的每只晶闸管与对应的变压器二次绕组（　　）。

　　A．绝缘　　　B．混联　　　C．并联　　　D．串联

三相半控桥式整流电路答案

1～5：DAAAA　　　6～10：CBACC　　　11～15：DCDBA

16～20：DACDD　　21～28：DABBBDBD

十二、职业道德

1．要做到办事公道，在处理公私关系时，要（　　）。

　　A．公私不分　　B．假公济私　　C．公平公正　　D．先公后私

2．下面关于严格执行安全操作规程的描述，错误的是（　　）。

　　A．每位员工都必须严格执行安全操作规程

　　B．单位的领导不需要严格执行安全操作规程

　　C．严格执行安全操作规程是维持企业正常生产的根本保证

　　D．不同行业安全操作规程的具体内容是不同的

3．严格执行安全操作规程的目的是（　　）。

　　A．限制工人的人身自由

　　B．企业领导刁难工人

　　C．保证人身和设备的安全以及企业的正常生产

　　D．增强领导的权威性

4．有关文明生产的说法，（　　）是正确的。

　　A．为了及时下班，可以直接拉断电源总开关

　　B．下班时没有必要搞好工作现场的卫生

　　C．工具使用后应按规定放置到工具箱中

　　D．电工工具不全时，可以冒险带电作业

5．下列选项中属于企业文化功能的是（　　）。

　　A．整合功能　　B．技术培训功能　　C．科学研究功能　　D．社交功能

6．下列关于勤劳节俭的论述中，不正确的选项是（　　）。

　　A．勤劳节俭能够促进经济和社会发展

B．勤劳是现代市场经济需要的，而节俭则不宜提倡

C．勤劳和节俭符合可持续发展的要求

D．勤劳节俭有利于企业增产增效

7．对于每个职工来说，质量管理的主要内容有岗位的质量要求、质量目标、（　　）和质量责任等。

　　A．信息反馈　　　B．质量水平　　　C．质量记录　　　D．质量保证措施

8．劳动者的基本义务包括（　　）等。

　　A．提高职业技能　B．获得劳动报酬　C．休息　　　　　D．休假

9．关于创新的论述，正确的是（　　）。

　　A．创新就是出新花样　　　　　　　B．创新就是独立自主

　　C．创新是企业进步的灵魂　　　　　D．创新不需要引进外国的新技术

10．正确阐述职业道德与人生事业的关系的选项是（　　）。

　　A．没有职业道德的人，任何时刻都不会获得成功

　　B．具有较高的职业道德的人，任何时刻都会获得成功

　　C．事业成功的人往往并不需要较高的职业道德

　　D．职业道德是获得人生事业成功的重要条件

11．下面说法中不正确的是（　　）。

　　A．下班后不要穿工作服　　　　　　B．不穿奇装异服上班

　　C．上班时要按规定穿整洁的工作服　D．女职工的工作服越艳丽越好

12．根据劳动法的有关规定，（　　），劳动者可以随时通知用人单位解除劳动合同。

　　A．在试用期间被证明不符合录用条件的

　　B．严重违反劳动纪律或用人单位规章制度的

　　C．严重失职、营私舞弊，对用人单位利益造成重大损害的

　　D．在试用期内

13．对于每个职工来说，质量管理的主要内容有岗位的质量要求、（　　）、质量保证措施和质量责任等。

　　A．信息反馈　　　B．质量水平　　　C．质量记录　　　D．质量目标

14．对自己所使用的工具，（　　）。

　　A．每天都要清点数量，检查完好性　B．可以带回家借给邻居使用

　　C．丢失后，可以让单位再买　　　　D．找不到时，可以拿其他员工的

15．职工上班时不符合着装整洁要求的是（　　）。

　　A．夏天天气炎热时可以只穿背心　　B．不穿奇装异服上班

　　C．保持工作服的干净和整洁　　　　D．按规定穿工作服上班

16．未成年工是指年满16周岁未满（　　）的人。

　　A．14周岁　　　B．15周岁　　　C．17周岁　　　D．18周岁

17．工作认真负责是（　　）。

　　A．衡量员工职业道德水平的一个重要方面

　　B．提高生产效率的障碍

　　C．一种思想保守的观念

D．胆小怕事的做法

18．岗位的质量要求，通常包括（　　），工作内容，工艺规程及参数控制等。
　　A．工作计划　　　B．工作目的　　　C．操作程序　　　D．工作重点

19．劳动者解除劳动合同，应当提前（　　）以书面形式通知用人单位。
　　A．5日　　　　　B．10日　　　　　C．15日　　　　　D．30日

20．爱岗敬业的具体要求是（　　）。
　　A．看效益决定是否爱岗　　　　　　B．转变择业观念
　　C．提高职业技能　　　　　　　　　D．增强把握择业的机遇意识

21．在市场经济条件下，职业道德具有（　　）的社会功能。
　　A．鼓励人们自由选择职业　　　　　B．遏制牟利最大化
　　C．促进人们的行为规范化　　　　　D．最大限度地克服人们受利益驱动

22．劳动者的基本义务包括（　　）等。
　　A．遵守劳动纪律　　　　　　　　　B．获得劳动报酬
　　C．休息　　　　　　　　　　　　　D．休假

23．符合文明生产要求的做法是（　　）。
　　A．为了提高生产效率，增加工具损坏率
　　B．下班前搞好工作现场的环境卫生
　　C．工具使用后随意摆放
　　D．冒险带电作业

24．办事公道是指从业人员在进行职业活动时要做到（　　）。
　　A．追求真理，坚持原则　　　　　　B．有求必应，助人为乐
　　C．公私不分，一切平等　　　　　　D．知人善任，提拔知己

25．企业创新要求员工努力做到（　　）。
　　A．不能墨守成规，但也不能标新立异
　　B．大胆地破除现有的结论，自创理论体系
　　C．大胆地试大胆地闯，敢于提出新问题

26．职工上班时符合着装整洁要求的是（　　）。
　　A．夏天天气炎热时可以只穿背心　　B．服装的价格越贵越好
　　C．服装的价格越低越好　　　　　　D．按规定穿工作服

27．职业道德与人生事业的关系是（　　）。
　　A．有职业道德的人一定能够获得事业成功
　　B．没有职业道德的人任何时刻都不会获得成功
　　C．事业成功的人往往具有较高的职业道德
　　D．缺乏职业道德的人往往更容易获得成功

28．养成爱护企业设备的习惯，（　　）。
　　A．在企业经营困难时，是很有必要的
　　B．对提高生产效率是有害的
　　C．对于效益好的企业，是没有必要的
　　D．是体现职业道德和职业素质的一个重要方面

29. 盗窃电能的，由电力管理部门责令停止违法行为，追缴电费并处应交电费（　　）以下的罚款。
   A．三倍　　　　B．十倍　　　　C．四倍　　　　D．五倍
30. 任何单位和个人不得危害发电设施、（　　）和电力线路设施及其有关辅助设施。
   A．变电设施　　B．用电设施　　C．保护设施　　D．建筑设施

职业道德答案

1～5：CBCCA　　　　6～10：BDACD　　　　11～15：DDDAA
16～20：DACDC　　　21～25：CABAC　　　26～30：DCDDB

十三、电工常用工具

1. 套在钢丝钳（电工钳子）把手上的橡胶或塑料皮的作用是（　　）。
   A．保温　　　　B．防潮　　　　C．绝缘　　　　D．降温
2. 千分尺测微杆的螺距为（　　），它装入固定套筒的螺孔中。
   A．0.6mm　　　B．0.8mm　　　C．0.5mm　　　D．1mm
3. 下列不属于基本安全用具的为（　　）。
   A．绝缘棒　　　B．绝缘夹钳　　C．验电笔　　　D．绝缘手套
4. 拧螺钉时应该选用（　　）。
   A．规格一致的螺丝刀　　　　　　B．规格大一号的螺丝刀，省力气
   C．规格小一号的螺丝刀，效率高　D．全金属的螺丝刀，防触电
5. 使用钢丝钳（电工钳子）固定导线时应将导线放在钳口的（　　）。
   A．前部　　　　B．后部　　　　C．中部　　　　D．上部
6. 钢丝钳（电工钳子）可以用来剪切（　　）。
   A．细导线　　　B．玻璃管　　　C．铜条　　　　D．水管
7. 扳手的手柄越长，使用起来越（　　）。
   A．省力　　　　B．费力　　　　C．方便　　　　D．便宜
8. 选用量具时，不能用千分尺测量（　　）的表面。
   A．精度一般　　B．精度较高　　C．精度较低　　D．粗糙
9. （　　）适用于狭长平面以及加工余量不大时的锉削。
   A．顺向锉　　　B．交叉锉　　　C．推锉　　　　D．曲面锉削
10. 钢丝钳（电工钳子）一般用在（　　）操作的场合。
    A．低温　　　　B．高温　　　　C．带电　　　　D．不带电
11. 用手电钻钻孔时，要穿戴（　　）。
    A．口罩　　　　B．帽子　　　　C．绝缘鞋　　　D．眼镜
12. 开始攻螺纹或套螺纹时，要把丝锥或板牙放正，当切入（　　）圈时，再仔细观察和校正对工件的垂直度。
    A．0～1　　　　B．1～2　　　　C．2～3　　　　D．3～4
13. 下列不属于辅助安全用具的为（　　）。
    A．绝缘棒　　　B．绝缘鞋　　　C．绝缘垫　　　D．绝缘手套

14. 扳手的手柄越短，使用起来越（ ）。
    A．麻烦　　　　B．轻松　　　　C．省力　　　　D．费力
15. 活动扳手可以拧（ ）规格的螺母。
    A．一种　　　　B．二种　　　　C．几种　　　　D．各种
16. 丝锥的校准部分具有（ ）的牙形。
    A．较大　　　　B．较小　　　　C．完整　　　　D．不完整
17. 喷灯打气加压时，要检查并确认进油阀可靠地（ ）。
    A．关闭　　　　B．打开　　　　C．打开一点　　D．打开或关闭

电工常用工具答案

1~5：CCDAC　　6~10：AADCD　　11~17：CBADCCA

十四、电工原理

1. 电气控制线路图测绘的一般步骤是设备停电，先画（ ），再画电器接线图，最后画出电气原理图。
    A．电机位置图　B．设备外形图　C．电器布置图　D．开关布置图
2. 各种绝缘材料的机械强度的各种指标是（ ）等各种强度指标。
    A．抗张、抗压、抗弯　　　　B．抗剪、抗撕、抗冲击
    C．抗张、抗压　　　　　　　D．含A，B两项
3. 电路的作用是实现能量的（ ）和转换、信号的传递和处理。
    A．连接　　　　B．传输　　　　C．控制　　　　D．传送
4. 伏安法测电阻是根据（ ）来算出数值。
    A．欧姆定律　　B．直接测量法　C．焦耳定律　　D．基尔霍夫定律
5. 电功的常用的实用单位有（ ）。
    A．焦耳　　　　B．伏安　　　　C．度　　　　　D．瓦
6. 线性电阻与所加（ ）、流过的电流以及温度无关。
    A．功率　　　　B．电压　　　　C．电阻率　　　D．电动势
7. 并联电路中加在每个电阻两端的电压都（ ）。
    A．不等　　　　　　　　　　　B．相等
    C．等于各电阻上电压之和　　　D．分配的电流与各电阻值成正比
8. 欧姆定律不适合于分析计算（ ）。
    A．简单电路　　B．复杂电路　　C．线性电路　　D．直流电路
9. 基尔霍夫定律的节点电流定律也适合任意（ ）。
    A．封闭面　　　B．短路　　　　C．开路　　　　D．连接点
10. 当电阻为8.66Ω与感抗为5Ω串联时，电路的功率因数为（ ）。
    A．0.5　　　　 B．0.866　　　 C．1　　　　　 D．0.6
11. 一对称三相负载，三角形连接时的有功功率等于星形连接时的（ ）倍。
    A．3　　　　　 B．$\sqrt{3}$　　　　 C．$\sqrt{2}$　　　　 D．1
12. 电磁铁的铁心应该选用（ ）。

A．软磁材料　　B．永磁材料　　C．硬磁材料　　D．永久磁铁
13．常用的绝缘材料包括：气体绝缘材料、（　　）和固体绝缘材料。
　　A．木头　　　　B．玻璃　　　　C．胶木　　　　D．液体绝缘材料
14．维修电工以电气原理图，（　　）和平面布置最为重要。
　　A．配线方式图　　　　　　　　B．安装接线图
　　C．接线方式图　　　　　　　　D．组件位置图
15．在（　　），磁力线由S极指向N极。
　　A．磁场外部　　B．磁体内部　　C．磁场两端　　D．磁场一端到另一端
16．磁导率μ的单位为（　　）。
　　A．H/m　　　　B．H.m　　　　C．T/m　　　　D．Wb.m
17．下列污染形式中不属于生态破坏的是（　　）。
　　A．森林破坏　　B．水土流失　　C．水源枯竭　　D．地面沉降
18．下列电磁污染形式不属于人为的电磁污染的是（　　）。
　　A．脉冲放电　　B．电磁场　　　C．射频电磁污染　D．地震
19．电气控制线路图测绘的一般步骤是设备停电，先画电器布置图，再画（　　），最后画出电气原理图。
　　A．电机位置图　　B．电器接线图　C．按钮布置图　　D．开关布置图
20．用右手握住通电导体，让拇指指向电流方向，则弯曲四指的指向就是（　　）。
　　A．磁感应　　　B．磁力线　　　C．磁通　　　　D．磁场方向
21．正弦量有效值与最大值之间的关系，正确的是（　　）。
　　A．$E=E_m/\sqrt{2}$　B．$U=U_m/2$　C．$I_{av}=2/\pi*E_m$　D．$E_{av}=E_m/2$
22．一般中型工厂的电源进线电压是（　　）。
　　A．380kV　　　B．220kV　　　C．10kV　　　　D．400V
23．电功率的常用单位有（　　）。
　　A．焦耳　　　　B．伏安　　　　C．欧姆　　　　D．瓦、千瓦、毫瓦
24．把垂直穿过磁场中某一截面的磁力线条数叫作（　　）。
　　A．磁通或磁通量　　　　　　　B．磁感应强度
　　C．磁导率　　　　　　　　　　D．磁场强度
25．当线圈中的磁通减小时，感应电流产生的磁通与原磁通方向（　　）。
　　A．正比　　　　B．反比　　　　C．相反　　　　D．相同
26．噪声可分为气体动力噪声，（　　）和电磁噪声。
　　A．电力噪声　　B．水噪声　　　C．电气噪声　　D．机械噪声
27．磁感应强度B与磁场强度H的关系为（　　）。
　　A．$H=\mu B$　　B．$B=\mu H$　　C．$H=\mu_0 B$　　D．$B=\mu_0 H$
28．铁磁材料在磁化过程中，当外加磁场H不断增加，而测得的磁场强度几乎不变的性质称为（　　）。
　　A．磁滞性　　　B．剩磁性　　　C．高导磁性　　D．磁饱和性
29．永磁材料的主要分类有金属永磁材料、（　　）、其他永磁材料。
　　A．硅钢片　　　　　　　　　　B．铁氧体永磁材料

C．钢铁　　　　　　　　　　　D．铝

30．电气控制线路图测绘的一般步骤是（　　），先画电器布置图，再画电器接线图，最后画出电气原理图。

　　A．准备图纸　　B．准备仪表　　C．准备工具　　D．设备停电

31．各种绝缘材料的（　　）的各种指标是抗张、抗压、抗弯、抗剪、抗撕、抗冲击等各种强度指标。

　　A．接绝缘电阻　B．击穿强度　　C．机械强度　　D．耐热性

32．在一定温度时，金属导线的电阻与（　　）成正比、与截面积成反比，与材料电阻率有关。

　　A．长度　　　　B．材料种类　　C．电压　　　　D．粗细

33．一般电路由（　　）、负载和中间环节三个基本部分组成。

　　A．电线　　　　B．电压　　　　C．电流　　　　D．电源

34．在正弦交流电路中，电路的功率因数取决于（　　）。

　　A．电路外加电压的大小　　　　B．电路各元件参数及电源频率

　　C．电路的连接形式　　　　　　D．电路的电流

35．在 RL 串联电路中，U_R=16V，U_L=12V，则总电压为（　　）。

　　A．28V　　　　B．20V　　　　C．2V　　　　　D．4

36．提高供电线路的功率因数，下列说法正确的是（　　）。

　　A．减少了用电设备中无用的无功功率

　　B．可以节省电能

　　C．减少了用电设备的有功功率，提高了电源设备的容量

　　D．可提高电源设备的利用率并减小输电线路中的功率损耗

37．串联电阻的分压作用是阻值越大电压越（　　）。

　　A．小　　　　　B．大　　　　　C．增大　　　　D．减小

38．常用的裸导线有铜绞线、铝绞线和（　　）。

　　A．钨丝　　　　B．焊锡丝　　　C．钢丝　　　　D．钢芯铝绞线

39．已知工频正弦电压有效值和初始值均为 380V，则该电压的瞬时值表达式为（　　）。

　　A．u=380sin314t V　　　　　　B．u=537sin(314t+45°) V

　　C．u=380sin(314t+90°) V　　　D．u=380sin(314t+45°) V

40．云母制品属于（　　）。

　　A．固体绝缘材料　　　　　　　B．液体绝缘材料

　　C．气体绝缘材料　　　　　　　D．导体绝缘材料

41．如图所示，忽略电压表和电流表的内阻。开关接 1 时，电流表中流过的短路电流为（　　）。

　　　　A．0A　　　　　　B．10A　　　　　C．0.2A　　　　D．约等于0.2A
42．三相对称电路的线电压比对应相电压（　　）。
　　　　A．超前30°　　　B．超前60°　　　C．滞后30°　　　D．滞后60°
43．部分电路欧姆定律反映了在（　　）的一段电路中，电流与这段电路两端的电压及电阻的关系。
　　　　A．含电源　　　　　　　　　　　　B．不含电源
　　　　C．含电源和负载　　　　　　　　　D．不含电源和负载
44．读图的基本步骤有：看图样说明，（　　），看安装接线图。
　　　　A．看主电路　　B．看电路图　　　C．看辅助电路　　D．看交流电路
45．电气控制线路测绘时要避免大拆大卸，对去掉的线头要（　　）。
　　　　A．保管好　　　B．做好记号　　　C．用新线接上　　D．安全接地

电工原理答案

1～5：CCBAC　　　　6～10：BBBAB　　　　11～15：AADBB
16～20：ADDBD　　　21～25：ACDAD　　　　26～30：DBDBD
31～35：CADBB　　　36～40：DBDBA　　　　41～45：BABBB

十五、三相交流异步电动机

1．与通用型异步电动机相比变频调速专用电动机的特点是：（　　）。
　　　　A．外加变频电源风扇实行强制通风；加大电磁负荷的裕量；加强绝缘
　　　　B．U/f控制时磁路容易饱和；加强绝缘；外加变频电源风扇实行强制通风
　　　　C．外加变频电源风扇实行强制通风；加大电磁负荷的裕量；加强绝缘
　　　　D．外加工频电源风扇实行强制通风；加大电磁负荷的裕量；加强绝缘
2．有电枢电压，电动机嗡嗡响但不转，一会出现过流跳闸。故障原因可能是（　　）。
　　　　A．电动机气隙磁通不饱和　　　　　B．电动机气隙磁通饱和
　　　　C．励磁电路损坏或没有加励磁　　　D．电枢电压过低
3．三相异步电动机的转子由转子铁心、（　　）、风扇、转轴等组成。
　　　　A．电刷　　　　B．转子绕组　　　C．端盖　　　　　D．机座
4．三相异步电动机的定子由（　　）、定子铁心、定子绕组、端盖、接线盒等组成。
　　　　A．电刷　　　　B．机座　　　　　C．换向器　　　　D．转子
5．行程开关的文字符号是（　　）。
　　　　A．QS　　　　　B．SQ　　　　　　C．SA　　　　　　D．KM
6．热继电器的作用是（　　）。
　　　　A．短路保护　　B．过载保护　　　C．失压保护　　　D．零压保护
7．三相异步电动机的优点是（　　）。
　　　　A．调速性能好　B．交直流两用　　C．功率因数高　　D．结构简单
8．三相异步电动机的缺点是（　　）。
　　　　A．结构简单　　B．重量轻　　　　C．调速性能差　　D．转速低
9．三相异步电动机具有结构简单、工作可靠、重量轻、（　　）等优点。

A．调速性能好　　B．价格低　　　　C．功率因数高　　D．交直流两用

10．有一台三相交流电动机，每相绕组的额定电压为 220V，对称三相电源的线电压为 380V，则电动机的三相绕组应采用的连接方式是（　　）。

  A．星形连接，有中线　　　　　　B．星形连接，无中线
  C．三角形连接　　　　　　　　　D．A、B 均可

11．电流流过电动机时，电动机将电能转换成（　　）。

  A．机械能　　B．热能　　　　C．光能　　　　D．其他形式的能

12．三相异步电动机的启停控制线路由电源开关、熔断器、（　　）、热继电器、按钮等组成。

  A．时间继电器　　B．速度继电器　　C．交流接触器　　D．漏电保护器

三相交流异步电动机答案

  1～5：DCBBB　　6～12：BDCBBAC

十六、电工安全知识

1．机床照明、移动行灯等设备，使用的安全电压为（　　）。

  A．9V　　　　B．12V　　　　C．24V　　　　D．36V

2．用电设备的金属外壳必须与保护线（　　）。

  A．可靠连接　　B．可靠隔离　　C．远离　　　　D．靠近

3．电气设备的巡视一般均由（　　）进行。

  A．1 人　　　B．2 人　　　　C．3 人　　　　D．4 人

4．在超高压线路下或设备附近站立或行走的人，往往会感到（　　）。

  A．不舒服、电击　　　　　　　　B．刺痛感、毛发耸立
  C．电伤、精神紧张　　　　　　　D．电弧烧伤

5．如果人体直接接触带电设备及线路的一相时，电流通过人体而发生的触电现象称为（　　）。

  A．单相触电　　　　　　　　　　B．两相触电
  C．接触电压触电　　　　　　　　D．跨步电压触电

6．雷电的危害主要包括（　　）。

  A．电性质的破坏作用　　　　　　B．热性质的破坏作用
  C．机械性质的破坏作用　　　　　D．以上都是

7．电击是电流通过人体内部，破坏人的（　　）。

  A．内脏组织　　B．肌肉　　　　C．关节　　　　D．脑组织

8．电伤是指电流的（　　）。

  A．热效应　　B．化学效应　　　C．机械效应　　D．以上都是

9．常见的电伤包括（　　）。

  A．电弧烧伤　　B．电烙印　　　C．皮肤金属化　　D．以上都是

10．跨步电压触电，触电者的症状是（　　）。

  A．脚发麻　　　　　　　　　　　B．脚发麻、抽筋并伴有跌倒在地

        C．腿发麻   D．以上都是
11．电器通电后发现冒烟、发出烧焦气味或着火时，应立即（　　）。
        A．逃离现场   B．泡沫灭火器灭火
        C．用水灭火   D．切断电源
12．当触电伤者严重，心跳停止，应立即进行胸外心脏挤压法进行急救，其频率为（　　）。
        A．约80次/分钟   B．约70次/分钟
        C．约60次/分钟   D．约100次/分钟
13．（　　）的工频电流通过人体时，人体尚可摆脱，称为摆脱电流。
        A．0.1mA   B．2mA   C．4mA   D．10mA
14．千万不要用铜线、铝线、铁线代替（　　）。
        A．导线   B．保险丝   C．包扎带   D．电话线
15．对电气开关及正常运行产生火花的电气设备，应（　　）存放可燃物质的地点。
        A．远离   B．采用铁丝网隔断
        C．靠近   D．采用高压电网隔断
16．高压设备室内不得接近故障点（　　）以内。
        A．1米   B．2米   C．3米   D．4米
17．凡工作地点狭窄、存在高度触电危险的环境以及特别的场所，则使用时的安全电压为（　　）。
        A．9V   B．12V   C．24V   D．36V
18．下列不属于雷电的为（　　）。
        A．直接雷   B．球形雷   C．雷电侵入波 D．电磁雷
19．电气控制线路测绘前要检验被测设备是否有电，不能（　　）。
        A．切断直流电   B．切断照明灯电路
        C．关闭电源指示灯   D．带电作业
20．电器着火时下列不能用的灭火方法是（　　）。
        A．用四氯化碳灭火   B．用二氧化碳灭火
        C．用沙土灭火   D．用水灭火

电工安全知识答案

    1～5：DABBA   6～10：DADDB
    11～15：DADBA   16～20：DBDDD

十七、电工仪表

1．测量交流电流应选用（　　）电流表。
        A．磁电系   B．电磁系   C．感应系   D．整流系
2．根据仪表取得读数的方法可分为（　　）。
        A．指针式   B．数字式   C．记录式   D．以上都是
3．测量额定电压在500V以下的设备或线路的绝缘电阻时，选用电压等级为（　　）。
        A．380V   B．400V   C．500V或1000V D．220V

4. 兆欧表的接线端标有（　　）。
   A．接地 E、线路 L、屏蔽 G　　　　B．接地 N、导通端 L、绝缘端 G
   C．接地 E、导通端 L、绝缘端 G　　D．接地 N、通电端 G、绝缘端 L
5. 用毫伏表测出电子电路的信号为（　　）。
   A．平均值　　　B．有效值　　　C．直流值　　　D．交流值
6. （　　）用来观察电子电路信号的波形及数值。
   A．数字万用表　　B．电子毫伏表　　C．示波器　　D．信号发生器
7. 测量直流电压时应注意电压表的（　　）。
   A．量程　　　B．极性　　　C．量程及极性　　　D．误差
8. 用万用表的直流电流挡测直流电流时，将万用表串接在被测电路中，并且（　　）。
   A．红表棒接电路的高电位端，黑表棒接电路的低电位端
   B．黑表棒接电路的高电位端，红表棒接电路的低电位端
   C．红表棒接电路的正电位端，黑表棒接电路的负电位端
   D．红表棒接电路的负电位端，黑表棒接电路的正电位端
9. 使用万用表时，把电池装入电池夹内，把两根测试表棒分别插入插座中，（　　）。
   A．红的插入"＋"插孔，黑的插入"*"插孔内
   B．黑的插入"＋"插孔，红的插入"*"插孔内
   C．红的插入"＋"插孔，黑的插入"－"插孔内
   D．红的插入"－"插孔，黑的插入"＋"插孔内
10. 测量直流电压时应选用（　　）电压表。
    A．磁电系　　　B．电磁系　　　C．电动系　　　D．感应系

电工仪表答案

1～5：BDCAB　　　　6～10：CCAAA

参考文献

[1] 张仁醒. 电工技能实训基础. 西安：西安电子科技大学出版社，2006.
[2] 唐燕妮等. 电工技术及实训. 北京：中国轻工业出版社，2011.
[3] 侯大年. 电工技术. 北京：电子工业出版社，2002.
[4] 仇超. 电工技术. 北京：机械工业出版社，2009.
[5] 阮友德，张迎辉. 电工中级技能实训. 西安：西安电子科技大学出版社，2006.